中央财政支持高等职业学校专业建设发展项目（现代纺织技术）

多组分纱线工艺设计

常涛 著

中国纺织出版社

内 容 提 要

　　本书根据纺纱企业实际设计、开发新纱线的步骤进行编写,分为六章,包括纺纱工艺设计的步骤、原料与选配、产品质量预测、纺纱工艺流程的确定、各工序工艺设计及纺纱设备配备计算。其中,各工序工艺设计按照工艺表、工艺相关知识、工艺设计步骤、多组分混纺纱实际案例、半成品或成品质量控制进行编写。

　　本书是纺织行业技术人员进行多组分纱线开发的指导书,也是各类纺织院校学生学习纺纱工艺设计、提高工艺设计水平和教师进行纺纱工艺设计教学指导的极有价值的参考书。

图书在版编目(CIP)数据

多组分纱线工艺设计/常涛著. —北京:中国纺织出版社,2012.10
　ISBN 978 – 7 – 5064 – 9144 – 0

Ⅰ.①多… Ⅱ.①常… Ⅲ.①多组分—纱线—纺纱工艺—工艺设计 Ⅳ.①TS104.1

中国版本图书馆 CIP 数据核字(2012)第 220177 号

策划编辑:孔会云　　特约编辑:王文仙　　责任校对:余静雯
责任设计:李　然　　责任印制:何　艳

中国纺织出版社出版发行
地址:北京东直门南大街6号　邮政编码:100027
邮购电话:010—64168110　传真:010—64168231
http://www.c-textilep.com
E-mail:faxing @ c-textilep.com
三河市华丰印刷厂印刷　各地新华书店经销
2012 年 10 月第 1 版第 1 次印刷
开本:710×1000　1/16　印张:17.75
字数:288 千字　定价:35.00 元

前言 ▌▌

　　本书是为了配合纺织工业"十二五"发展规划中提出的"增强自主创新能力"的要求,满足现代纺织企业进行多种纤维混纺纱线开发需要,在多年为棉纺织企业培训、工艺设计的基础上编写而成的。

　　本书以精梳棉/钛远红外纤维/竹浆纤维/甲壳素纤维(40/20/20/20)11.8tex混纺针织纱的工艺设计为例进行展开,详细介绍了纺纱工艺设计的步骤、工艺表、设计思路及实际实施,书中尽可能多地采用图片、表格,融理论与实践为一体,设计方法和步骤清晰、易懂,便于学习。

　　本书写作过程中得到了鲁泰纺织股份有限公司、三阳纺织有限公司、泰丰纺织集团有限公司等纺织企业的大力支持,提供了大量的技术资料,在此表示诚挚的谢意!

　　本书为中央财政支持高等职业学校专业建设发展项目(现代纺织技术)、山东省高等学校科技计划项目(J12LA52)的研究成果。

　　由于条件和水平有限,书中难免有错误和不当之处,恳请广大读者提出宝贵的意见和建议,以便修订时加以完善。

常涛

2012 年 6 月

目录 ▮▮

第一章　纺纱工艺设计的步骤

在棉纺企业，"人、机、料、法、环"是全面质量管理过程中的五大要素。人，是指生产纱线的人员；机，是指生产纱线所用的纺纱设备；料，是指制造产品所使用的纤维材料；法，是指生产纱线所使用的工艺方法；环，是指纱线生产过程中所处的生产环境。我们主要针对"法"，即纺纱工艺进行研究。

纺纱就是利用一定的设备采用适当的工艺把纤维变成纱线。工艺设计的基本理念就是在纺纱过程中，最大限度地实现对纤维的控制。根据目前棉纺企业的实际生产情况，下面分两种情况来阐述工艺设计的步骤，即订单化生产、非订单化生产。

一、"订单化生产"纱线工艺设计的步骤

订单化生产，用户对产品质量、性能的要求非常明确，工艺设计的针对性比较强，工艺设计步骤为：产品性能的要求——所需选定的原料——各工序的基本控制标准——各工序的供应——各工序具体工艺参数的设定——工艺上机后跟踪与微调——为节约成本而进行的优选优化。

例如：某企业接到一个每月 50tJC14.6tex（40 英支）高档针织用纱的订单，需要组织生产。工艺设计步骤如下。

第一步，根据用户对产品质量的要求和产品用途来考量产品优先需要达到的几项指标：如细节、捻度、条干、三丝、色差等，而强力、毛羽等指标则可以作为辅助指标。根据这些质量要求，对仓库中的原棉进行分类选择，选用哪些原料能够达到产品质量的要求，而又不会造成成本的增加；根据所选原料的品质性能，对各工序特别是开清、梳棉、精梳的落棉率有概算，以有效控制用棉成本；根据成品质量要求，对各半制品所应达到的质量指标有明确的目标，以确保在投产过程中第一批纱即达到预期质量。

第二步，根据用户交货期、产品质量要求，初步确定细纱的锭速、配台。根据细纱配台情况、各工序设备情况选定各半制品工序的定量、车速。在这个选择过程中，要充分考虑设备的保养周期，以确保在设备保养正常进行的情况下，可以满足用户的交货期要求；同时要考虑设备状态、操作水平、管理水平对生产运转率的影响。

定量的选择基本有以下三个原则。

（1）各工序设备应在较佳的牵伸倍数范围内,且对牵伸倍数进行微调时,齿轮室内相应的齿轮数目充足,特别是细纱与并条工序。

（2）充分考虑工厂的机台配台情况,使前后纺的各品种配台都尽可能合理,而不是仅考虑此次投产的一个品种。

（3）综合考虑各半制品定量的品种适应性。

例如,选择粗纱定量时,同时要考虑如果以后有13tex（45英支）,以至于18.2tex（32英支）等品种定单时,清花至粗纱品种可以不进行翻改,粗纱定量选择时就要兼顾这些品种生产时细纱的牵伸。再如,本例选择精梳定量时,同时考虑高比例棉涤混纺的高档用纱,在这类品种定单来到时,精梳以前工序无需翻改。再如,某个企业各工序的机型都比较多,考虑到供应关系、车间现场、操作管理、设备保养时的生产调配等因素,半制品各机型定量尽可能设定为相同,这就要考虑质量一致性的问题,为了产品质量的稳定一致,可能要稍降低一些新型设备的质量要求。当然,如果首先考虑的是尽可能同一品种使用同一机型,就需要根据企业的设备配台数目、新老设备的机台比例、操作和试验人员的熟练程度、企业管理的规范程度来决定。

第三步,根据所选的原料以及对产品质量预期,应结合本企业的生产设备状况、空调、操作技术等实际情况,对各工序的工艺参数进行详细的设定和计算。然后根据齿轮数目,特别是牵伸齿轮以及牵伸专件情况,对各工序的定量进行细微修订,形成一份完整的工艺设计表。

第四步,根据原料情况和设计工艺时的指导思路,设定各半制品所需试验控制的项目以及各项目的指标。尤其注意与成本最相关的落棉率的控制。

第五步,重新审查一遍工艺设计表,确保每一项参数准确无误,根据交货价格、制成率、原料成本、企业运作成本,对产品利润进行预判。

第六步,根据整套工艺参数上机生产,生产过程中,严格按照制定的试验控制项目以及控制标准、实物质量对产品进行跟踪观察和控制,为最大限度地减少偶然,确保生产的正常稳定,每工序不少于三天的质量追踪。在各工序依次生产过程中,依据试验数据和生产情况,对不尽合理的工艺参数进行优选优化。

第七步,首批纱出货后,根据用户质量要求和实际生产出的质量,考虑进一步工艺优化、降低成本的途径,例如减少落棉、降低配棉、提高产能等。如果产品质量低于用户要求过多,则制定工艺优化方案,并进行小样试验。

第八步,及时收集用户的反馈信息,必要时与用户进行沟通,及时了解使用情况、下游产品生产与质量情况,为下一步的工艺调整与优化提供依据。

第九步,做好整个产品生产过程各种工艺、生产、质量数据的收集与总结分析,为下一次生产同类产品或相关产品保留必要的资料。

二、"非订单化生产"纱线工艺设计的步骤

非订单化生产相较于订单化生产而言,产品品质的针对性要求稍差一些,所要面对的是市场上的所有用户,这时对产品品质的要求是均衡与稳定。

第一步,考虑的是企业产品在市场中的定位,是要面向高端客户,还是中端客户,或是低端客户,该类产品的整体质量情况如何,同类产品中,竞争对手的优势在哪,本企业的优势在哪,充分发挥自身优势,合理规避自身不足。产品定位是一个企业经营活动的龙头,整个企业的生产经营活动都以此为核心。工艺设计人员所要作的就是使产品质量与企业的产品定位相符。产品质量偏高,意味着成本的提升,质量降低,则不能满足用户的需求,使整个经营活动运行不畅。因此,应对库存原料进行分类整合,以确保主打产品,兼顾层次结构的要求,在保证质量稳定的前提下,对用棉作好计划。

第二步,根据企业的配台情况与机台的维修保养计划,合理选定各工序的车速与定量。细纱的千锭时断头率是一个企业管理的综合反映,合理选定细纱车速,让断头率控制在一个适当水平,这样,就兼顾了产量与消耗的平衡。同时,在选定各半制品的定量与车速配置时,合理考虑企业的设备维修保养周期、容器具的数目与周转、半制品的存量与存放。在这些考虑的基础上,结合对台供应的情况,选择各半制品的车速。选定半制品的定量时,同样要考虑到以后的品种翻改情况,尽量使同一配棉成分的各半制品的定量相同,只在细纱工序进行线密度的分类。例如,考虑到企业的产品定位、产品结构,在 13 ~ 18.2tex(45 ~ 32 英支)使用同一配棉成分,那么这个配棉成分则可以在考虑这些线密度之间的配台情况下,选定同一种的粗纱及以前工序的定量。再如,如果选定 18.2 ~ 36.4tex(32 ~ 16 英支)的纯棉纱,与涤棉混纺的普梳、精梳纱使用同一配棉成分,则要兼顾生条的配比关系(一般情况下,为了节约成本,降低消耗,以及改善纤维的弯钩状态,普梳混纺品种不推荐使用预并工序,建议生条直接混并,这就要考虑到本企业经常投产的几种混纺比例,选定的棉生条定量与涤生条定量根据根数的不同搭配出所需的混纺比例)、条卷预并的牵伸要求、纯棉普梳的并条牵伸状态与需求、梳棉机的分梳状态等综合情况选定生条定量。在这些条件中,首先而且是重点考虑的是梳棉机的分梳状态、并条的牵伸状态,兼顾其他条件。在各工序的单产与供应上,同时要考虑企业的设备维修保养计划,防止因平揩车的进度缓慢而出现供应紧张及不足的现象。而且不可忽视具体企业的操作水平、管理水平、设备状态、车间内温湿度控制等情况对生产运转效率的影响。

第三步,各工艺参数的具体设定。一般来说,无订单生产的产品通常是一些常规产品,例如纯棉的 18.2tex(32 英支)、14.6tex(40 英支),涤棉的 65/35 混比、棉/涤(60/40)混比等。特殊产品因其使用的局限性,所面对的只是小众而不是大众,因而一般不在企业的无订单化生产的计划之内。同样的,对于这些产品而言,大多数企业都有大量的一手资料,例如,历次投产时的工艺设计及部分工艺参数的变更,历次投产时原料情况及各工序的试验数据,历次投产时各工序的运转效率,这些都是企业新一次投产时的重要参考资料。应按以下思路进行。

(1)查阅历次投产时特别是最近一次投产时的原料、各半制品性能及成纱的试验数据,分析各试验数据的合理性。例如,清梳工序的落杂情况、短绒增长情况、各牵伸工序的牵伸效率情况、精梳的落棉短绒情况、棉结清除情况以及成纱的粗细节数目、棉结数目、强力、重量不匀率等指标。在对这些数据分析的基础上进行工艺设计,其实也相当于一次有针对性的工艺改进优化。

(2)比较此次投产与上次投产原料变化有多少,哪些性能品质指标发生了变化,针对原料的不同,作出相应工艺参数的变化。

(3)比较此次投产与上次投产,设备上特别是关键部件有没有改变,有哪些改变。例如,梳棉的分梳元件——锡林、盖板的针布型号与状态,有无增加固定盖板、预分梳板,牵伸部件胶辊、胶圈的硬度和厚度及表面处理情况;再如,新型的纺织元件在设备中的使用等。针对这些设备的改进,对工艺进行适度的变化。

(4)根据此次投产与上次投产时环境的变化,对相关工艺作相应调整。例如在其他一切条件基本不变时,上次投产是在干冷的冬季,本次投产在湿热的夏季,那么,就要考虑,纤维在这种环境变化下发生的变化,弹性更好,刚性减弱,在清梳工序就要注意棉结的增长,而短绒增加的幅度会减弱。在各张力牵伸部位,考虑纤维抱合力变强,可适当增加一些张力,防止涌条涌卷。牵伸力小幅增加,可考虑粗纱捻度适当减小齿,防止细纱出硬头等。新建工厂的非订单化生产工艺的设计思路,可以参考订单化生产,只是产品的质量标准要根据企业的产品定位确定。

第四步,从前到后重新计算一遍工艺参数,确保各参数准确无误,严格检查工艺上车情况,确保每项参数准确上车。

第五步,三天跟纺,观察实际的生产情况。每道工序至少有三天的跟踪,观察机台生产是否顺利,各工序的质量是否达到了企业的内控标准。对一些不太适宜的参数进行细微优化。

第六步,基于提高产品质量的工艺优化。常规产品的投产频度与每次设产后生产的时间为一系列的工艺优化提供了时间保证,有比较充足的时间对优选前后的试验数据与生产现场进行对比,得到比较全面客观的结论。

　　工艺设计其实是对整个生产的综合统筹考虑,生产的方方面面都在这个考虑过程中,不仅仅是各工序工艺参数的计算。只有在全面考证了整个生产过程,对各种情况都做了切实的评估,各工艺参数的设计才更有针对性。要做的是能够带来利润的可以流通的商品,就要规避两个误区:一是只要能纺出纱就好,二是要纺出质量非常好的纱。这两种思路都是不可取的,只有能够最大限度地带来利润的产品,才是企业所追求的。

　　生产是一个连续的过程,在追求质量的同时,生产的平稳同样重要,不能平稳生产的工艺同样不是好的工艺。无论是设备状态、操作水平、温湿度控制、专件甚至是容器具的周转,都在这个统筹的考虑之内。

　　工艺设计是一个系统的工作,这个系统不只局限于各工序的系统安排,它包含了生产中的方方面面。高度决定视野,如果能站在管理的高度考虑技术问题,也许问题解决的会更彻底一些。

　　总之,在设计的过程中考虑得越周全,生产中发生的问题就越少。工艺参数的计算只是工艺设计过程中一个步骤,而且还不是重要的步骤,工艺设计最重要的步骤是对原料、生产、利润的正确评估,只有作了合理的评估,才能作出针对性的设计。

第二章　原料与选配

纺织工业是加工工业,纺织产品的质量、品种、生产效率、产品成本、市场竞争力在很大程度上取决于纤维原料的质量和品种。

2009 年全球纤维使用量达 7052 万吨(未计麻类纤维等 500 多万吨),其中化纤用量 4413 万吨,占纺织纤维总量的 62.5%,我国纺织原料中,化纤已超过了 70%。化学纤维已成为纺织生产的主要原料。随着产品结构的调整,纤维品种迅速增多,纤维性能不断得到改进,通过物理变形和化学改性改进了化纤的外观、手感、吸湿性和染色性。差别化纤维已经从 20 世纪 90 年代初的仿天然纤维发展到超天然纤维。低特纤维技术从涤纶、锦纶发展到几乎所有化纤品种。剥离法、海岛法复合纺丝技术的工业化使超细纤维具有了规模化生产能力,涤纶剥离法可以纺制 0.06dtex(0.05 旦)细丝。通过采用各种添加剂共混改性能够生产抗菌、远红外、抗静电、导电、阻燃、吸湿、防紫外线等功能纤维。芳纶、碳纤维、超高分子量聚乙烯等高性能纤维已成为航天航空、能源、建筑、防护、过滤、汽车、海洋、农牧渔业以至文娱、体育等产业部门不可缺少的新材料。溶剂法纤维素纤维、竹纤维、聚乳酸纤维、甲壳素纤维、动物毛蛋白纤维、大豆蛋白纤维、牛奶蛋白纤维等新纤维的工业化生产被认为是 21 世纪纺织工业可持续发展的环保型纺织原料。随着化学纤维产品性能的提高及使用量的增加,对棉、毛、麻、绢等传统天然纤维进行了不同的改性加工,提高了纤维的性能,并且开发了彩色棉、罗布麻、大麻、竹原纤、桑树皮等新的天然纤维。不同纤维原料经过混和、复合、变形、纺织、印染、后整理加工,取长补短,优势互补,衍生出品种种类繁多的纺织品。随着纤维品种的不断发展,多种纤维原料的混纺、交织已成为纺织品生产和纺织染整工艺技术的发展趋势。

第一节　天然纤维

一、棉纤维

(一)原棉种类

棉纺用的原料主要为原棉,还有部分彩棉,其具体特点和用途见表 2-1。

表 2-1 原棉品种

原棉品种		规格参数		适纺品种	产 地
		手扯长度（mm）	马克隆值		
原 棉	细绒棉	25~32	3.4~5.0	纯棉 10tex 以上纱,或与棉型化纤混纺	中国
	长绒棉	35~45	3.0~3.8	纯棉 10tex 以下纱,或特种工业用纱,或与化纤混纺	非洲、中国新疆、云南
	中绒棉	32~35	3.7~5.0	可用于纺织企业生产 10~7tex 纱	中国新疆
彩 棉	棕棉	26~28	3.4~4.2	彩棉 10tex 以上纱	中国四川、湖南甘肃、新疆
	绿棉	24~27	2.5~2.8		

（二）选用原棉的依据

原棉选择的依据见表 2-2。

表 2-2 原棉选配依据

纱线要求		原 棉 选 配
成纱规格	特低与低特纱	色泽洁白、品级高、纤维细、长度长、杂质和有害疵点少、含短绒较少的原棉,混用部分长绒棉
	中高特纱	色泽正常、品级低、纤维略粗、长度略短、含短绒较多、杂质和有害疵点较多的原棉,可混用一些再用棉及低级棉
纺纱系统	精梳纱	色泽好、品级高、线密度适中、长度较长、整齐度略次、强度较高的原棉,部分使用长绒棉
	普梳纱	色泽一般、品级较低、线密度适中、长度一般、整齐度较好、强度中等的原棉,可混用一些再用棉及低级棉
纱线结构	单纱	色泽好、长度一般、强度较好、未成熟纤维和疵点较少、轧花质量稍好的原棉
	股线	色泽略次、长度一般、强度中等、未成熟纤维和疵点稍多、轧花质量稍差的原棉
用途	经纱	色泽略次、纤维较细长、整齐度较好、强度较高、成熟度适中的原棉
	纬纱	色泽好、线密度略高、长度略短、强度稍差、含杂较少的原棉
	针织用纱	色泽乳白有丝光、纤维细致、整齐度好、短绒率低、成熟度正常、未成熟纤维和疵点少、轧花良好的原棉
	染色用纱	色泽较好、成熟度正常、含杂较少的原棉

纱线要求	原　棉　选　配
强度大	色泽好、长度长、整齐度好、短纤维含量少、强度高、成熟度正常、手感富有弹性的原棉
条干不匀率小	纤维细且不匀率小、长度整齐度高、短绒少、棉结和带纤维籽屑少的原棉
棉结、杂质粒数少	成熟度正常、疵点少、回潮率低的原棉
外观光洁	长度整齐度较好、短绒含量较少、棉结、籽屑较少的原棉

(三)原棉选配方法

目前我国棉纺企业使用较多的一种原棉选配方法是分类排队法。

1. 原棉分类

所谓分类,就是根据原棉的特性和各种纱线的不同性质,把适合纺制某类纱的原棉划为一类,组成该种纱线的混合棉。若生产品种多,可分若干类。

原棉分类时,先安排特细特纱和细特纱,后中特纱、粗特纱;先安排重点产品,后安排一般或低档产品。具体分类时,还应考虑原棉资源、气候条件、机台性能、原棉性质差异等因素。

实例:山东某厂对原棉进行了一下分类,见表2－3。

表2－3　原棉分类

JC7.3tex		JC9.7tex、JC11.7tex		JC18.2tex	
产地、批号	唛头	产地、批号	唛头	产地、批号	唛头
新疆840104304	137	新疆阿克苏巨鹰	129	新疆84010404	228
新疆84011304	135	新疆兵团	229	新疆84024204	228
新疆84010904	136	三阳	329	新疆8402204	229
新疆8401504	236	宏宇	329	新疆84024204	229
新疆84011004	136	美棉	329	利津博源	328
新疆84011304	136	澳棉	327	利津怡兴	329
新疆84010104	137	美国 XVIV	328	三阳30批	329
		美国 CUCB5	328	三阳34批	329
				乌兹别克	328
				滨洲惠滨	328

2. 原棉的排队

排队就是在分类的基础上将同一类原棉排成几个队,把地区、性质相近的排在一个队内,当一个批号的原棉用完后,用同一个队中的另一个批号的原棉接替上去,使混合棉的性质无显著变化,达到稳定生产和保证成纱质量的目的。为此,原棉在排队安排时应考虑如下因素。

(1)主体成分。一般在配棉成分中选择若干队性质基本相近的原棉作为主体成分。可以长度、线密度、地区三项指标之一作为确定主体成分的指标。主体成分在总成分中应占70%以上,它是决定成纱质量的关键。

(2)队数与混用百分率。不同原棉混用百分率与队数多少有关。在一个配棉成分表中,队数多则混用百分率低;反之,队数少则混用百分率高。一般选用4~6队,每队原棉混用百分率控制在25%以内。对于原料品种少、量也不大的企业,只能根据所进原料合理配棉,在现实生产中,甚至单唛生产,这必须以能达到客户的要求为前提。

(3)抽调接替。接替时应遵循使混合棉的质量少变、慢变、勤调的原则,应用取长补短、分段增减、交叉替补的方法,从而保持产品质量相对稳定。抽调接替的方法为分段增减和交叉替补。

①分段增减。分段增减就是把一次接批的成分分成两次或多次来接批。例如,配棉成分为25%的某一批号的原棉即将用完,需要由另一个批号的原棉来接替,但因这两个批号的原棉性质差异较大,如采取一次接批,就会造成混合棉性质的突变,对生产不利。在这种情况下,可以考虑采用分段增减法来接批,即在前一个批号的原棉还没有用完前,先将后一个批号的原棉换用10%,等前一个批号用完后,再将后一个批号的原棉成分增加到25%。根据原棉情况,也可分多段完成。

②交叉替补。接批时,若某队原棉中接批原棉的某些性质较差,为了弥补,可在另一队原棉中选择一批在这些指标上较好的原棉同时接批,使混合棉的质量平均水平保持不变。此外,还应控制同一天内接批的原棉批数,一般不超过两批,以百分比计,不宜超过25%。

实例:山东某厂对各类原棉进行了排队,见表2-4。

3. 原棉性质差异的控制

为了保证生产中配棉成分稳定,避免原棉质量明显波动,关键是要控制好原棉性质差异。在正常情况下,原棉性质差异控制范围见表2-5。

表 2-4 原棉排队

JC7.3tex				JC9.7tex、JC11.7tex				JC18.2tex			
产地、批号	唛头	对号	成分(%)	产地、批号	唛头	对号	成分(%)	产地、批号	唛头	对号	成分(%)
新疆840104304	137	1	15	新疆阿克苏巨鹰	129	1	6	新疆84010404	228	1	28
新疆84011304	135	2	13	新疆兵团	229	2	38	新疆84024204	228		
新疆84010904	136	3	25	三阳	329	3	30	新疆8402204	229	2	13
新疆8401504	236	4	10	宏宇	329			新疆84024204	229		
新疆84011004	136	5	25	美棉	329	4	9	利津博源	328	3	20
新疆84011304	136			澳棉	327	5	4	利津怡兴	329	4	5
新疆84010104	137	6	12	美国 XVIV	328	6	13	三阳30批	329	5	14
				美国 CUCB5	328			三阳34批	329		
								乌兹别克	328	6	17
								滨洲惠滨	328	7	3

表 2-5 原棉性质差异控制范围

控制内容	混合棉中原棉性质间差异	接批原棉性质差异	混合棉平均性质差异
产地	—	相同或接近	地区变动≤25%(针织纱≤15%)
品级	1~2级	1级	0.3级
长度	2~4mm	2mm	0.2~0.3mm
含杂	1%~2%	含杂率≤1%,疵点接近	含杂率≤0.5%
线密度	0.15~0.2dtex	0.12~0.15dtex	0.02~0.06dtex
断裂长度	1~2km	接近	≤0.5km

4. 回花和再用棉的使用

回花包括回卷、回条、粗纱头、皮辊花、细纱断头吸棉等,可以与混合棉混用,但混用量不宜超过5%。回花一般本特回用,但特细特纱、混纺纱的回花只能降级使用,或利用回花专纺。

再用棉包括开清棉机的车肚花、梳棉机的车肚花、斩刀花和抄针花,精梳机的落棉等。再用棉的含杂率和短绒率都较高,一般经预处理后降级混用,精梳落棉在粗特纱中可混用5%~20%,在中特纱中可混用1%~5%。

二、麻类纤维

棉纺可用的麻类纤维有亚麻、汉麻、苎麻、罗布麻等麻类纤维,其具体特点和用途见表2-6。

表2-6　麻类纤维特点及用途

纤维品种	特　　点	适纺品种
亚麻	亚麻经浸渍或沤麻等工序制成打成麻,长度为300~900mm,线密度2~3dtex,断裂强力5.5~7.9cN/dtex,断裂伸长率2.5%左右。亚麻纤维具有较好的吸湿散湿能力,低静电,低磁场效应,纤维平直光洁,有自然光泽及一定的发热功能	一般与棉或化纤混纺中粗特纱
汉麻	汉麻是一种生态环保、可再生的多用途植物,经过脱胶、抽丝等工序,变成汉麻纤维。汉麻束纤维强度显著高于棉及亚麻,略低于苎麻,断裂伸长率与其他麻纤维基本相当。汉麻纤维抗弯曲性能介于苎麻和亚麻之间。抗扭转性能与其他麻纤维相当。汉麻纤维的单纤长度为15~25mm,细度为15~30μm,细度仅为苎麻的1/3,接近棉纤维 汉麻的排湿性是纯棉的3倍,汉麻面料可在1h内将附着的细菌杀灭;汉麻织物可屏蔽95%以上的紫外线,在370℃高温时不褪色,在1000℃时不燃烧,具有极佳耐热、防紫外线性能;制成的服装衣饰具有吸湿、透气、舒爽、散热、防霉、抑菌、抗辐射、防紫外线、吸音等多种功能	适宜纯纺或与棉、毛、丝混纺
苎麻	长度60~250mm、线密度5~6.7dtex 称精干麻。苎麻具有凉爽、吸湿、透气等特点,棉纺可用切断精干麻作原料	主要用于与棉或粘纤、涤纶混纺,例如麻/涤(85/15)、麻/棉(60/40)、粘/麻(70/30)混纺纱,加工针织产品
罗布麻	罗布麻纤维吸湿、透气、透湿性好,强力高,表面光滑无卷曲,具有丝一般的良好手感,纤维细长,延伸率很小,耐湿抗腐。纤维细度为0.3~0.4tex,长度与棉纤维相近,平均长度为20~25mm,但长度差异较大,其幅度为10~40mm,纤维洁白,质地优良	适宜与棉、毛、丝混纺

三、毛类纤维

棉纺可用的毛类纤维有山羊绒、羊毛、兔毛、牦牛绒毛等品种,其具体特点和用途见表2-7。

表2-7 毛类纤维的特点及用途

纤维品种	特 点	适纺品种
山羊绒	山羊绒十分珍贵,线密度低,手感柔软、滑糯,吸湿,透气,穿着舒适;长度为30~40mm,平均直径15~16μm,单强4.5cN/tex,但含脂率高,静电大,卷曲少,可纺性差,会产生烂、粘、松、绕等现象,应严格控制回潮率,施加抗静电剂	可用转杯纺生产70tex以上粗特纱,纺纱转杯速度宜低
羊毛	适应棉纺生产的羊毛,是半细毛,羊毛直径为25~75μm,毛丛长度30~75mm,可以用中长设备加工,但羊毛整齐度差,宜用滑溜牵伸 转杯纺常用精梳落毛,长度为15~35mm,但落毛含杂多、毛粒多、含油脂,可纺性较差,可与粘纤等可纺性好的纤维混纺	可生产棉/毛(50/50、45/55)混纺纱,制成一种经典的棉/毛混纺织物——维耶勒(Viyella) 可用转杯纺生产70tex以上的粗特纱
兔毛	适用棉纺生产的兔毛为次兔毛(4级以下),手扯长度22~25mm,由于其含杂高,必须经过预处理,兔毛几乎没有天然卷曲,可纺性很差,必须采取相应措施	可用转杯纺生产腈/兔毛、腈/涤/兔毛混纺纱,兔毛比例在30%左右
牦牛绒毛	它的皮毛由粗毛和绒毛构成,绒毛平均直径约20μm,长约30mm,鳞片呈环状,光泽柔和,弹性好;粗毛略有毛髓,平均直径70μm,长约110mm,表面光滑,刚韧,宜与化纤混纺	可用转杯纺生产粗特纱

四、绁丝

绁丝可用于棉纺,其具体特点和用途如下。

1. 特点

绁丝是绢纺生产中的落绵,一般分 A 和 S 两种。A 与 S 相比,平均长度较长,20mm 以下短绒率较低,整齐度较好。绁丝含杂率为 6%~8%,最高达 10% 以上,质量比电阻高达 $10^8 \sim 10^9 \Omega \cdot g/cm^2$,易产生静电,影响纤维抱合和成卷,易产生缠绕现象,纺纱时需加抗静电剂。

2. 适纺品种

可用转杯纺纺制纯绁丝纱、绁丝/麻混纺纱、绁丝/棉混纺纱,开发针织产品和牛仔布。

第二节　化学纤维

一、化学纤维的种类

化学纤维是指以天然或人工高分子物质为原料制成的纤维。化学纤维根据原料来源的不同,分为再生纤维和合成纤维,见表2-8。近年来,随着科学技术的不断发展,新型纺织纤维不断涌现,如新型再生纤维素纤维、差别化纤维以及各种高性能纤维、功能性纤维。这些纤维不同于一般传统的天然纤维或合成纤维,它们具有更优良的服用性能和物理性能。

表2-8　化学纤维的种类及用途

化纤种类	化 纤 名 称		用　　途
再生纤维	再生纤维素纤维	粘胶纤维(普通粘胶纤维、富强粘胶纤维)	服装、家庭装饰、产业用纺织品
		醋酯纤维	衬衣、领带、睡衣、高级女士服装、裙子
		Tencel 纤维	牛仔布、色织布、套装、休闲服、衬衫、内衣
		竹浆纤维	夏季服装、运动服、贴身衣物
	再生蛋白质纤维	大豆纤维	高档衬衫、内衣
		牛奶纤维	儿童服饰、女士内衣
合成纤维	涤纶(普通涤纶、高强涤纶、改性涤纶)		衣着、装饰
	腈纶		绒线、毛毯、人造毛皮、絮制品
	锦纶(锦纶6、锦纶66)		袜子、围巾、衣料
	丙纶		服装面料、地毯、土工布、过滤布、人造草坪
	氯纶		针织内衣、绒线、毯子、絮制品、防燃装饰用布
	维纶		低档的民用织物
	氨纶		紧身衣、袜子

二、常见化学纤维的选配和使用

(一)粘胶短纤维的选配和使用

1. 纤维性质

光泽良好;吸湿性强(仅次于羊毛),浆料吸附性强,染色性能好;强度中等(富强纤维较高);抗微生物,但不耐霉。湿强度特低(是干强的60%),加热至100℃以上时强度显著下降;湿伸长率高,塑性形变大;耐碱性比棉低,耐酸性差。

2. 原料选用

(1)纤维类型。

①粘胶纤维断裂强度低,断裂伸长率大,细特纱为21.2mN/dtex 以上,中粗特纱为19.4mN/dtex 以上。

②富强纤维接近原棉;断裂强度高,湿强比粘胶纤维好,断裂伸长率低,一般与涤

纶混纺或纯纺。

(2)纤维规格:中细特纱为1.7dtex、纤维直径36~40mm;粗特纱(毛型)为2.2~2.8dtex、纤维直径35~38mm。

(3)纤维含油量。

①夏季:纤维含油量为0.15%~0.22%,当其低于0.1%时,会出现筵棉成块状、棉条实心、粗细纱紧硬、圈条成形不良并易产生三绕等现象。

②春秋冬季:纤维含油量为0.18%~0.25%,当其高于0.3%时,会出现成卷蓬松、外层碎落、粗纱松烂、易产生三绕等现象。

(4)疵点含量。

①倍长纤维中,细特纱为10mg/100g,粗特纱在20mg/100g以下;富强纤维略高。

②疵点一般在15mg/100g以下,疵点过多时成纱不匀,断头增加;织造开口不清,产生三跳疵布;针织时跳针会造成破洞。富强纤维由于制造原因疵点含量略高。

③残硫量在15mg/100g以下,残硫量过多时色泽黄、硫味大、纤维易老化,打击时易成粉末。

(5)回潮率。

①夏季10%~12%,当回潮率低于9%时静电现象严重,半制品松烂、条干恶化、毛羽和纱疵增多。

②春秋冬季11%~13%,当回潮率高于14%时纤维易结块,通道易堵塞,刀片易损坏,粘卷、堕棉网、绕锡林、龙头、罗拉、胶辊。

(6)色泽:色泽有漂白、原色,无光、半无光、有光之分,选料时应注意色差浆粕对色泽有直接影响,除了棉粕比木粕白亮外,强度也高。

3. 纯纺用途

(1)粘胶纤维:中平布、细平布用作床上用品,室内装饰,膏药底布,食用包装等。

(2)富强纤维:细平布、府绸用作夏季衬衣等。

4. 产品特征

(1)细洁、光滑、平整、白净、柔软,具有丝绸感;透气性好,不沾身;染色性好,花色鲜艳美观。富强纤维比粘胶纤维产品挺括、易洗、耐碱。

(2)湿强低,耐磨差,水洗不宜多,不宜直接浸泡和用力多搓,水中厚硬,缩水率大;弹性差,抗皱能力低,尺寸稳定性差;抗酸能力差。

(二)涤纶短纤维的选配和使用

1. 纤维性质

强度高,干、湿强度一致,弹性模量大,耐磨性好(次于锦纶),耐冲击;在弱酸沸煮、强酸低温、氧化剂高温或普通有机溶剂常温条件下性能都稳定；不霉蛀、耐腐蚀，光泽良好，耐热性优于锦纶，绝缘性好；吸湿性低，导电性差；滑移性大，与橡胶粘着力较差；浓碱沸煮时失重，高热蒸汽长期作用下水解。

2. 原料选用

（1）纤维类型。

①普通型纤维断裂伸长大，撕破强力高，织物耐磨性好，服用性能好。

②高强低伸型纤维断裂强度高，成纱强力好，细纱、布机速度高，断头率低。

（2）纤维规格。

①特细特纱选用 0.5 ~ 1.2dtex、38 ~ 42mm 规格；中、细特纱选用 1.3 ~ 1.7dtex、35 ~ 38mm 规格；粗特纱选用 1.7 ~ 2.0dtex、32 ~ 38mm 规格。

② $\dfrac{纤维长度(25.4mm)}{纤维线密度(1.1dtex)} > 1$ 时，纤维易受损伤； $\dfrac{纤维长度(25.4mm)}{纤维线密度(1.1dtex)} < 1$，则可纺性较差。

（3）纤维含油量。

①夏季：纤维含油量为 0.10% ~ 0.15%，含油量太多，手感发粘，梳棉易绕锡林。

②春秋冬季：纤维含油量为 0.15% ~ 0.20%，含油量太少，粗糙发涩，棉网静电现象严重，粘卷、不易成条。

（4）纤维疵点含量。

①倍长纤维：特细特、细特纱为 3mg/100g，中特纱在 6mg/100g 以下。倍长纤维过多易产生绕角钉、绕刺辊、绕锡林，出硬头纱、抽筋纱、橡皮筋纱等现象。

②疵点（包括异状纤维、硬并丝）：特细特、细特纱为 3mg/100g，中特纱在 8mg/100g 以下。疵点过多时，细纱、布机断头率高，纱疵、织疵率高。

（5）热收缩率：纤维干热或沸水收缩率的差异过大，在蒸纱定捻、印染加工等受热处理时会产生不同程度的收缩，会产生布幅宽狭不一的不规则条形皱痕。在多种型号、多唛混纺时，对纤维干热或沸水收缩率的差异要求很小。

3. 纯纺用途

缝纫线、外衣、过滤布、工业用品等。

4. 产品特征

（1）坚韧、耐磨、耐穿、结实、挺括、耐皱、光洁、滑爽、易洗、快干、免熨、不缩水、不泛黄、不易老化、不易变形、耐冲击、耐霉蛀。

（2）吸水性小、透气性差，静电效应大，容易沾污，容易起毛球，容易熔孔，印染花色一般。

(三)腈纶短纤维的选配和使用

1. 纤维性质

耐气候、耐日光晒、耐热;弹性好、比重轻、保暖性好;染色性能好;耐霉蛀、耐腐蚀、耐酸、耐氧化剂、耐一般有机溶剂;具有膨体性能;强度较低;稀碱、氨水中变黄,强度下降,浓碱时纤维破坏;易燃。

2. 原料选用

(1)棉型、中长型短纤。

(2)选用 1.7dtex、2dtex 的纤维纺 15~20tex 的纱;选 3.3dtex、6.7dtex、10dtex 的纤维纺 18~98tex 的纱。

(3)倍长纤维含量:棉型宜在 15mg/100g 以下,毛型宜在 30mg/100g 以下。超长纤维超过 2% 时生产比较困难。

(4)疵点含量:棉型宜在 15mg/100g 以下。

(5)纤维含油量:一般选用 0.2%~0.4%。

(6)原料选用注意事项。

①混合唛头最多不超过三个,如有条件应采用单唛纯纺。

②腈纶各种唛头吸色速率有差异,采用同浴试验制成样卡对比,尽量选择差异较小的批号使用。

③国产腈纶选择上色率差异不超过 4%,逐批抽调后混合纤维的上色率不超过 1%。

④逐批调的百分率不得超过 8%,并分两次进行,如超过应并筒脚翻改。

⑤最后成品应严格做到每周分批,仓库按批号推桩,按批号次序发货,针织厂应按批号次序使用。

3. 纯纺用途

针织品、毛线、绒线、毛毯、绒毯、绒布、膨体纱、室内装饰、室外用品。

4. 产品特征

(1)松软、丰满,外观手感酷似羊毛,比毛轻、保暖性好;色泽鲜艳,蜡状感少;高度耐晒;不易起毛结球,易洗快干,保形性较好;缩水率低。

(2)耐磨性差,弹性不如羊毛,回弹性较差;强度一般。

(四)维纶短纤维的选配和使用

1. 纤维性质

(1)强度高、耐磨好、相对密度轻(低于棉花),吸湿性好(优于常用合纤),耐霉蛀、耐腐蚀、耐氧化剂,耐酸(比棉强)、弱酸时性能稳定、浓酸时纤维会溶解。

(2)回弹性低、易皱褶,不耐高速摩擦,表面光滑,耐碱(比棉差)、纤维易泛黄;耐热水性差(湿态下110℃时软化),切口发热,容易造成纤维粘连,皮芯结构染色困难。

2. 原料选用

(1)纺14~40tex纱选用1.6~1.7dtex、35~38mm的纤维,纺14tex以下纱(一般作股线)选用1.3~1.6dtex、38mm的纤维。

(2)倍长纤维含量:中、粗特纱宜在10mg/100g以下,细特纱宜在8mg/100g以下,针织品要求更少。

(3)含油量:宜在0.25%~0.35%,质量比电阻宜在$10^6~10^7\Omega\cdot g/cm^2$。

(4)疵点含量:中粗特纱宜在15mg/100g以下,细特纱宜在12mg/100g以下,针织品要求更少。

(5)卷曲数:4.5个/25mm,过低则纤维抱合力差,成纱强力低。

(6)回潮率:4%~6%,过低则产生粘卷、棉网破边;过高则管道易堵塞、坠网,易绕锡林。

3. 纯纺用途

用于生产帆布、绳索、渔网、过滤布、水龙带、传送带、包装材料等。

4. 产品特征

(1)耐磨、耐穿、耐晒、耐霉蛀,吸水、吸汗性较好,保暖性好,价廉。

(2)弹性差,易皱,易沾污,色彩不艳,耐热水性差、忌湿烫,不宜在沸水中煮。

(五)丙纶短纤维的选配和使用

1. 纤维性质

(1)强度高,耐磨好,相对密度最轻,蓬松性好,耐酸、耐碱、耐化学药品。

(2)疏水、吸湿接近零,静电现象严重,热缩性低,耐日光性差,染色性差(可用原液染色)。

2. 原料选用

(1)倍长纤维含量:宜在8mg/100g以下。

(2)疵点含量:宜在15mg/100g以下。

(3)含油量:宜在0.6%左右。

3. 纯纺用途

用于牵切纺制条,用作过滤布、绳索、渔网、纱布(不粘连伤口)。

4. 产品特征

(1)耐磨(仅次于锦纶),回弹性好,保暖性、蓬松性较好,缩水率低,快干,耐腐蚀、耐霉蛀,价廉。

（2）透气性差,染色单调,表面茸毛多,亲油性强,受热易拉长,纱直径较粗（丙纶19tex 时直径近似 30tex 棉纱）,疏水性好。

（六）氯纶短纤维的选配和使用

1. 纤维性质

（1）耐强酸、耐强碱、不霉蛀、化学稳定性好,耐晒、耐磨,弹性尚好,难燃。

（2）疏水、吸湿性接近零,静电作用大,染色性能差,强度较低,耐热性很差（有的纤维 70℃开始软化收缩）。

2. 原料选用

（1）棉型产品选用 1.7dtex、38mm。

（2）毛型产品选用 2.2～3.3dtex、50mm 以上。

（3）倍长纤维含量:棉型宜在 15mg/100g 以下。

（4）异状纤维含量:棉型宜在 30mg/100g 以下。

（5）卷曲数:一般在 13～18 个/25mm。

（6）含油量:2.5%,低于 1.7% 时补充给油。

3. 纯纺用途

用于加工针织内衣、毛毯、绒线、室内用品、医药用布、绝缘布、耐酸碱的滤布和工作服、难燃的安全帐幕和帆布。

4. 产品特征

（1）易洗、快干、耐腐、保暖性好。

（2）沸水收缩率大,不能沸煮或熨烤。

三、新型再生纤维素纤维

新型再生纤维素纤维主要包括天丝（Lyocell,Tencel）纤维、莫代尔（Modal）纤维、竹浆纤维、大豆蛋白改性纤维、乳酪纤维等,其特性及用途如下。

（一）天丝（Lyocell）纤维

1. 特性（Lyocell 纤维商品名 Tencel、天丝纤维）

它将纤维素直接溶解于有机溶剂甲基吗啉氯化物后,经纺丝工艺制成。工艺流程短,溶剂可回收,不污染环境,其物理机械性能优于一般粘胶纤维,能集棉和涤纶纤维的长处。该纤维受机械摩擦易造成外层纤维微纤化,产生 1～4μm 的毛茸,导致品质差异、色相差异及棉结等,因此纺纱时要减少摩擦和纤维损伤,保持通道光洁,防止产生毛羽和棉结。

2. 用途

可纯纺或与其他纤维混纺制成吸湿性好、穿着舒适、缩水率小,具有丝质感的面料,适用于制作内衣、时装、休闲服等。G-100型天丝纤维易产生微纤化,但可由此制成桃皮绒风格的纺织品。

(二)莫代尔(Modal)纤维

1. 特性

该纤维属改良型高湿模量再生纤维素纤维,具有比棉高的吸湿量和模量,且比一般纤维手感柔软、光泽亮丽、光滑鲜艳、吸色性好、上色率高。

2. 用途

是传统粘胶纤维升级产品,可生产较高档的纺织品。

(三)竹浆纤维

1. 特性

天然竹纤维含有竹密和果胶,采用蒸煮等物理方法制成竹浆粕后制丝,不含化学添加剂,横截面布满圆形的空隙,具有柔软、光泽、吸湿、快干、凉爽等特点,产品染色性好,悬垂感优良。实测断裂强度 2.1~2.5cN/dtex,断裂伸长率9.5%~13%。

2. 用途

适宜制作夏季服装,有竹/丝、竹/棉、竹/毛等混纺交织产品。

(四)大豆蛋白改性纤维

1. 特性

属再生植物蛋白质纤维,生产原料是豆粕羟基和氰基高聚合物,是一种易生物降解的绿色纤维。纤维比重较轻,手感柔软,富有光泽,吸湿性优良,悬垂性、抗皱性强,但表面光滑、蓬松性大、抱合力差、易产生静电。断裂强度 3.5~4.5cN/dtex,断裂伸长率16%~18%。

2. 用途

能纯纺或与棉等纤维混纺,开发舒适、保暖、柔软、色泽柔和的高档针织品。

(五)乳酪纤维

1. 特性

乳酪纤维即酪素纤维,又称牛奶蛋白纤维,是由从牛奶中提取的蛋白质酪素制成,含有多种氨基酸。通过保湿因子作用,能保持皮肤柔软光洁,具有一定抑菌功能;纤维轻盈、柔软、透气、导湿,强度比棉、丝略高,有良好的光泽。

2. 用途

适合制作夏季内衣、T恤衬衫以及春秋服装。

四、改性纤维

改性纤维是指将一般常用纤维通过改性处理达到使其性能改变,从而促使其使用性能和效果得到改善。目前,改性纤维主要有易染纤维、阻燃纤维、有色纤维、高吸湿纤维、抗静电纤维、抗起球纤维、高收缩纤维。

(一)易染纤维品种、特性和用途

1. 阳离子染料可染涤纶

(1)特性:可用色谱较广、色彩鲜艳的阳离子染料染色,且纤维的初始模量比普通涤纶低 10% ~30% ,因此手感柔软、丰满,抗起球性好,织物仿毛感改善。

(2)用途:开发仿毛产品效果较好,已广泛使用。

2. 常压阳离子可染涤纶

(1)特性:可在常压下不用载体而用阳离子染料染色。

(2)用途 :开发仿毛产品效果较好,已广泛使用。

3. 常温、常压无载体可染涤纶

(1)特性:在低于100℃的染色温度下可不用载体,用分散染料染色。

(2)用途:增加涤纶对分散染料的可染性,并改善染色性能。

4. 酸性染料可染涤纶

(1)特性:可用色谱齐全的酸性染料染成鲜艳色彩且能和羊毛混纺进行同浴染色。

(2)用途:开发毛纺产品,完善涤毛混纺产品。

5. 酸性染料可染腈纶

(1)特性:可用色谱齐全的酸性染料染成色彩鲜艳且能和羊毛混纺进行同浴染色。

(2)用途:将它与普通腈纶混纺,用阳离子、酸性染料染色,可产生特殊的混色效果。

6. 可染深色涤纶

(1)特性:与天然纤维和其他纤维相比,改进涤纶染深色有发色性差、色彩不鲜艳的弱点。

(2)用途:可使染深色涤纶与羊毛、真丝、醋酯纤维类同,制成的织物挺括柔软。

7. 易染丙纶

(1)特性:改善丙纶染色困难,提高其染色性。

(2)用途:改善丙纶织物染色效果。

(二)阻燃纤维品种、特性和用途

1. 阻燃粘胶纤维

(1)特性:通常采用高湿模量工艺改性,以弥补纤维的强力降低,改性后极限氧指

数可达 27% ~ 30%,且具有良好的手感和耐洗涤性能,回潮率为 10% ~ 12%,比一般略低。

(2)用途:制作阻燃织物。

2. 阻燃腈纶(腈氯纶、偏氯腈纶)

(1)特性:改性后共聚单体氯乙烯的含量达到 40% ~ 60%、丙烯腈的含量为 40% ~ 60%,称腈氯纶;改性后共聚单体偏氯乙烯的含量达到 20% ~ 60%、丙烯腈含量为 35% ~ 80%,称偏氯腈纶;两种纤维的极限氧指数可达 28% 以上。

(2)用途:制作阻燃地毯、帷幕、窗帘、化工过滤布及童装等。

3. 阻燃涤纶

(1)特性:阻燃效果持久,物理指标与普通涤纶相同,染色性更好。

(2)用途:制作阻燃家具布、帷幔、窗帘、地毯、床上用品、汽车沙发布、睡衣等。

4. 阻燃丙纶

(1)特性:极限氧指数达 26% 以上,物理性能基本不变。

(2)用途:制作室内阻燃装饰织物、地毯、过滤布、滤油毡、缆绳等。

5. 阻燃维纶(维氯纶)

(1)特性:极限氧指数达 28% ~ 35%,断裂强度在普通维纶与氯纶之间,打结强度稍低;有很好的染色性,良好的弹性和卷曲性能。

(2)用途:用于有阻燃要求的篷盖布、防火帆布及劳保用品,也可用于装饰织物。

(三)高吸湿和高吸水纤维主要品种、特性和用途

1. 多孔性腈纶

(1)特性:一般腈纶吸湿性、吸水性差,易产生静电。该纤维有很高的吸湿性和透水性,且无粘湿感,具有较好的透气性和保湿性,强伸度与普通腈纶相当,表观密度低 1/4。

(2)用途:用于内衣、运动服、儿童服装、睡衣、毛巾、浴巾、尿布及床上用品。

2. 多孔性涤纶

(1)特性:纤维表面和中孔部分有直径 $0.01 ~ 0.03 \mu m$ 的微孔,使吸湿和扩散速度比棉快,穿着由它制成的纺织品,能使皮肤保持干燥又无冷感。

(2)用途:用于内衣、运动服、儿童服装、睡衣、毛巾、浴巾、尿布及床上用品。

3. 藕茎形纤维

(1)特性:它是以锦纶为海组与另一种聚合物为岛组的海岛型复合纤维,表面呈微孔孔道和沟槽,具有良好的柔软性和吸湿性。

(2)用途:用于内衣、运动服、儿童服装、睡衣、毛巾、浴巾、尿布及床上用品。

4."HYGRA"复合化纤

(1)特性:它是将有特殊网络结构的吸水聚合物包覆锦纶的芯鞘型复合化纤,兼有吸水性和疏水性,吸放湿能力和速度优于天然纤维,其吸水能力为自重的3.5倍。

(2)用途:可与其他纤维混纺,用于内衣、女装、运动服及工业用织物。

5. 相分离裂隙纤维

(1)特性:由两种不相容的高聚物熔融混合纺丝制得,因结晶性和收缩性差别,界面处形成许多不等裂隙,使纤维具有较高的强度和吸湿性,且手感柔软。

(2)用途:可与其他纤维混纺,用于内衣、妇女衣料、运动衣及工业用织物。

(四)抗静电纤维品种、特性和用途

大部分合成纤维吸湿性差,纤维间摩擦系数较高,易产生静电并积聚电荷,使纤维间相互排斥或吸附在机件上,造成纺纱困难。解决办法是提高其抗静电性能,主要途径是提高纤维的吸湿能力或添加抗静电剂。

1. 抗静电丙纶

(1)特性:与普通丙纶相比,比电阻降低5~6数量级,回潮率提高到5.9%~7.1%,绝对强度降低25%,但仍比粘胶纤维高数倍。

(2)用途:改善纤维可纺性。

2. 抗静电涤纶

(1)特性:比电阻达$7.24 \times 10^{-8}\Omega \cdot cm$,强度和断裂伸长率分别为3.2cN/dtex和29.0%,略低于普通纤维。

(2)用途:可供冶金行业制成抗静电除尘布袋等。

3. 抗静电复合纤维

(1)特性:以聚酯和混有聚乙二醇的聚酰胺组成涤锦复合纤维,以炭黑和聚酰胺组成的复合纤维均有较好的抗静电性,且手感、吸湿性、弹力、抱合力等均有所改善。

(2)用途:可供冶金行业制成抗静电除尘布袋等。

(五)抗起球纤维品种、特性和用途

1. 抗起球腈纶

(1)特性:降低断裂强度、勾结强度、延伸度和可弯曲性,或采用三叶形异形截面,使起球性得到改善。

(2)用途:可用于纯纺或与棉、细羊毛混纺,产品蓬松柔软,起球性得到改善。

2. 抗起球涤纶

(1)特性:降低纤维相对分子质量,得到低强、中伸、中模量、断裂功小的抗起球纤维。具有良好的卷曲性质和压缩弹性,染色性能也比常规涤纶好。

(2)用途:用于开发中厚型毛涤、薄型棉毛混纺产品。

(六)高收缩纤维品种、特性和用途

通常把沸水收缩率在20%左右的纤维称收缩纤维,沸水收缩率在35%～45%的称高收缩纤维。

1. 高收缩腈纶

(1)特性:腈纶的沸水收缩率在2%～4%,而高收缩腈纶的沸水收缩率高达15%～45%。产品质轻、蓬松、柔软、滑糯,保暖性好。

(2)用途:与普通腈纶混纺后加工成腈纶膨体纱,用作膨体绒线、针织绒线和花色纱线等。

2. 高收缩涤纶

(1)特性:改性后沸水收缩率达15%～50%,断裂伸长率60%,具有较高的强力。

(2)用途:可与常规涤纶、羊毛、棉等混纺交织生产泡泡纱、条纹凹凸型风格的织物。

(七)水溶性纤维、低熔点纤维的特性和用途

1. 水溶性维纶

(1)特性:能在水中溶解,溶解温度70～92℃。

(2)用途:可作为纺制高支纱、无捻纱、绣底布的载体纤维,可用于造纸、非织造布、特种工作服、育秧、海上布雷、降落伞等特殊用途。

2. 低熔点纤维(涤纶、丙纶、乙纶复合)

(1)特性:具有熔点低、热收缩率低、熔融范围小等特点,产品手感柔软,富于弹性。

(2)用途:可不用任何化学粘合剂使纤维低温粘合,大量用于尿布、卫生巾、医疗器材、过滤材料、绝缘材料、包覆材料等,也可用于纱线间粘固,增加牢度。

(八)有色纤维分类、特性和用途

凡在化学纤维生产过程中加入染料、颜料、荧光剂等进行着色的纤维,都称为有色纤维。有色纤维可解决某些纤维染色困难,且可以省去后序的染整加工,节省后加工成本,减少染色的污染。

1. 种类

有色切片纺制型、常规切片与母粒着色型、湿丝束染色型。

2. 特性

常用于较难染色的涤纶、丙纶、芳纶和常用的粘胶纤维、腈纶,目前主要色泽有黑、红、黄、绿和棕色。有色纤维色牢度高,成本也高。

3. 用途

常互相混纺或与其他纤维混纺成花色纱线,较多用于针织品;单色产品用于装饰织物、地毯、缝纫线、渔网、绳带、防水衣、篷布等。

五、功能性纤维

功能性纤维是指具有一般纤维没有的物理性能、化学性能以及保暖性、舒适性、医疗性、保健性、安全性等特殊功能的纤维。某些长丝类功能性纤维(如导光纤维)以及常以纤维形态直接使用的离子交换纤维等,不属于棉纺范畴,这里不作叙述。

(一)高弹性功能纤维

1. 氨纶弹性纤维

(1)特性:弹性纤维是指具有高断裂伸长率(400%以上)、低模量和高弹性回复率的纤维。聚氨基甲酸酯纤维简称氨纶,是最主要的弹性纤维。

(2)用途:氨纶可以加工包芯纱、交捻纱、包缠纱,做牛仔服、灯芯绒服装、紧身内衣、滑雪衣和运动服装。氨纶长丝也可直接制成袜、裤、内衣以及弹力绷带、人造皮肤等。

2. PBT、PTT 弹性纤维

(1)特性:属聚酯纤维中的新品种,具有弹性好、上染率高、色牢度好以及洗可穿、挺括、尺寸稳定性好等优良性能。与普通涤纶相比,强力较低、断裂伸长较大、初始模量明显偏低,但有突出的弹性和优良的染色性,手感也较柔软。

(2)用途:PTT 纤维是 PBT 纤维的升级品种。短纤可与其他纤维混纺,长丝可用于包芯纱的芯纱;可加工弹性类织物,如内衣、弹力运动服、弹力牛仔服等。

(二)保暖性功能纤维

这类纤维发展很快,品种繁多。部分代表性品种的特性和用途如下。

1. 远红外纤维

(1)特性:在涤纶或丙纶中混入远红外发射率高的陶瓷微粒的远红外纤维,通过吸收人体发出的远红外线和辐射到人体的远红外线,可使纺织品的保暖率提高10% ~15%。

(2)用途:制作远红外衬衫、内衣,具有良好的保暖性和一定的保健作用。

2. 阳光吸收放热纤维

(1)特性:以碳化锆类化合物微粒的聚合物和涤纶或锦纶组成的皮芯型复合纤维,具有吸收可见光和近红外线的功能,加工的服装保暖温度可比普通服装高2~8℃。

（2）用途：可开发滑雪服、运动衫、紧身衣，并可扩大到农业、建筑等领域使用。

3. 异形中空纤维

（1）特性：异形中空纤维有较大的纤维表面积，能迅速将湿气排出、蒸发，保持身体温暖；且能隔离空气，保持体温；中空纤维质轻柔软，透湿快干，比全棉快50%，保暖率提高30%。

（2）用途：制作保健内衣、运动服、登山服等。

4. 导电保暖纤维

（1）特性：采用导电性碳纤维或聚乙烯和炭黑粉混合制成导电保暖纤维，通电后可发热保温。

（2）用途：制作电热床单、垫毯、医疗保健毯及特殊用途服装。

（三）抗菌、防臭纤维

1. 甲壳素纤维

甲壳素纤维是以甲壳类动物的壳质为原料（如虾壳、蟹甲壳等），经特殊工艺制成，是唯一带阳离子的高分子碱性多糖聚合物，具有良好的物理化学性能和生物活性功能，是应用较广的抗菌、防臭纤维。

（1）特性：甲壳素的衍生物壳聚糖有良好的吸附螯合性能，可除去重金属和吸附有毒物质，对某些细菌有抑制作用并能促进上皮细胞生长，有利于创面愈合。壳聚糖按一定比例分散在纤维中，可使织物抗菌、防臭；甲壳素纤维呈白色、柔软、有光泽、无异味，平衡回潮率约15.3%，断裂强度≥1.65g/dtex，具有很强的吸湿功能。甲壳素纤维具有生物相容性和可降解性。

（2）用途：各种抗菌、防臭、保湿袜子，睡衣，婴儿装及运动衣；人造皮肤、手术缝合线、医用敷料等；净化水质过滤材料和其他吸附有害物质材料。

2. 抗菌活性纤维

抗菌活性纤维的抗菌作用源自纤维素矩阵中的内在和永久组成部分，且在穿着、洗涤或干洗过程中不受影响，能抵抗大多数的细菌。

（1）特性：以 Lyocell 纤维的加工工艺为基础，在纺丝液中加入磨细的海藻，使其具有惊人的吸附能力。在活化过程中，银、锌、铜等灭菌金属被吸收在纤维矩阵中，使其具有抗菌和阻燃功能，并具有 Lyocell 纤维的各种特点。

（2）用途：用于加工抗菌工作服（包括手套）、运动服、内衣及家用纺织品。

3. 抗菌 Modal 纤维

抗菌 Modal 纤维是在纺丝液中加入抗菌添加剂，使纤维具有抗菌热稳定性和持久性，能抑制皮肤上常见的细菌滋生。

（1）特性：能抵抗多种致病性葡萄球菌，在水、碱和酸中的溶解性非常低，耐热、耐洗并具有 Modal 纤维的各种特点。

（2）用途：用于加工抗菌服装、运动服、内衣、T恤、睡衣等。

4. 抗菌除臭丙纶

（1）特性：在丙纶母粒中加入 10% 含氧化锌、二氧化硅、银沸石、载银硅硼酸等抗菌防臭复合粉体，与丙纶切片共混纺丝，制成的纤维具有广谱抗菌作用。

（2）用途：适于加工抗菌防臭服装、内衣、鞋袜等。

(四)吸湿透气功能性纤维

1. 特性

纤维表面有多条微细沟槽，产生毛细管效应，使肌肤表层的湿气与汗水能迅速排出体外，排湿气能力和干燥效率比棉高 10%～50%，制成的织物穿着舒适、温暖、快干、不缩水并防皱。

2. 用途

适宜制作内衣、袜子及高品质运动衣及军服。

(五)芳香纤维

芳香纤维是一种能持久散发天然芳香、产生森林或花园气息，以达到芳香除臭、杀菌和使人愉悦效果的纤维。

1. 特性

纤维加香的方法有微胶囊法、共混纺丝法和皮芯复合法。前两种方法不耐洗，香味持久性差；后一种方法将香料放入复合纤维的芯层，由于皮层透气性差，可有效地缓慢释放香料，达到留香、持久和耐洗的要求。

2. 用途

可用作床上用品和装饰品的填充材料，可开发芳香型机织和针织服装及家饰用品、地毯、睡衣等。

(六)导电纤维

导电纤维是指在标准状态（气温 20℃、相对湿度 65%）下，质量比电阻在 $10^8 \Omega \cdot g/cm^2$ 以下的纤维。导电纤维与抗静电纤维相比，其消除和防静电的性能高得多。

1. 品种

（1）按导电成分在纤维中的分布分：

①均匀型：均匀分布在纤维内。

②被覆型：通过涂镀等方法被覆于纤维表面。

③复合型:混熔于纺丝液中或复合纺丝。

(2)按纤维材料来分:主要有金属纤维、碳纤维和有机导电纤维。

2. 特性

(1)有良好的导电性,可将产生的静电快速泄漏,避免积聚。

(2)具有电晕放电能力,能向大气放电。

(3)有良好的耐久性和稳定的物理与化学性质。

(4)与一般纤维抱合性好,容易混纺或交织,不影响织物的柔软性和外观。

3. 用途

(1)制作石化、煤炭、油轮等行业防爆型工作服。

(2)制作精密机械、电子仪表、医疗等行业防尘工作服。

(3)制作一般抗静电服装和抗静电毛毯等。

4. 导电纤维混用率

0.5%~2.5%。

(七)防辐射纤维

各种高能射线如微波、X射线、紫外线、中子射线等对人体有相当大的危害,为此,近年来开发了不少防辐射纤维及纺织品。

1. 防紫外线纤维

(1)特性:具有较高的遮挡紫外线性能,遮挡率可达95%以上,还具有耐洗涤性能和良好的手感。

(2)用途:制作防紫外线服饰,特别适用夏季服装和高原服装以及窗帘、遮阳伞、泳装等。

2. 防X射线纤维

(1)特性:具有较好的X射线屏蔽效果,可减少X射线对人体性腺、乳腺和骨髓等的伤害,减少白血病、骨髓瘤的发生。

(2)用途:制作X射线防护服。

3. 防微波辐射纤维

(1)特性:具有良好的防辐射性能且质轻、柔软性好、强度高,对电磁波和红外线也有反射性能。

(2)用途:可作微波防护服、微波屏蔽材料,制成的纺织品可用于原子反应堆的屏蔽,也可用于医院放射治疗的防护。

4. 防中子辐射纤维

(1)特性:纤维中的锂或硼化合物,具有较好的中子辐射防护效果,屏蔽率达

44%以上。

（2）用途：可作微波防护服、微波屏蔽材料，制成的纺织品可用于原子反应堆的屏蔽，也可用于医院放射治疗的防护。

六、高性能纤维

高性能纤维目前尚无明确统一的定义。一般认为它们具有比普通合成纤维高得多的强度和模量，有优异的耐高温性和难燃性以及突出的化学稳定性；纤维的强度应大于18cN/dtex，初始模量应大于441cN/dtex。常用高性能纤维有碳纤维、芳纶纤维、超高相对分子质量聚乙烯纤维、聚苯硫醚纤维等。

（一）碳纤维

碳纤维是以腈纶、粘胶纤维或沥青纤维为原丝，通过加热除去碳以外的其他元素而制得的一种高强度、高模量纤维，具有很高的化学稳定性和耐高温性能。几种典型碳纤维的物理指标及应用见表2-9。

（二）芳族聚酰胺纤维

由芳族聚酰胺长链分子制成的纤维叫芳族聚酰胺纤维。

1. 芳纶1313

（1）特性：断裂强度和韧性与涤纶相当。在180℃下，放置3000h不损失强度；在260℃下，使用1000h能保持原强度的65%；在400℃以上，纤维不熔融，仍能起绝缘和保护作用。具有阻燃性、良好的尺寸热稳定性和抗辐射性。

表2-9 几种典型碳纤维的物理指标及应用

指　标	密度 (g/cm³)	强度 (cN/tex)	模量 (cN/tex)	电阻率 (与纤维轴平行) (Ω·m)	热膨胀系数 (20~100℃) (1/k)	使用温度	酸碱影响	用　途
普通型（A型或Ⅲ型）	1.71~1.93	91.8~140.7	9697.8~12390			空气中360℃以下，隔绝氧环境下1500~2000℃	一般不起作用	一般加入到树脂、金属或陶瓷等基体中组成复合材料，是宇航、导弹、火箭、汽车、医疗、体育用具的重要材料
高强型（C型或Ⅱ型）	1.69~1.85	132.8~177.4	13847~17723	(6~30)×10⁻⁶	轴向1×10⁻⁶ 径向1.7×10⁻⁵			
高模量型（B型或Ⅰ型）	1.86~2.15	88.3~127.2	13691~25426					

（2）用途：制作高温条件下的绳索、输送带、防火帘、阻燃消防服、防辐射保护服、过滤材料。棉/芳纶 50/50 混纺织物的阻燃效果好,可改善纯芳纶织物热收缩大和碳化膜易开裂的缺点。

2. 芳纶 1414

（1）特性：高模量、高强度和耐高温,抗拉强度为 185～194.3cN/tex,耐疲劳强度达 22.07cN/dtex 以上,弹性模量为 4238～4768cN/tex,与橡胶有良好的粘着力且有透过微波的特性。

（2）用途：制作高级轮胎、特种帆布、绳索、防弹服、头盔、雷达外罩增强塑料等。

3. 芳砜纶（聚苯砜对苯二甲酰胺纤维）

（1）特性：除强力稍低外,其他性能与芳纶相似,但它的抗燃和抗热氧老化性显著优于芳纶,在 300℃热空气中加热 100h,强力损失小于 5%,极限氧指数超过 33%;还有良好的染色性、电绝缘性、抗化学腐蚀性、抗辐射性等;可纺性略差于涤纶(卷曲保持性差)。

（2）用途：制作消防服、特种工作服、高温过滤材料、F.H 级绝缘纸,用于安全保护、环保、化工、宇航等领域。

(三)超高相对分子质量聚乙烯纤维

超高相对分子质量聚乙烯纤维的相对分子量高达 $5 \times 10^5 \sim 5 \times 10^6$。

1. 特性

具有高强度、高模量,强度达 265cN/tex,模量达 9354.8cN/tex 以上,高于芳纶;密度小,耐化学试剂及耐紫外光线性能优良,生产成本低于芳纶;介电常数为 2.3 左右,低于一般纤维,适合高频电波下使用,具有良好的电波透射率;纤维柔韧性佳,勾结强度和打结强度高;具有低吸湿性,能在 145～155℃短时间保持固态。

2. 用途

适合制作高强度绳索并能浮于水面,可用作过滤织物、防护服、耐冲击织物、降落伞、航海用织物、捕鱼网、钓鱼线、耐用运动服、头盔、防弹衣等。但不易染色,常与涤纶、棉混纺使用。

(四)聚苯硫醚纤维

聚苯硫醚纤维即 PPS 纤维,其兼具优异的热稳定性、化学稳定性和纺织加工性能,具有特殊的阻燃性能,其产品形式主要是短纤维。

1. 特性

具有良好的纺纱性能和加工非织造布性能,纤维表面吸湿性差,密度与涤纶相同,熔点285℃,具有特殊的阻燃性与热稳定性,能耐大多数化学试剂。

2. 用途

是工业过滤烟道气极佳的纤维材料,适于用作造纸工业机毡带、耐化学腐蚀的过滤材料、电子工业特种用纸以及防雾材料、航天服和消防服等。

(五)聚苯并双噁唑(PBO)纤维

PBO纤维有四大特点,即高强、高模量、耐高温和阻燃性,其强度和模量比芳纶高一倍多,并兼有耐热性,点火时不燃,纤维也无收缩现象。

1. 特性

纤维的强度、模量高于一般高性能纤维,优于钢丝的力学性能。耐热性、阻燃性居各种有机纤维之上,无熔点,高温不熔化,分解点为650℃,极限氧指数为68%,在有机纤维中阻燃性最高,燃烧时不收缩,无烧痕,不脆不曲,纤维柔软性好,近似涤纶,对织造加工有利,吸湿率0.6%,吸湿除湿后,尺寸稳定性不变。PBO耐药品性和耐切割性高,300℃下耐磨损性良好;缺点是耐光性差,受紫外线照射会影响纤维的强度,应采取遮光措施。

2. 用途

主要用作耐热、高强、耐高温、耐磨材料,高温过滤材料如制铝和玻璃工业缓冲垫料;消防服、手套、靴、鞋、医疗卫生、运动器具等。

(六)聚苯并咪唑(PBI)纤维

它是一种具有优异性能及极佳手感的耐高温有机纤维,其特点是难燃且不会熔滴,极限氧指数高,抗化学性和吸湿性较好,因此它是优良的防火材料,可生产防火织物和防护服。PBI物理性能较差,但可纺性好,可与碳纤维和芳纶等组成复合纤维或混纺,如芳纶/PBI 60/40织物加工的优质消防员服装。PBI特有的金黄色外观十分显眼。

(七)陶瓷纤维

陶瓷纤维属耐火纤维,一般泛指金属氧化物、碳化物、氮化物纤维,硅酸铝、非金属碳化物、氮化物纤维、钛酸钾纤维。现已广泛被认为是石棉的替代材料。几种陶瓷纤维的物理机械性能见表2-10。

1. 特性

具有一定的可纺性,可加工成机织物和非织造布;产品柔软,有一定压缩弹性;具有耐火材料中最低的导热系数(0.07~0.23W/m·k)和耐热冲击性,能够抵御弯折、扭曲和机械振动;还具有较好的耐酸性和优良的电绝缘性;在高温状态下,介电率高。

表 2 – 10 几种陶瓷纤维的物理机械性能

纤维名称	成 分	纤维直径 (μm)	纤维长度 (mm)	抗拉强度 (cN/tex)	初始模量 (cN/tex)	密度 (g/cm³)	比表面积 (m²/g)	熔点(℃)
硅酸铝纤维	Al_2O_3 40% ~60%, SiO_2 60% ~40%	2 ~ 5	35 ~ 50	21.8 ~29.1	2550 ~2910	2.5 ~3.0	3 ~ 10	1000 ~ 1400
氧化铝纤维	$Al_2O_3$95%, $SiO_2$5%	10 ~ 12	长丝	61.8 ~ 75.6	4730 ~6910	2.5 ~3.0	< 1	1600
NEXTEL440	Al 62%, Si 24%, B 14%	10 ~ 12	长丝	68	676	3.045	>5	1800

2. 用途

产品有絮、绳、毡、板、机织物、编织物,广泛用于耐热、隔热、防火、摩擦制动、密封、高温过滤、劳动保护等领域。

(八)聚四氟乙烯纤维

聚四氟乙烯纤维(PTFE)是最主要的含氟纤维,简称氟纶,它具有许多优良的性能,如对化学药品的稳定性、耐气候性、高低温的稳定性、良好的电绝缘性和耐磨性。

1. 特性

具有优异的化学稳定性,能耐氢氟酸、王水、发烟硫酸、强碱、过氧化氢等强腐蚀剂。具有良好的耐气候性,使用温度:180 ~ 260℃;在空气中不会燃烧;有良好的电绝缘性和抗辐射性;摩擦因数 0.01 ~ 0.05,是合纤中最小的。

2. 用途

有单丝、复丝、短纤和膜裂纤维等品种,可加工增强塑料,是飞机的优良结构材料,可制作火箭发射台屏蔽物;织物可作宇航服;宜制作耐腐蚀、耐高温过滤材料、密封材料、传送带、无油轴承以及人造气管、血管等医用器材。

第三节 混纺纱线的命名

棉纺混纺纱线在品种前面标明原料名称时,按原料混合比例的大小顺序排列,比例大的写在前面。若混合比例相等,则按天然纤维、合成纤维、纤维素纤维、其他纤维的顺序排列。混纺所用的原料之间以斜线"/"表示。比如:

(1)40%棉、20%钛远红外纤维、20%竹浆纤维、20%甲壳素纤维混纺时,称为40/20/20/20 棉/钛远红外纤维/竹浆纤维/甲壳素纤维混纺纱。(说明:钛远红外纤

维为合成纤维、竹浆纤维为再生纤维素纤维、甲壳素纤维为矿物质纤维)

(2)30% 长绒棉、30% 大豆纤维、20% 腈纶、10% 羊毛、10% 莫代尔纤维混纺时,称为 30/30/20/10/10 长绒棉/大豆纤维/腈纶/羊毛/ 莫代尔纤维混纺纱。

(3)70% 棉、10% 羊毛、10% PTT 纤维、10% 粘胶纤维混纺时,称为 70/10/10/10 棉/羊毛/PTT/粘胶纤维混纺纱(说明:羊毛为天然纤维、PTT 纤维为合成纤维、粘胶纤维为再生纤维素纤维)。

第四节　多组分混纺的优点

一、扩大了纤维原料的资源

可保证多组分纤维在生产时纱线质量长期稳定,让纺纱企业有更多纤维原料选择的机会,可在满足用户需求的前提下,降低纺纱成本。

二、取长补短,改善纺纱性能

天然纤维吸湿透气性好,柔软、舒适,但纤维长度差异大,强力低,抗皱性差。合成纤维吸湿透气性差,纺纱时易产生静电,但纤维整齐,强力高,抗皱,耐久,保形性好。再生纤维素纤维的吸湿透气、柔软性同天然纤维,且纤维整齐度好,但强力较低。当天然纤维、合成纤维、再生纤维素纤维以适当配比混和后,实行多组分纤维的混纺,则各种纤维原料互相取长补短,可使其纺纱性能大大改善或提高。

三、汉密尔顿(J. B. Hamilton)效应

汉密尔顿通过试验证明混纺纱中纤维沿混纺纱径向转移的规律是:较细的纤维有向纱的内层转移的趋势,较长的纤维和初始模量高的纤维也有同样效应。在此三因素中,纤维的长度和细度的影响较大,这一效应,已被越来越多的纺纱厂所采用。例如与羊绒混纺的纤维,欲突出混纺纱中羊绒的光泽、柔软、滑爽等风格,必须选用长度长于羊绒、细度细于羊绒的纤维,使羊绒纤维趋向混纺纱的外层表面,突出其风格。

四、匹染闪色效应

对混纺、交织织物匹染时,因纤维间染色性能有差异,或利用同一染料对多组分纤维的亲和力不同,可在同一织物上出现不同色调,使之产生闪色效应,增加美感。

五、改善织物外观与质感

弹性纤维混纺织物服用性能好,有紧身感;高收缩纤维混纺织物则有膨体效应,可产生起绉、折叠的美感,也可产生簇绒、保暖、雍容华贵之感。

六、市场的快速反应

多组分纤维混纺的特点是品种多,批量小,品种翻改快,几乎能在 24h 内提供客户所需要的纱样,生产线弹性极大,产量、质量的调整极其方便,这是传统纺纱生产线所不可能实现的。

第三章 产品质量预测

为合理利用原棉,节约成本,提高纱线质量,纺制出客户满意的纱线,需要在纺纱前预测纱线的性能。通常情况下,需要预测细纱的最小线密度、细纱的相对强度、强力不匀率和条干均匀度。

一、原料能纺制细纱的最小线密度

1. 原料能纺制细纱最小线密度的经验预测公式

纤维可纺最小线密度,是指单位重量(1kg)的原棉所能纺出的单纱最小线密度,即最大的成纱长度。为合理利用原棉,提高原棉加工深度,节约成本,在客观上需提供一个参考数值。以往的研究结果表明,细纱的最小线密度 Tt_{min} 可以按下面的经验公式预测。

$$Tt_{min} = \left(\frac{0.0838 \sqrt{Tt_B} - 0.5/R_f \cdot s \cdot k \cdot \eta}{1 - 0.0375H_0 - a/R_f \cdot s \cdot k \cdot \eta} \right)^2 \times 10^3$$

$$R_f = \frac{P}{Tt_B} \qquad s = 1 - \frac{5}{L_{mT}}$$

式中:Tt_B——棉纤维的线密度,tex;

R_f——棉纤维断裂强度,cN/tex;

P——棉纤维平均断裂强力,cN;

s——由纤维品质长度确定的系数;

L_{mT}——棉纤维品质长度,mm;

a——棉纤维品级系数,优、一、二级原棉对应的 a 值分别为 21.6,20.5,19.5;

η——设备状态系数,一般在 0.95~1.10,正常状态时为 1.0;

k——细纱实际捻系数 α 与临界系数 α_T 的差异系数,一般为 0.9~1.1;

H_0——由纺纱工艺确定的质量系数,精梳纱为 3.5~4.0,普梳纱为 4.5~5.0。

2. 设计实例

表 3-1 为选取的原料,预测所选原料能否纺制精梳棉/钛远红外纤维/竹浆纤维/甲壳素纤维(40/20/20/20)11.8tex 混纺针织纱。

表 3-1　原料性能指标

原　料	比例(%)	品级(级)	成熟度	主体长度 (mm)	品质长度 (mm)	线密度 (dtex)	断裂强度 (cN/dtex)	回潮率 (%)
原棉	40	2.0	1.55	28.77	31.61	1.46	3.30	7.8
钛远红外纤维	20	—	—	38	38	1.56	3.25	0.4
竹浆纤维	20	—	—	38	38	1.67	2.56	11.6
甲壳素纤维	20	—	—	38	38	1.38	2.14	11.4
混合原料	100	—	—	34.31	35.44	1.51	2.91	—

$$\text{Tt}_B = 1.51 \text{dtex} = 0.151 \text{tex}$$

$$R_f = 2.91 \text{cN/dtex} = 29.1 (\text{cN/tex})$$

$$s = 1 - \frac{5}{L_{mT}} = 1 - \frac{5}{35.44} = 0.8589$$

k 选 1，η 选 1.1，a 选 19.5，H_0 选 3.5。

$$\text{Tt}_{min} = \left(\frac{0.0838\sqrt{0.151} - 0.5/29.1 \times 0.8589 \times 1 \times 1.1}{1 - 0.0375 \times 3.5 - 19.5/29.1 \times 0.8589 \times 1 \times 1.1} \right)^2 \times 10^3 = 8.1 (\text{tex})$$

因此，所选原料可以纺制精梳棉/钛远红外纤维/竹浆纤维/甲壳素纤维(40/20/20/20)11.8tex 混纺针织纱。

二、细纱相对强度的预测

1. 细纱相对强度的预测公式

细纱相对强度是考核细纱质量的重要指标之一，目前用于计算环锭纺棉纱强度的方法主要有希尔顿公式和索洛维耶夫公式。

（1）按希尔顿公式估算细纱相对强度

$$S_1 = \frac{3.91K(1.76L_m - 0.01N_e - 0.48)}{N_e \cdot \text{Tt}}$$

式中：S_1——单纱相对强度，cN/tex；

L_m——纤维的主体长度，mm；

N_e——纱线的英制支数；

Tt——单纱线密度,tex;

K——由纺纱工艺确定的系数,普梳纱为1800,精梳纱为1950。

上面公式考虑了纤维长度、细纱线密度以及纺纱工艺对成纱强度的影响,但没有考虑纤维强力、线密度、单纱捻系数和设备状态对成纱强度的影响。

(2)按索洛维耶夫公式估算细纱相对强度

$$S_2 = \frac{P}{\mathrm{Tt_B}}(1 - 0.0375H_0 - 2.65/\sqrt{\mathrm{Tt/Tt_B}})\left(1 - \frac{5}{L_{mT}}\right) \cdot K \cdot \eta \cdot \lambda$$

式中:S_2——细纱的相对强度,cN/tex;

P——纤维的平均断裂强力,cN;

H_0——由纺纱工艺确定的质量系数,精梳纱为3.5~4.0,普梳纱为4.5~5.0;

Tt、$\mathrm{Tt_B}$——分别为细纱和纤维的线密度,tex;

L_{mT}——纤维的品质长度,mm;

K——实际捻系数与临界捻系数的差异系数,0.9~1.1;

η——设备状态系数,一般为0.95~1.10,正常状况为1;

λ——细纱强度增值系数,1.15~1.20。

按索洛维耶夫公式估算细纱相对强度,比较全面地考虑了影响细纱强力的诸多因素。

2. 设计实例

根据表3-1,预测精梳棉/钛远红外纤维/竹浆纤维/甲壳素纤维(40/20/20/20)11.8tex混纺针织纱相对强度。

按索洛维耶夫公式预测

由表3-1可知:$\mathrm{Tt_B} = 1.51\mathrm{dtex} = 0.151\mathrm{tex}$

$$\frac{P}{\mathrm{Tt_B}} = 2.91(\mathrm{cN/dtex}) = 29.1(\mathrm{cN/tex})$$

L_{mT}为35.44mm,Tt为11.8tex,H_0选3.5,K选1,η选1.1,λ选1.15。

则:

$$S_2 = \frac{P}{\mathrm{Tt_B}}(1 - 0.0375H_0 - 2.65/\sqrt{\mathrm{Tt/Tt_B}})\left(1 - \frac{5}{L_{mT}}\right) \cdot K \cdot \eta \cdot \lambda$$

$$= 29.1 \times (1 - 0.0375 \times 3.5 - 2.65/\sqrt{11.8/0.151})\left(1 - \frac{5}{35.44}\right) \times 1 \times 1.1 \times 1.15$$

$$= 17.98(\mathrm{cN/tex})$$

精梳棉/钛远红外纤维/竹浆纤维/甲壳素纤维（40/20/20/20）11. 8tex 混纺针织纱的相对强度可以达到 17. 98cN/tex。

三、细纱强力不匀率的预测

1. 细纱强力不匀率的预测公式

影响细纱强力不匀的因素主要有纺纱工艺、纤维线密度、成纱线密度及设备工艺条件。

生产实践表明，细纱工序的设备精度与准确性，以及工艺的合理性是影响细纱单强不匀的最大因素。细纱强力不匀率估算的经验公式为：

$$S_P = \left(H_0 + \frac{70.2}{\sqrt{Tt/Tt_B}} \right) \cdot \varepsilon \times 100\%$$

式中：S_P——细纱强力不匀率，%；

H_0——由纺纱工艺确定的质量系数，精梳纱 3. 5 ~ 4，普梳纱 4. 5 ~ 5；

Tt——细纱的线密度，tex；

Tt_B——纤维的线密度，tex；

ε——设备工艺系数，一般为 0. 80 ~ 0. 90，设备良好、工艺合理时取 0. 80。

2. 设计实例

根据表 3 - 1，预测精梳棉/钛远红外纤维/竹浆纤维/甲壳素纤维（40/20/20/20）11. 8tex 混纺针织纱的强力不匀率。

由表 3 - 1 可知：$Tt_B = 1. 51dtex = 0. 151tex$，$Tt$ 为 11. 8tex，H_0 选 3. 5，ε 选 0. 80。

则：

$$S_P = \left(H_0 + \frac{70.2}{\sqrt{Tt/Tt_B}} \right) \cdot \varepsilon \times 100\% = \left(3.5 + \frac{70.2}{\sqrt{11.8/0.151}} \right) \times 0.80 = 9.15\%$$

精梳棉/钛远红外纤维/竹浆纤维/甲壳素纤维（40/20/20/20）11. 8tex 混纺针织纱的强力不匀率预计可达到 9. 15%。

四、细纱条干均匀度的预测

1. 细纱条干均匀度的预测公式

细纱条干不匀表现为成纱截面积不匀，它也是衡量细纱质量的主要指标之一。当细纱线密度一定时，细纱截面中的纤维根数须视纤维的线密度而定，纤维愈细，细纱截面中的纤维根数愈多,细纱也愈均匀,不匀率也愈小。

纤维在理想产品中是按泊松规律分布的,细纱截面积均方差变异系数 $Cr(\%)$ 的估算方法为:

$$Cr = \frac{K}{\sqrt{Tt/Tt_B}} \times 100\%$$

式中:Tt——细纱的线密度,tex;

Tt_B——纤维的线密度,tex;

K——随棉纤维截面积均方差变异系数不同而定的系数,通常取 $K = 1.16$。

2. 设计实例

根据表 3 - 1,预测精梳棉/钛远红外纤维/竹浆纤维/甲壳素纤维(40/20/20/20)11.8tex 混纺针织纱的条干均匀度。

由表 3 - 1 可知:$Tt_B = 1.51dtex = 0.151tex$,Tt 为 11.8tex,$K$ 为 1.16。

则:

$$Cr = \frac{K}{\sqrt{Tt/Tt_B}} \times 100\% = \frac{1.16}{\sqrt{11.8/0.151}} \times 100\% = 13.12\%$$

精梳棉/钛远红外纤维/竹浆纤维/甲壳素纤维(40/20/20/20)11.8tex 混纺针织纱的条干均匀度预计达到 13.12%。

若通过纱线性能的预测,目前使用的纤维原料不能达到客户所要纺纱的质量要求,则必须更换纤维原料,直到达到客户所要纺纱的质量要求为止。

五、纤维与成纱质量的关系

棉纤维的成熟度、线密度、长度、强度、整齐度、水分、杂质和疵点等各项品质指标与成纱质量关系甚为密切。从某种程度来讲,原棉的特点和性能,是选择和决定合理工艺的主要依据,是影响和决定成纱质量的重要因素。

1. 棉纤维成熟度对纱线质量的影响

棉纤维的成熟度是原棉品质的一项综合指标。因为棉纤维的强力、细度、色泽、柔软性、弹性、转曲度、吸湿性、疵点、含杂率、染色能力等指标都在很大程度上取决于纤维的成熟度。

成熟度对纱线强度、耐磨性和染色性能的影响比较明显。

成熟度中等的棉纤维,由于纤维较细,成纱截面内的纤维根数多,纤维间的抱合好,纤维间滑脱的机会少,因而成纱强度高。

成熟度过低的棉纤维成纱强度不高;成熟度过高的棉纤维偏粗,成纱截面内的纤维根数少,纤维间的抱合差,成纱强度亦低。

成熟度高的棉纤维在加工成织物后,耐磨性较好,吸色性好,织物染色均匀。

2. 棉纤维长度对纱线质量的影响

在其他条件相同时,纤维愈长,成纱质量愈好。这是由于棉纤维长度愈长,成纱强度愈高,且由于棉纤维的长度一般较短,其长度对成纱强度的影响更为显著。棉纤维短绒率高时,会使成纱强度显著下降。在保证成纱具有一定强度的前提下,棉纤维长度愈长,纺出纱的极限细度愈细。各种长度棉纤维的纺纱细度有一个极限值,表3－2为常用棉纤维纺纱用长度范围。纤维长度愈长,整齐度愈高,则细纱条干愈好,表面光洁,毛羽也少。

表3－2　常用棉纤维纺纱用长度范围

类　别	特细特纱	细特纱	中特纱	粗特纱
线密度(tex)	10 及以下	11～20	21～30	32 及以上
棉纤维长度(mm)	31 以上	28.5～30.5	26～29	25～27

3. 棉纤维细度对纱线质量的影响

其他条件不变时,纤维愈细,成纱强度愈高;纤维愈细,成纱条干不匀率愈低;但纤维愈细,刚性愈差,不宜作起绒纱。

4. 棉纤维强度对纱线质量的影响

在其他条件相同时,纤维强度愈高,成纱的强度愈高,反之,成纱的强度愈低。但当棉纤维强度增高到一定限度时,即使纤维强度再增加,成纱强度也不会再显著上升。

5. 原棉的杂质和疵点对纱线质量的影响

原棉中存在的杂质和疵点,既影响纺纱的用棉量,又影响纱线质量,特别是细小疵点对纱线质量影响更大。粗大杂质易排除,而细小杂质,部分会残留在纱条中或附着在纱条上,使条干恶化,断头增加,成纱结杂增多。

第四章　纺纱工艺流程的确定

由于纺纱的设备类型比较多,通常企业是根据自己设备情况选择精梳工艺流程、普梳工艺流程及机型。精梳工艺流程有以下两种。

(1)开清棉→梳棉→精梳准备→精梳→并条→粗纱→细纱→络筒→并纱→捻线

(2)清梳联→精梳准备→精梳→并条→粗纱→细纱→络筒→并纱→捻线

一、开清棉工序

(一)加工棉纤维

1. 选择依据

(1)贯彻"多包细抓、多仓混和、成分正确、多松少打、先松后打、松打交替、早落少碎、杂除两头(粗杂、微尘及黏附性杂质)、清梳联结、多项自动、防火防爆、棉卷均匀、结构良好"等工艺原则。

(2)合理配置棉箱机械,为使各种不同成分的原料混和良好,并使棉层纵横向结构均匀或输出均匀的纤维流,进行单机组合时,必须交替安排2~3台的棉箱机械。

(3)配置多仓混棉机,更能提高混和效果,使染色均匀。

(4)合理配置开清点数量,以适应不同原料的含杂疵率。不同原料含杂疵率与开清点数量见表4-1。

表4-1　原棉含杂率和开清点数量

原棉含杂率(%)	3以下	3~5	5以上
开清点数量(个)	2	3	4或经预处理

(5)合理选择打手形式和打击方式,从自由状态打击到握持状态打击,遵循逐步开松的原则,使开松过程由缓和到剧烈,减少纤维损伤。

2. 开清棉组合实例

开清棉机械一般由抓棉机械、棉箱机械、开棉机械、配棉器、清棉机或清梳联合机等机械组成。

(1)开清棉联合机。

①加工纯棉的开清棉联合机工艺流程一(青岛纺织机械股份有限公司),如

40

图4-1所示。

FA009型往复式抓棉机→FT245F（B）型输棉风机→AMP—2000型火星金属探除器→FT213A型三通摇板阀→FT215B型微尘分流器→FT214A型桥式磁铁→FA125型重物分离器→FT240F型输棉风机→FA105A1型单轴流开棉机→FT222F型输棉风机→FA029型多仓混棉机→FT224型弧型磁铁→FT240F型输棉风机→FA179—165型喂棉箱→FA116—165型主除杂机→FT221B型两路分配器→（FT201B型输棉风机＋FA179C型喂棉箱＋FA1141型成卷机）×2

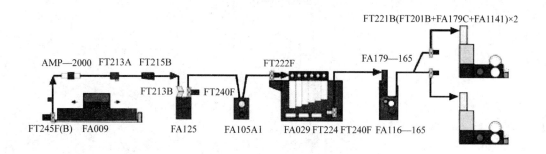

图4-1 加工纯棉的开清棉联合机工艺流程一

②加工纯棉的开清棉联合机工艺流程二（青岛纺织机械股份有限公司），如图4-2所示。

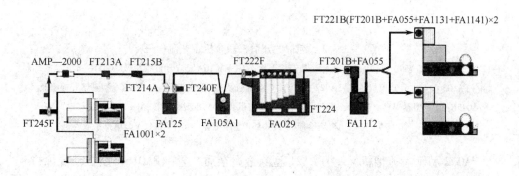

图4-2 加工纯棉的开清棉联合机工艺流程二

FA1001型圆盘抓棉机×2→FT245F型输棉风机→AMP—2000型火星金属探除器→FT213A型三通摇板阀→FT215B型微尘分流器→FT214A型桥式磁铁→FA125型重物分离器→FT240F型输棉风机→FA105A1型单轴流开棉机→FT222F型输棉风

机→FA029 型多仓混棉机→FT224 型弧型磁铁→FT201B 型输棉风机→FA055 型立式
纤维分离器→FA1112 型精开棉机→FT221B 型两路分配器→(FT201B 型输棉风机 +
FA055 型立式纤维分离器 + FA1131 型振动给棉机 + FA1141 型成卷机)×2

③加工纯棉的开清棉联合机工艺流程三(郑州纺织机械股份有限公司),如
图 4 – 3 所示。

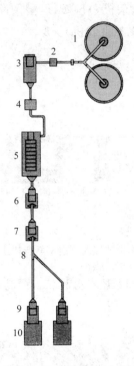

图 4 – 3　加工纯棉的开清棉联合机工艺流程三
1—FA002 型圆盘抓棉机　2—FA121 型除金属杂质装置　3—FA016A 型自动混棉机及 A045B—5.5 型凝棉器
4—FA103 型双轴流开棉机　5—FA022—8 型多仓混棉机及 TF 吸铁装置　6—FA106 型豪猪开棉机及
A045B—5.5 型凝棉器　7—FA106B 型锯片打手开棉机及 A045B 型凝棉器　8—FA133 型气动两路
配棉器　9—FA046A 型振动棉箱给棉机及 A045B 型凝棉器　10—FA141A 型单打手成卷机

　　FA002 型圆盘抓棉机×2→FA121 型除金属杂质装置→FA016A 型自动混棉机 +
A045B—5.5 型凝棉器→FA103 型双轴流开棉机→FA022—8 型多仓混棉机 + TF 吸铁
装置→FA106 型豪猪开棉机 + A045B—5.5 型凝棉器→FA106B 型锯片打手开棉机 +
A045B 型凝棉器→FA133 型气动两路配棉器→(FA046A 型振动棉箱给棉机 + A045B
型凝棉器)×2→FA141A 型单打手成卷机×2

　　联合机组中单机 FA1001 型圆盘式抓棉机为锯齿形刀片打手,抓棉细致,它采取

两台并联同时运行抓棉的形式,达到"多包细抓,混和充分,成分正确"的要求;FA009型往复式抓棉机配有两只抓棉打手,做到精细抓棉,且排放棉包数多,混和充分。

多仓混棉机仓数多,容量大,混和时延时长,故混和充分,效果显著。

开棉机采用角钉式辊筒、锯齿辊筒、圆盘矩形刀片、圆盘锯齿刀片、梳针辊筒、梳针打手、鼻形打手,以达到"梳打结合、以梳代打、开松精细、落杂充分、早落少碎"的目的。轴流开棉机属于自由打击,纤维损伤少,杂质不易被打碎。

成卷机的天平调节装置或 SYH301 型自调匀整装置具有良好的均匀作用,有利于控制棉层的纵、横向均匀度,使棉卷结构良好。

除金属杂质、桥式磁铁、硬物排除、火星排除等装置可有效的防火、防爆,安全生产。

(2)清梳联合机。

①国产加工纯棉的清梳联工艺流程一(青岛纺织机械股份有限公司)如图 4-4所示。

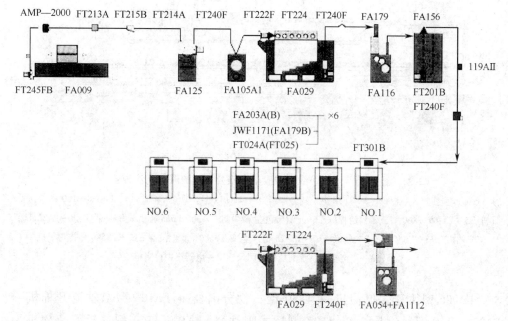

图 4-4　青岛纺织机械股份有限公司清梳联工艺流程

FA009 型往复式抓包机→ FT245FB 型输棉风机→AMP—2000 型火星探除器→FA213A 型三通摇板阀→ FT215B 型微尘分流器→FT214A 型桥式磁铁→FA125 型重物分离器→FT240F 型输棉风机→FA105A1 型单轴流开棉机→FT222F 型输棉风机→

FA029 型多仓混棉机→FT224 型弧型磁铁→ FT240F 型输棉风机 →FA179 型喂棉箱→ FA116 型主除杂机→ FA156 型除微尘机→ FA201B 型输棉风机→ 119A Ⅱ型火星探除器→ FT240F 型输棉风机→FA301B 型连续喂给控制器→(FT024A 型自调匀整器 + JWF1171 型喂棉箱 +FA203A 型梳棉机)×6

②国产加工纯棉的清梳联工艺流程二(郑州纺织机械股份有限公司)如图4 - 5 所示。

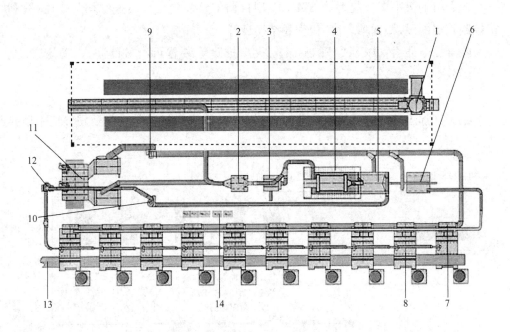

图4 - 5　郑州纺织机械股份有限公司清梳联工艺流程

1—FA006 型往复式抓棉机　2—TF30 型重物分离器　3—FA103 型双轴流开棉机　4—FA028—160 型六仓混棉机　5—FA109—160 型三辊筒清棉机　6—FA151 型除微尘机　7—FA177A 型清梳联喂棉箱　8—FA221B 型梳棉机　9—TVK650 型排杂风机　10—TV425 型排尘风机　11—滤尘设备　12—TV500 型排尘风机　13—接至空调系统的梳棉机回风　14—电器集中控制柜

FA006 型往复式抓棉机→ TF30 型重物分离器→ FA103 型双轴流开棉机→FA028—160 型六仓混棉机(TF27 型桥式吸铁)→FA109—160 型三辊筒清棉机→FA151 型除微尘机(FT202 排压风机)→FT202B 型配棉风机→ FA177A 型清梳联喂棉箱×10 →FA221B 型梳棉机 + FT025 型自调匀整器×10

③德国特吕茨勒清梳联工艺流程,如图4 -6 所示。

BDT019 型全自动往复抓棉机→MFC 型双轴流开棉机→SCB 型金属火花探测

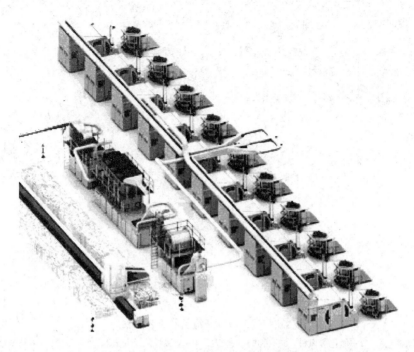

图 4-6 德国特吕茨勒清梳联工艺流程

器→MCM6 型六仓混棉机 ×2→CXL4 型精清棉机 ×2→SCFO 型异纤分离器 ×2→DK903 型梳棉机 ×10

④Crosrol 清梳联(2 万~5 万锭棉纺单品种)工艺流程,如图 4-7 所示。

自动抓包机→抓包机风机→桥式吸铁装置→金属探除及灭火器→多仓混棉机→三罗拉开清棉机→桥式吸铁装置→重杂分离器→精细开清棉机→除尘塔→输棉风机→清梳联喂棉箱→高产梳棉机

(二)加工化学纤维

1. 选择要求

选择开清棉流程,应根据化学纤维的性能和特点,如纤维长度、线密度、弹性、疵点数、包装松紧、混棉均匀情况等因素考虑。选定的开清棉流程的灵活性和适应性要广,应能加工不同品质的化纤,做到一机多用,应变性强。

开清点是指对原料进行开松、除杂作用的主要打击部件。由于化学纤维较蓬松,不含杂,含疵点又较少,开清点数量设置较少,一般为 1~2 个,多采用轴流、梳针打手。

采用清梳联,纺化纤开清棉流程采用"一抓、一混、一梳"3 台主机,具有流程短、抓棉精细、混和均匀、开松分工合理等优点。

在传统成卷开清棉流程中,要合理调整光电检测,保持供应稳定、运转平稳、给棉

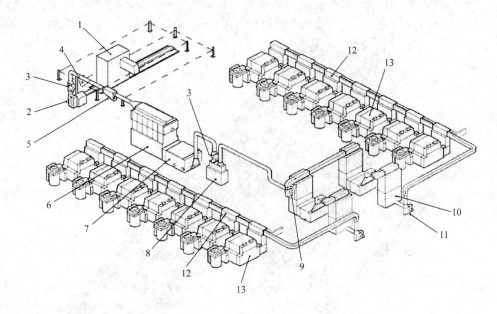

图 4－7　Crosrol 清梳联工艺流程

1—自动抓包机　2—抓包机风机　3—桥式吸铁装置　4—金属探除及灭火器　5—除尘柜　6—多仓混棉机
7—三罗拉开清棉机　8—重杂分离器　9—精细开清棉机　10—除尘塔　11—输棉风机
12—清梳联喂棉箱　13—高产梳棉机

均匀,发挥天平调节机构或自调匀整装置作用,使棉卷重量不匀率达到质量指标要求。

根据化纤品质情况以及整个流程前后衔接的需要,配置适当只数的凝棉器和除微尘机,以充分排除短绒和尘屑,有利于改善棉卷和成纱质量,并可减少车间空气含尘量。

2. 传统开清棉流程

(1)加工化纤的开清棉联合机工艺流程一(青岛纺织机械股份有限公司)如图4－8所示。

FA1001 型圆盘抓棉机×2→FT245F 型输棉风机→AMP—2000 型火星金属探除器→FT213A 型三通摇板阀→FT215B 型微尘分流器→FT214A 型桥式磁铁→FA125 型重物分离器→FT240F 型输棉风机→FA105A1 型单轴流开棉机→FT245F 型输棉风机→FA1113 型多仓混棉机→FT214A 型桥式磁铁→FT201B 型输棉风机→FA055 型立式纤维分离器→FA1112 型精开棉机→FT221B 型两路分配器→(FT201B 型输棉风机 + FA055 型立式纤维分离器 + FA1131 型振动给棉机 +FA1141 型成卷机)×2

(2)加工化纤的开清棉联合机工艺流程二(郑州纺织机械股份有限公司)如

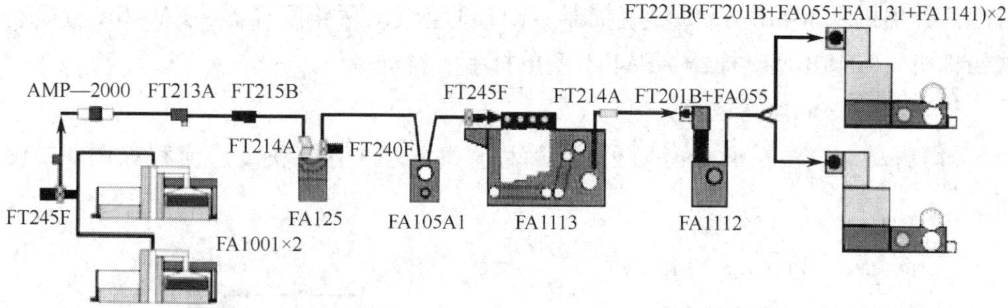

FT221B(FT201B+FA055+FA1131+FA1141)×2

AMP—2000　FT213A　FT215B　　　　　FT245F　　FT214A　FT201B+FA055

FT245F　　　　FT214A　FT240F

FA1001×2　　FA125　　FA105A1　　FA1113　　FA1112

图4-8　加工化纤的开清棉联合机工艺流程一

图4-9所示。

　　FA002 型圆盘式抓棉机×2→FA121 型除金属杂质装置→FA016A 型自动混棉机+A045B—5.5 型凝棉器→FA022—8 型多仓混棉机+TF 吸铁装置→FA106A 型梳

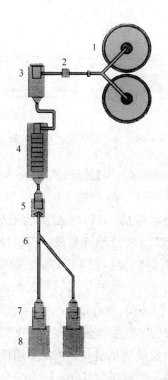

图4-9　加工化纤的开清棉联合机工艺流程二

1—FA002 型圆盘式抓棉机　2—FA121 型除金属杂质装置　3—FA016A 型自动混棉机及 A045B—5.5 型凝棉器
4—FA022—8 型多仓混棉机及 TF 吸铁装置　5—FA106A 型梳针辊筒开棉机及 A045B—5.5 型凝棉器
6—FA133 型气动两路配棉机　7—FA046A 型振动式给棉机及 A045B 型凝棉器　8—FA141 型单打手成卷机

针辊筒开棉机 + A045B—5.5 型凝棉器→FA133 型气动两路配棉器→FA046A 型振动式给棉机 + A045B 型凝棉器→FA141 型单打手成卷机

3. 清梳联合机工艺流程

(1)青岛纺织机械股份有限公司(简称青岛纺机)清梳联工艺流程如图 4 – 10 所示。

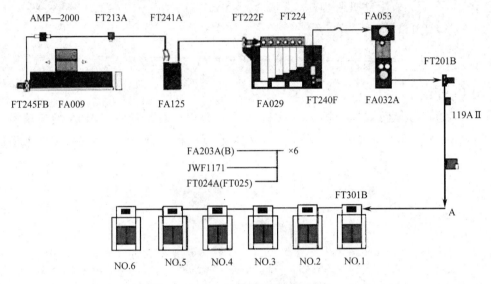

图 4 – 10 青岛纺机清梳联工艺流程

FA009 型往复式抓棉机→FT245FB 型输棉风机→AMP2000 型金属火星二合一探除器→FT213A 型三通摇板阀→FT214A 型桥式磁铁→FA125 型重物分离器→FT222F 型输棉风机→FA029 型多仓混棉机→FT224 型弧型磁铁→FT240F 型输棉风机→FA053 型无动力凝棉器 + FA032A 型纤维开松机→FT201B 型输棉风机→119A Ⅱ 型火星探除器→FT301B 型连续喂棉装置→(JWF1171 型喂棉箱 + FA203A 型梳棉机 + FT024A 型自调匀整器)×6

(2)郑州纺织机械股份有限公司(简称郑州纺机)清梳联工艺流程如图 4 – 11 所示。

FA006 型往复抓棉机→TF30 型重物分离器 + ZFA053 型气纤分离器→FA028 型六仓混棉机→FA111A 型粗针滚筒清棉机→TV425 型输棉风机→FA177A 型清梳联喂棉箱 + FA221B 型高产梳棉机 ×8

(3)Crosrol 清梳联工艺流程如图 4 – 12 所示。

自动抓包机(ABOW 型/MB 型,多品种)→多仓混棉机(4CB 型)→针刺式精细开清棉机(POC 型)→喂棉风机→(CF 型清梳联喂棉箱 + MK6 型高产梳棉机)×8

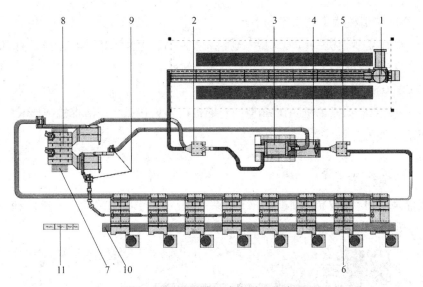

图 4 – 11 郑州纺机清梳联工艺流程

1—FA006 型往复抓棉机 2—TF30 型重物分离器和 ZFA053 型气纤分离器 3—FA028 型六仓混棉机

4—FA111A 型粗针滚筒清棉机 5—TV425 型输棉风机 6—FA177A 型清梳联喂棉箱 + FA221B

型高产梳棉机 7—TVK650 型排杂风机 8—滤尘设备 9—TV500 型排尘风机

10—接至空调系统的梳棉机回风 11—电器集中控制柜

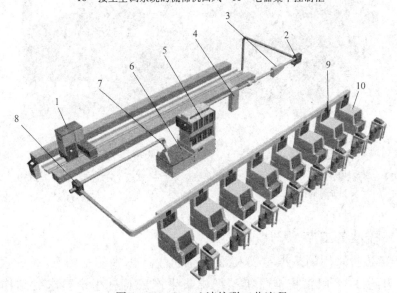

图 4 – 12 Crosrol 清梳联工艺流程

1—自动抓包机 2—抓包机风机 3—微除尘装置 4—金属探除及灭火器

5——多仓混棉机 6—精细开清棉机(针刺式) 7—桥式吸铁 8—喂棉风机

9—清梳联喂棉箱 10—高产梳棉机(MK6 型/MK7 型)

（4）Rieter 清梳联工艺流程如下。

A11 型往复抓棉机→［B7/3 型六仓混棉机→A77 型存储除尘喂给机→C50 型化纤梳棉机 ×6］×2

（5）Trutzschler 清梳联工艺流程如下。

BDT018 型自动抓棉机→DM2 型三仓混棉机→VF01200 型清棉机→FBK529 型棉箱→DK715 型梳棉机

二、梳棉工序

梳棉是对棉卷（或棉流）进行梳理、除杂、混和、均匀和成条。采用的梳棉机如图 4 - 13 所示。

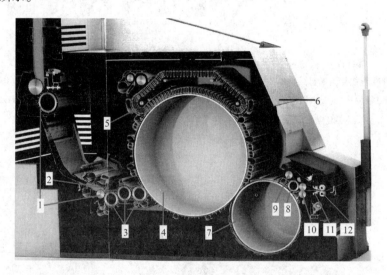

图 4 - 13　DK903 型梳棉机

1—喂棉罗拉　2—给棉板　3—三刺辊　4—锡林　5—盖板　6—前后罩板　7—道夫
8—剥取罗拉　9—清洁辊　10—上下轧辊　11—喇叭口　12—大压辊

三、精梳准备工序

由于精梳机采用的是小卷喂入，而梳棉机生产出来的是棉条，无法直接喂入精梳机，因此，应采用精梳准备机械把棉条生产成符合生产要求的结构均匀的小卷。

目前采用的精梳准备机械有并条机（图 4 - 14）、条卷机（图 4 - 15）、并卷机（图4 - 16）和条并卷联合机（图 4 - 17），组合成三类精梳准备工艺，其特点

图 4 - 14 SB—D 11 型并条机

图 4 - 15 SXF1338 型条卷机

见表 4 - 2。

精梳准备工艺道数应遵循偶数配置,目前多数采用两道工艺,这样使梳棉条中后

图 4 – 16　SXF1348 型并卷机

图 4 – 17　HXFA368 型条并卷联合机

弯钩纤维经过两道工序掉头牵伸后,进入精梳机时呈现前弯钩状态,以便精梳锡林梳理时消除弯钩。

表 4－2　精梳准备工艺比较

准备工艺		预并条—条卷工艺	条卷—并卷工艺	预并条—并卷联合工艺
工艺道数		2	2	2
并合数	预并条	6～8	—	6
	条卷	20～24	20～24	—
	并卷	—	6	—
	条并卷	—	—	20～28
总并合数		120～192	120～144	120～168
总牵伸倍数		5.2～17	7.0～12.0	12～24
小卷定量(g/m)		39～60	50～65	55～75
小卷粘层情况		二道较好	略差	略差
小卷均匀情况		经过一道预并,横向有明显条痕	成形好,纵横向均匀度较好	成形好,纵横向均匀度较好
纤维伸直平行程度		两道纤维伸直平行度稍差	采用曲线牵伸后已有所改善	纵向伸直平行度较好
精梳机产量和落棉		两道因小卷定量轻而使产量受限制,落棉偏高	可加工较重的小卷,精梳机产量因小卷宽、横向不再扩散而有所增加,落棉较多	可提高产量、节约用棉,在同样工艺条件下,减少落棉1%～2%
综合评价		一道预并占地面积小,工艺流程短,但经济效益差	有利于精梳机产量的提高,适于纺长绒棉,特细特纱,能加重小卷定量,占地面积小	适于纺细特、中特纱,占地面积大,对车间温湿度要求严格

四、精梳工序

精梳是进一步梳理纤维,排除短绒,伸直纤维并排除棉结、杂质,使之均匀成条。排除短绒后,可以显著提高产品的质量,精梳机如图 4－18 所示。

五、并条工序

并条最主要的工作是"均匀"。目前,并条机多采用自调匀整装置(图 4－19),因此,精梳条经一道并条就可以达到所要求的效果。

图 4 – 18　E76 型精梳机

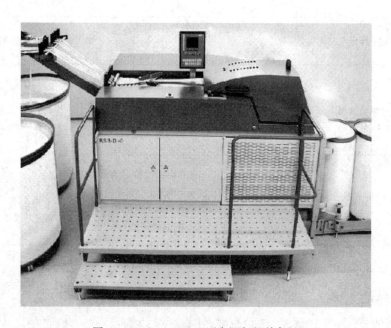

图 4 – 19　RSB – D 40 型自调匀整并条机

六、粗纱工序

目前细纱机的牵伸能力达不到把棉条牵伸成所要求的细纱的能力,要先利用粗纱机进行一定程度的牵伸,然后进入细纱工序。因此,粗纱又可以看做是细纱的准备工序,粗纱机如图 4 – 20 所示。

图 4 - 20　FA458A 型悬锭式粗纱机

七、细纱工序

细纱是纺纱的最后一道工序,即细纱机将喂入的粗纱施以一定的牵伸,抽长拉细到所需要的线密度,并加上适当的捻度,使之成为具有一定强度、弹性和光泽等物理机械性能的细纱,并将细纱按一定的要求卷绕成形,以便于再加工。细纱机如图 4 - 21 所示。

图 4 - 21　G35 型环锭细纱机

八、络筒工序

络筒是把细纱管上的纱头和纱尾连接起来,重新卷绕制成容量较大的筒纱,络筒机如图 4 - 22 所示。应在络筒过程中用专门的清纱装置清除单纱上的绒毛、尘屑、粗细节等疵点。

图 4 - 22　萨维奥 XCL 自动络筒机

九、并纱工序

并纱是把两根或两根以上的单纱并合成各根张力均匀的多股纱后卷绕成筒子，供捻线使用，并纱机如图 4 - 23 所示。

图 4 - 23　TSB36 型并纱机

十、捻线工序

捻线是将已经并合的两根或两根以上单纱加以一定捻度，使之并合成股线。单纱加捻时内外层纤维的应力不平衡，不能充分发挥所有纤维的作用。单纱并合后得到的股线,比同样粗细单纱的强力高、条干均匀、耐磨,表面光滑、美观,弹性及手感好。捻线机有环锭捻线机和倍捻机,目前多使用倍捻机,如图4-24所示。

图4-24　YF1702型电锭棉纺倍捻机

由于各企业的市场定位、资金状况、所处区域各不相同,因此,企业间所使用的设备多种多样,应根据企业的实际情况选择纺纱工艺设备。

十一、生产实例

(一)案例1

某厂使用20世纪80年代RIETER公司成套纺纱设备纺制JC9.8tex×2纯棉精梳股线。

1. 清梳联工艺

工艺流程:A002D型自动抓棉机→B4/1型单锡林轴流开棉机→B7/3型多仓混棉机→B5/5Ⅱ型锯齿开棉机→A7/2型配棉箱→C4型梳棉机

因原棉的含杂率仅为1.56%,所以选择了两个开清点,即B4/1型单锡林轴流开棉机、B5/5Ⅱ型锯齿开棉机,足可以满足开松的需要,并且是采用先自由开松再握持开松的排列方式,以利于减少纤维的损伤。

采用B7/3型多仓混棉机可充分发挥其仓数多、容量大、混和时延时长的特点,使混和充分,效果显著。

采用C4型梳棉机,可以使原棉分梳得较好,并能有效去除杂质。

采用清梳联工艺,有效缩短了工艺流程,摒弃了成卷机的成卷,使工艺更加合理,原棉可以达到逐步开松的目的。

2. 精梳准备及精梳工艺

工艺流程:E2/4a型条卷机→E4/1a型并卷机→E7/5型精梳机

精梳准备采用了条卷—并卷工艺,制作的小卷横向均匀、无条痕,粘层略差。

3. 并条、粗纱、细纱工艺

工艺流程:D0/2 型并条机→F1/1a 型粗纱机→G5/1 型细纱机

因纯棉精梳条纤维伸直度好,易烂,易产生意外牵伸,故采用三上五下牵伸装置,并附有自调匀整装置,一道并条,就可以达到使之均匀的效果。

从并条到细纱全部采用气动加压,加压稳定,释压方便。并且,细纱机有大小纱无级变速装置和全自动落纱装置。

4. 络筒、并纱、倍捻工艺

工艺流程:AUTOCONER238 型自动络筒机→村田 NO.23 型并纱机→村田 NO.363—Ⅱ型倍捻机

采用自动络筒机、电子清纱器和倍捻机,可以保证股线疵点少,结头少而小。

(二)案例 2

某厂采用以下纺纱工艺流程及设备纺制 JC9.8tex×2 纯棉精梳股线。

BDT 型抓棉机→MF 型双轴流开棉机→MPM—6 型多仓混棉机→FC 型单滚筒开棉机→配棉箱→DK903 型梳棉机→FA311 型并条机→E32 型条并卷联合机→E62 型精梳机→FA322 型并条机→FA421A 型粗纱机→EJM128K 型细纱机→ORION 型自动络筒机→村田 NO.23 型并纱机→村田 NO.363—Ⅱ型倍捻机

(三)案例 3

某厂采用了以下纺纱工艺流程及设备纺制 JC9.8tex×2 纯棉精梳股线。

FA002 型自动抓棉机→FA103A 型双轴流开棉机→FA022—6 型多仓混棉机→FA106A 型梳针滚筒开棉机→FA133 型两路配棉器→FA046A 型振动式给棉机→FA141 型单打手成卷机→FA224 型梳棉机→FA306 型预并条机→FA356A 型条并卷机→FA266 型精梳机→FA326A 型并条机→TJFA458A 型粗纱机→FA506 型细纱机→ESPERO—M/L 型自动络筒机→FA703 型并纱机→EJP834—165 型倍捻机

由以上的三种实施方案可以看出,纺同一种纱,所采用的工艺流程及设备相差很多,因此,必须根据企业的实际状况进行工艺流程及设备的设计。

(四)案例 4

某厂生产精梳棉/钛远红外纤维/竹浆纤维/甲壳素纤维(40/20/20/20)11.8tex 混纺针织纱,采用以下工艺流程及设备。

由于钛远红外纤维、竹浆纤维和甲壳素纤维的平均长度都为 38mm,整齐度好,杂质极少,在开清、梳棉过程中尽量减少落棉,侧重于开松、混和、均匀;而棉纤维含杂较多、短绒较多,在开清、梳棉过程中侧重于除去杂质和短绒。因此,钛远红外纤维、竹浆纤维和甲壳素纤维三种纤维采用包混,单独进行开清、梳棉;而棉纤维通过开清、梳棉、精梳后在并条工序与钛远红外纤维、竹浆纤维和甲壳素纤维的混合条进行混并。工艺流程如下:

钛远红外纤维、竹浆纤维和甲壳素纤维:FA002 型自动抓棉机→FA022—6 型多仓混棉机→FA106A 型梳针滚筒开棉机→FA046A 型振动式给棉机→FA141 型单打手成卷机→FA201 型梳棉机→混合条

棉纤维:FA002 型自动抓棉机→FA103A 型双轴流开棉机→FA022—6 型多仓混棉机→FA106A 型梳针辊筒开棉机→FA046A 型振动式给棉机→FA141 型单打手成卷机→FA201 型梳棉机→FA306 型预并条机→FA334 型条卷机→FA266 型精梳机→精梳棉条

钛远红外纤维/竹浆纤维/甲壳素纤维混合条 + 精梳棉条:FA306 型并条机(混一)→FA306 型并条机(混二)→FA326A 型并条机 (混三)→TJFA458A 型粗纱机→FA506 型细纱机→奥托康纳 338 型自动络筒机

十二、新型纺纱工艺流程

(一)转杯纺纱工艺流程

1. 开清棉工艺

FA002 型抓棉机→FA121 型除金属杂质装置→FA104 型六滚筒开棉机→FA022—6 型多仓混棉机→FA106 型豪猪开棉机→FA101 型四刺辊开棉机→FA061 型强力除尘机→A062 型电气配棉器→A092AST 型双棉箱给棉机→FA141 型单打手成卷机

2. 转杯纺纱工艺

开清棉→梳棉→并条(两道)→转杯纺纱机

(二)喷气纺纱工艺流程

1. 开清棉工艺

FA006 型往复式抓棉机→FA121 型除金属杂质装置→TF30 型重物分离器→FA103 型双轴流开棉机→FA022 型多仓混棉机→TF27 型桥式吸铁装置→FA106 型豪猪开棉机→FA106A 型梳针辊筒开棉机→FA133 型两路配棉器→FA045A 型双棉箱给棉机→FA141 型单打手成卷机

2. 喷气纺纱工艺

开清棉→梳棉→并条(两道)→喷气纺纱机

(三)摩擦纺纱工艺流程

1. 开清棉工艺

FA002 型圆盘抓棉机→FA121 型除金属杂质装置→FA104 型六滚筒开棉机→

FA022—6 型多仓混棉机→FA106 型豪猪开棉机→FA101 型四刺辊开棉机→FA061 型强力除尘机→A062 型电气配棉器→A092AST 型双棉箱给棉机→FA141 型单打手成卷机

2. 摩擦纺纱工艺

开清棉→梳棉→(精梳)→并条(两道)→摩擦纺纱机

(四)涡流纺纱工艺流程

1. 开清棉工艺

FA002 型圆盘抓棉机→FA121 型除金属杂质装置→FA104 型六滚筒开棉机→FA022—6 型多仓混棉机→FA106 型豪猪开棉机→FA101 型四刺辊开棉机→FA061 型强力除尘机→A062 型电气配棉器→A092AST 型双棉箱给棉机→FA141 型单打手成卷机

2. 涡流纺纱工艺

开清棉→梳棉→并条(两道)→涡流纺纱机

第五章　各工序工艺设计

第一节　开清棉工艺设计

开清棉是纺纱过程的第一道工序,将短纤维加工成适应下道工序使用的半制品——棉卷。由于原棉中含有杂质、疵点和短绒,为了保证棉纱质量,开清棉工序应完成开松、除杂、混和及均匀成卷的任务。

若采用清梳联工艺,则不成卷,经过开清棉加工后的纤维通过一定方式均匀地分配给梳棉机使用。

开清棉工序的任务是由开清棉联合机组完成的,开清棉联合机是由一系列单台开清棉机械组成的,它包括抓棉机械、混棉机械、开棉机械、给棉机械、清棉成卷机械等设备。各种机械通过凝棉器、配棉器、输棉管道等连接成开清棉联合机组。

一、开清棉工艺表

开清棉工艺设计分为棉卷参数的设计、各设备转速的设计及隔距的设计。由于开清棉设备比较多,因此各单机需要分别进行工艺设计。本部分将以精梳棉/钛远红外纤维/竹浆纤维/甲壳素纤维(40/20/20/20)11.8tex 混纺针织纱的开清棉工艺设计为例,主要设计内容见表 5 – 1。

二、棉纤维开清棉工艺设计

(一)抓棉机工艺设计

1. 抓棉机械的主要结构和作用

各种原料按照排包图置于棉包台上,由抓棉打手对原料进行抓取,并喂给前方设备,在抓取的同时实现对原料的开松与混和。抓棉机械的种类和型号很多,但其作用原理基本相同,按机构特点的不同可分为两大类,即环行式自动抓棉机(抓棉小车相对于棉包台做环行回转抓棉)和直行往复式自动抓棉机(抓棉小车做直行往复运动),如图 5 – 1 所示。

表 5 – 1　开清棉工艺表

棉　纤　维					
开清棉工艺流程	FA002 型自动抓棉机→FA103A 型双轴流开棉机→FA022—6 型多仓混棉机→FA106A 型梳针辊筒开棉机→FA046A 型振动式给棉机→FA141 型单打手成卷机				
机械名称	工　艺　参　数				
FA002 型自动抓棉机	抓棉打手的转速	抓棉小车的运行速度	打手刀片伸出肋条距离	抓棉打手间歇下降动程	
FA103A 型双轴流开棉机	打手速度	打手与尘棒间的隔距	尘棒与尘棒间的隔距	进、出棉口压力	
FA022—6 型多仓混棉机	开棉打手转速	给棉罗拉转速	输棉风机转速	换仓压力	

FA106A 型梳针辊筒开棉机	打手速度	给棉罗拉转速	打手与给棉罗拉的隔距	打手与尘棒的隔距	尘棒之间隔距	打手与剥棉刀的隔距
FA046A 型振动式给棉机	角钉帘与均棉罗拉的隔距					

FA141 型单打手成卷机	棉卷定量（g/m）		实际回潮率(%)	棉卷长度（m）		棉卷伸长率(%)	棉卷净重（kg）		线密度（tex）	机械牵伸倍数
	湿定量	干定量		计算	实际		干重	湿重		
	棉卷罗拉速度		打手速度	打手与天平曲杆工作面的隔距			打手与尘棒间的隔距		尘棒与尘棒间的隔距	

钛远红外纤维/竹浆纤维/甲壳素纤维					
开清棉工艺流程	FA002 型自动抓棉机→FA022—6 型多仓混棉机→FA106A 型梳针滚筒开棉机→FA046A 型振动式给棉机→FA141 型单打手成卷机				
机械名称	工　艺　参　数				
FA002 型自动抓棉机	抓棉打手的转速	抓棉小车的运行速度	打手刀片伸出肋条距离	抓棉打手间歇下降动程	
FA022—6 型多仓混棉机	开棉打手转速	给棉罗拉转速	输棉风机转速	换仓压力	

FA106A 型梳针滚筒开棉机	打手速度	给棉罗拉转速	打手与给棉罗拉的隔距	打手与尘棒的隔距	尘棒之间隔距	打手与剥棉刀的隔距
FA046A 型振动式给棉机	角钉帘与均棉罗拉的隔距					

续表

钛远红外纤维/竹浆纤维/甲壳素纤维									
FA141型 单打手成卷机	棉卷定量 (g/m)		实际回 潮率(%)	纤维卷长度 (m)		纤维卷伸 长率(%)	纤维卷净重 (kg)		线密度 (tex)	机械牵 伸倍数
	湿定量	干定量		计算	实际		干重	湿重		
	棉卷罗拉 速度		打手速度	打手与天平曲杆 工作面的隔距			打手与尘棒 间的隔距		尘棒与尘棒 间的隔距	

(a) 环行式自动抓棉机

(b) 直行往复式自动抓棉机

图 5 - 1 自动抓棉机

（1）FA002型圆盘抓棉机(环行式自动抓棉机)。适于加工棉纤维、棉型化纤和中长化纤。主要由抓棉小车、内围墙板、外围墙板、伸缩管、地轨等机件组成,如图 5 - 2 所示。

棉包放在圆形地轨内侧抓棉打手的下方,抓棉小车沿地轨做顺时针环行回转,它的运行和停止由前方机台棉箱内光电管来控制。当前方机台需要原棉时,小车运行;前方机台不需要原棉时,小车停止运行,以保证均匀供给。同时,小车每回转一周,打手间歇下降一定距离,其运动由齿轮减速电动机通过链轮、链条、4 只螺母、4 根丝杆传动。小车运行到上、下极限位置时,受限位开关的控制。抓棉小车运行时,抓棉打手同时做高速回转,借助肋条紧压棉包表面,锯齿刀片自肋条间隙均匀地抓取棉块,抓取的棉块被前方机台凝棉器风扇或输棉风机所产生的气流吸走,通过输棉管道落入前方机台的棉箱内。

（2）FA009型往复式自动抓棉机。主要由抓棉小车、转塔、抓棉器、打手、压棉罗拉、输棉通道、地轨及电气控制柜等机件组成,如图 5 - 3 所示,该机适于加工各种原

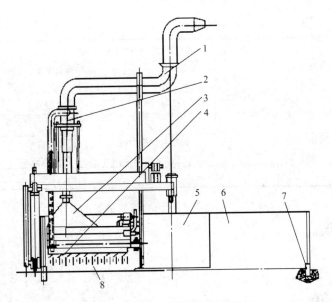

图 5 - 2 FA002 型圆盘抓棉机的结构

1—输棉管道 2—伸缩管 3—抓棉小车 4—抓棉打手 5—内围墙板

6—外围墙板 7—地轨 8—肋条

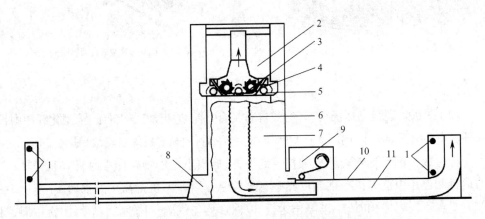

图 5 - 3 FA009 型往复式自动抓棉机的结构

1—光电管 2—抓棉器 3—抓棉打手 4—肋条 5—压棉罗拉 6—伸缩输棉管

7—转塔 8—抓棉小车 9—覆盖带卷绕装置 10—覆盖带 11—输棉管道

棉和长度在 76mm 以下的化学纤维。

抓棉机单侧可放置 50~100 个棉包,抓棉器内装有两只抓棉打手和三根压棉罗拉。打手刀片为锯齿形,刀尖排列均匀。压棉罗拉有两根分布在打手外侧,一根在两打手之间。抓棉小车通过四个行走轮在地轨上做双向往复运动。同时,间歇下降的抓棉打手高速回转,按顺序抓取棉包,被抓取的棉束经输棉管道,通过前方凝棉器风扇或输棉风机的抽吸作用送入前方机台的棉箱内。

（3）抓棉机的作用。抓棉机具有抓取、开松和混和作用。抓取是指通过肋条的紧压作用并借助于打手锯齿的抓取作用来实现棉块的分离。混和作用是指抓棉装置抓取一层纤维时按照配棉比例抓取混和棉,并且由气流输送给前方机台,实现不同原棉的混和。

2. 抓棉机工艺

（1）开松工艺。抓棉机的开松作用是通过肋条压紧棉层表面,锯齿形打手刀片自肋条间插入棉层抓取棉块而实现的。工艺上要求抓棉机抓取的纤维块尽量小而均匀,即所谓精细抓棉,使杂质与纤维易于分离,这是因为浮在棉束表面的杂质比包裹在棉束内的杂质容易清除。另外,棉束小,纤维混和均匀、充分,棉束密度差异小,可避免气流输送过程中因棉束重量悬殊而产生分类现象。此外,小棉束能形成细微均匀的棉层,有利于后续机械效率的发挥,提高棉卷均匀度。同时,小棉束也为缩短开清棉流程提供了可能。抓棉机的开松工艺见表5-2。

表5-2　抓棉机的开松工艺

项　目	有利于开松的选择	选 择 依 据	参考范围
打手刀片伸出肋条的距离	小距离（可为负值）	锯齿刀片插入棉层浅,抓取棉块的平均重量轻（打手刀片缩进肋条内,即不伸出肋条）	1~6mm（-5~0mm）
抓棉打手间歇下降动程	小动程	下降动程小,抓取棉块的平均重量小（该动程应和打手刀片伸出肋条的距离相适应,即打手刀片伸出肋条的距离小时,该动程也小）	2~4mm
抓棉打手的转速	高转速	打手高转速,开松作用强烈,棉块平均重量轻。但对打手的动平衡要求高	740~900r/min
抓棉小车的运行速度	低速度	小车低速运行,抓棉机产量低,单位时间抓取的原料成分少	0.59~2.96r/min

（2）混和工艺。抓棉小车运行一周（或一个单程）按比例顺序地抓取不同成分的原棉,实现原料的初步混和。

①排包图的编制。具体见原料的选配。使用回花、再用棉时,应用棉包夹紧,最好打包后使用。两台抓棉机并联同时工作可以增加混棉包数,并采用两台抓棉机棉包高度不同的分段法生产,以减小棉堆上层和底层的混和差异。

②抓棉小车的运转效率。为了达到混棉均匀的目的,抓棉小车抓取的棉块应尽可能小,在保障前方机台产量供应的前提下,尽可能提高抓棉机的运转效率[（测定

时间内小车运行的时间/测定时间内成卷机运行的时间）×100％]，一般要求达到80％以上。提高运转效率必须掌握"勤抓少抓"的原则。所谓"勤抓"，就是单位时间内抓取的配棉成分多，所谓"少抓"，就是抓棉打手每一回转的抓棉量要少。

实践表明，当产量一定时，在保证小车运转率的条件下，提高小车运行速度，相应地减少抓棉打手下降动程，增加抓棉打手刀片的密度，这样既有利于开松，又有利于混和。

3. FA002 型自动抓棉机工艺设计

根据精细抓棉的原则，尽量使抓棉打手刀片每齿的抓棉量小，为此，在考虑了机械状态的情况下，采用表5-3的工艺设计。

表5-3　FA002 型自动抓棉机的工艺设计

工艺参数	参数设计
打手刀片伸出肋条的距离	1mm
抓棉打手间歇下降动程	2mm
抓棉打手的转速	900r/min
抓棉小车的运行速度	0.80r/min

（二）混棉机工艺设计

1. 混棉机械的主要结构和作用

混棉机械用较大的棉箱对原料进行混和，并用角钉机件扯松原料。混棉机按其结构特点分为两类，一类是自动混棉机，如 FA016A 型、A006BS 型、A006CS 型等，另一类是多仓混棉机，如 FA022—6(8、10)型、FA028 型、FA025型、FA029 型等（图5-4、图5-5）。现多采用多仓混棉机。

（1）FA022 型多仓混棉机。FA022型多仓混棉机有 6 仓、8 仓、10 仓，如图5-6所示。棉流被输棉风机吸入，进入

图5-4　FA022—6 型多仓混棉机

输棉管道逐仓喂入仓内。各仓由挡板活门控制给棉，第一仓无活门，输棉管道两侧的排气管道与各仓隔板上部的网眼板相通，以排放仓内空气。当一个棉仓喂料时，料气分离，储棉增高，仓内气压增大，仓内外产生压差，达到设定值时，压差开关发生作用，

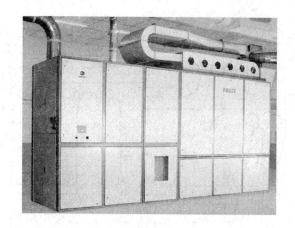

图 5 - 5　FA029—6 型多仓混棉机

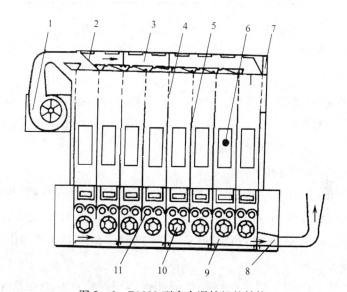

图 5 - 6　FA022 型多仓混棉机的结构

1—输棉风机　2—挡板活门　3—输棉管道　4—网眼板　5—隔板　6—光电开关
7—排气管道　8—出棉管　9—混棉通道　10—开棉打手　11—给棉罗拉

控制电气转换器,在气动作用下使该仓活门关闭,同时下一个棉仓的活门则自动开启,如此连续进行。在第二仓处设有高度限位光电开关,控制后方机台的喂棉。各仓纤维束在其下方给棉罗拉的握持下,由开棉打手开松,排入混棉通道内,各仓输出原料顺次叠加,完成混和,由出棉管将棉流输出机外。

　　(2)FA029 型多仓混棉机。棉流经输棉管道同时均匀配入六只并列垂直的棉仓内,气流由网眼板排出。如图 5 - 7 所示,六仓中的棉层落到输送帘上,经给棉辊转过

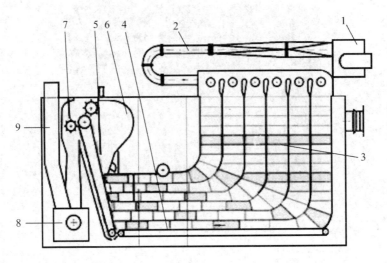

图 5 - 7　FA029 型多仓混棉机的结构

1—喂入风机　2—输入管道　3—输料槽　4—水平帘　5—角钉帘　6—混料帘

7—剥棉打手　8—输出风机　9—输出管道

90°沿水平方向输出,继而受到角钉帘的扯松,均棉罗拉将过多的原料击回小棉箱,角钉帘带出的更小棉束由剥棉罗拉剥取落下,喂入下道机器。小棉箱、储棉箱棉量的多少由光电管控制。落下的杂质进入尘箱。

(3)多仓混棉机的作用。

①混和作用。FA022 型多仓混棉机以各仓不同时喂入而在仓底同时输出所形成的时间差来实现混和作用,这种混和方式称为时差混和。FA029 型多仓混棉机是以设计的仓间路程差为基础,对各仓同时喂入、不同时输出来实现混和作用的,这种混和方式称为程差混和。

②开松作用。FA022 型多仓混棉机的开松作用产生在各仓的底部,即用一对给棉罗拉握持原料,并用开棉打手打击开松。FA029 型多仓混棉机的开松作用产生在储棉箱内,即利用角钉帘的抓取、均棉罗拉的扯松、剥棉罗拉的打击实现开松作用。

棉箱机械的主要作用是完成混和及均匀混棉,同时利用角钉机件对原料进行扯松,实现初步的开松、除杂。

2. 多仓混棉机工艺

FA022 型多仓混棉机采取逐仓喂入原料,阶梯储棉,同步输出,多仓混棉。多仓混棉机的混和工艺和开松工艺见表 5 - 4、表 5 - 5。

表5-4 多仓混棉机的混和工艺

工艺参数	有利于混和的选择	选择依据	参考范围
换仓压力	高压力	高压力能使各仓满仓容量增大,对长片段混和有利	196Pa 左右
光电管的高低位置	低位置	低位置的光电管可以延时,混和效果好,并可增加混和时间差(过低,易出现空仓现象)	根据后方机台的供料量调整

表5-5 多仓混棉机的开松工艺

工艺参数	利于开松的选择	选择依据	参考范围(r/min)
开棉打手转速	较高转速	给棉量一定时,打手转速高,开松作用强	260、330
给棉罗拉转速	较低转速	给棉罗拉转速较低,产量低,开松作用强,落棉率增加	0.1、0.2、0.3
输棉风机转速	适当转速	适当的转速,保证输送原棉畅通	1200、1400、1700

3. FA022—6型多仓混棉机的工艺设计

根据充分混和的原则,尽量增大多仓混棉机的容量,增加延时时间,使其达到较好的混和效果,为此,在考虑了机械状态的情况下,采用表5-6的工艺设计。

表5-6 FA022—6型多仓混棉机的工艺设计

工 艺 参 数	参 数 设 计	工 艺 参 数	参 数 设 计
换仓压力	230Pa	给棉罗拉转速	0.2 r/min
开棉打手转速	330 r/min	输棉风机转速	1400 r/min

(三)开棉机工艺设计

1. 开棉机械的主要结构和作用

开棉机械的共同特点是利用打手对纤维束进行打击,实现进一步的开松和除杂。开棉机械的打击方式有两种,一种为原料在非握持状态下经受打击,称为自由打击,如多滚筒开棉机、轴流开棉机(图5-8),自由打击开棉机作用缓和,纤维损伤小,杂质不易碎裂;另一种为原料在被握持状态下经受打击,称为握持打击,如豪猪式开棉机(图5-9),握持打击开棉机作用剧烈,易损伤纤维,除杂效果好。打手形式有矩形刀片式、梳针式、锯齿式。开清棉联合机的排列组合中,一般先安排自由打击开棉机,再安排握持打击开棉机。

图 5-8 FA103A 型双轴流开棉机

图 5-9 FA106 型豪猪式开棉机

（1）FA103A 型双轴流开棉机。适于加工各种原棉及棉型化纤，一般安装在抓棉机与混棉机之间。如图 5-10 所示，棉流由进棉口输入，在轴向气流的作用下沿双辊筒做螺旋线轴向运动，经过两个辊筒的反复作用，从另一侧的出棉口输出。两只辊筒平行排列，回转方向相同，纤维流经两辊筒时，受到自由打击，反复翻转，棉束逐渐变小，沿导向板平行于轴向输出。杂质则通过可调尘棒间隙落入尘箱，经过排杂打手再

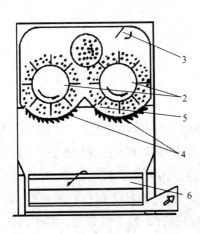

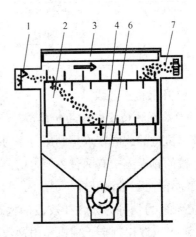

图 5-10 FA103A 型双轴流开棉机的结构

1—进棉口 2—双辊筒 3、5—导向板 4—尘格 6—排杂打手 7—出棉口

由自动吸落系统排出机外。

（2）FA106 型豪猪式开棉机。

适用于对各种原棉做进一步的开松和除杂。如图 5-11 所示，原棉由凝棉器喂入储棉箱，储棉箱内装有调节板、光电管，调节板可调节储棉箱输出棉层的厚度，光电管可根据箱内原料的充满程度控制喂入机台对本机的供料，使棉箱内的原料保持一定的高度。棉箱下方设有一对集束罗拉和一对给棉罗拉，棉层由给棉罗拉握持垂直喂入打手室，受到高速回转的豪猪打手的猛烈打击、分割、撕扯，被打手撕下的棉块，沿打手圆弧的切线方向撞击在三角形尘棒上，在打手与尘棒的共同作用以及气流的配合下，棉块获得进一步的开松与除杂，被下一机台凝棉器吸引，由出棉管输出。杂质由尘棒间隙排落在车肚底部的输杂帘上输出机外，或与吸落棉系统相接，收集处理。

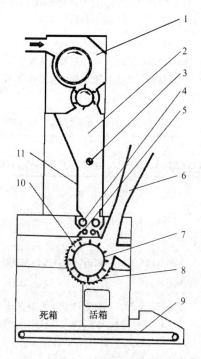

图 5-11 FA106 型豪猪式开棉机的结构

1—凝棉器 2—储棉箱 3—光电管 4—集束罗拉 5—给棉罗拉 6—出棉管
7—豪猪打手 8—尘格 9—输杂帘 10—打手室 11—调节板

2. 开棉机工艺

在开清棉工序中，一般先安排自由打击的开棉机，再安排握持打击的开棉机，打手形式按粗、细、精循序渐进,从而遵循大杂早落少碎、少伤纤维的工艺原则。

(1)轴流式开棉机工艺。轴流开棉机的开松作用发生在角钉辊筒的自由打击以及辊筒与尘棒之间、辊筒与螺旋导板之间的反复撕扯,其作用特点是边前进边开松,边开松边除杂,即原料在自由状态下经受角钉多次均匀、密集、柔和的弹打。故原料开松充分,除杂面积大,具有高效而柔和的开松除杂效果,有利于大杂早落、少碎,对纤维损伤小,适合开清棉初始阶段的加工要求。轴流式开棉机的开松工艺见表5-7、表5-8。

表5-7 FA105A型单轴流开棉机的开松工艺

工艺参数	有利于开松、除杂的选择	选 择 依 据	参考范围
尘棒的安装角	大安装角	大的尘棒安装角,使打手与尘棒间的隔距小,尘棒与尘棒间的隔距大,开松和除杂作用加强	3°~30°
进棉口和出棉口的压力	合理	进棉口静压过大,会使入口处尘棒间易落白花棉流出口静压过低,易使落棉箱落棉重新回收 出入口处压差过大,会使棉流流速过快,在机内停留时间缩短,降低开松作用	进棉管静压为50~150Pa,出棉管静压为-200~-50Pa
打手速度	高速度	打手高速可以加强自由开松和除杂作用	480~800r/min

表5-8 FA103、FA103A型双轴流开棉机的开松工艺

工艺参数	利于开松、除杂的选择	选 择 依 据	参考范围
打手与尘棒间的隔距	小隔距	小的打手与尘棒间隔距可加强开松和除杂作用	15~23mm
尘棒与尘棒间的隔距	大隔距	大的尘棒与尘棒间隔距可加强开松和除杂作用	5~10mm
进棉口和出棉口的压力	合理	进棉口静压过大,会使入口处尘棒间易落白花棉流出口静压过低,易使落棉箱落棉重新回收 出入口处压差过大,会使棉流流速过快,在机内停留时间缩短,降低开松作用	进棉管静压:50~150Pa 出棉管静压:-200~-150Pa
打手速度	高速度	加强开松、除杂作用,自由开松,作用比较缓和	FA103:打手一412 r/min,打手二424 r/min FA103A:打手一369r/min/412r/min/452r/min,打手二381r/min/424r/min/465r/min

(2)豪猪式开棉机工艺。豪猪式开棉机主要依靠打手与尘棒的机械作用完成开松、除杂作用。豪猪式开棉机的开松工艺见表5-9。

FA106型豪猪式开棉机尘棒安装角与尘棒隔距的关系见表5-10。

3. FA103A型双轴流开棉机及FA106A型梳针滚筒开棉机的工艺设计

遵循渐进开松、早落少碎、以梳代打、少伤纤维的原则,先双轴流开棉再梳针滚筒开棉,使开松呈现先自由开松再握持开松的状态,以利于开松、除杂,有效减少纤维的损伤。在保证产量的情况下,尽量减少喂入量,提高打手的转速,FA106A型梳针滚筒开棉机的工艺设计参考表5-9。为此,在考虑了机械状态的情况下,采用表5-11的工艺设计。

表5-9 豪猪式开棉机的开松工艺

工艺参数	利于开松、除杂的选择	选择依据	参考范围
打手速度	较高速度	给棉量一定时,打手转速高,开松、除杂作用强,落棉率高	FA106: 480r/min/540r/min/600r/min FA107: 720r/min/800r/min/900r/min
给棉罗拉转速	较低转速	较低给棉速度,产量低,开松作用强,落棉率高	14~70 r/min
打手与给棉罗拉间的隔距	根据纤维长度和棉层厚度决定	隔距小,刀片进入棉层深,开松作用强,但较长纤维易损伤。最大限度应小于棉层厚度,最小限度应使打击点距棉层握持线的距离大于纤维主体长度	6~7mm
打手与尘棒的隔距	自进口至出口应逐渐放大	随着棉束的松解,其体积逐渐增大。隔距小,棉束受尘棒阻扰作用强,在打手室内停留时间长,受打手与尘棒的作用次数多,故开松作用强,落棉增加	进口隔距10~14mm 出口隔距14.5~18.5mm
尘棒之间的隔距	自入口至出口应逐渐缩小	入口部分隔距较大,便于大杂先落,补入气流;然后随着杂质颗粒的减小,中间部分可适当减小尘棒间隔距;出口部分的尘棒隔距应适应补入气流以便达到回收可纺纤维的要求,在允许的范围内可适当放大或反装尘棒	进口一组11~15mm 中间两组6~10mm 出口一组4~7mm
打手与剥棉刀的隔距	小隔距	防止打手返花	1.5~2mm

注 FA106A型梳针滚筒开棉机的工艺参考FA106型豪猪式开棉机。

表 5-10　尘棒安装角与尘棒隔距的关系

尘棒安装角	40°	39°	37°	35°	33°	30°	27°	24°	20°	19°
进口一组 14 根	—	11.1	11.7	12.2	13	13.7	14.3	15	—	—
中间两组 17 根	6	6.3	6.7	7.2	7.6	8.2	8.7	9.2	9.7	—
出口一组 15 根	—	4	4.4	4.7	5.1	5.6	6.2	6.5	6.9	7.1

表 5-11　FA103A 型双轴流开棉机及 FA106A 型梳针滚筒开棉机的工艺设计

机　型	工艺参数	参数设计
FA103A 型双轴流开棉机	打手速度	打手一 412r/min,打手二 424r/min
	打手与尘棒间的隔距	20mm
	尘棒与尘棒间的隔距	9mm
	进、出棉口压力	进棉管静压 50Pa,出棉管静压 -150Pa
FA106A 型梳针滚筒开棉机	打手速度	600r/min
	给棉罗拉转速	35r/min
	打手与给棉罗拉间的隔距	7mm
	打手与尘棒间的隔距	进口 10mm,出口 18.5mm
	尘棒之间的隔距	进口 15mm,中间 9.7mm,出口 7.1mm
	打手与剥棉刀间的隔距	1.5mm

(四)给棉机工艺设计

1. 给棉机械的主要结构和作用

给棉机械的主要作用是均匀给棉,并具有一定的混棉和扯松作用。给棉机械在流程中靠近成卷机,以便保证棉卷定量,提高棉卷均匀度。图 5-12 所示为 FA046 型振动式给棉机的外形图。

FA046A 型振动式给棉机的结构如图 5-13 所示,纤维流经凝棉器进入后储棉箱,储棉量的多少由光电管控制。棉箱下部一对角钉罗拉将原料送出落在水平帘上,水平帘再将原料带至中储棉箱,由角钉帘抓取并与均棉罗拉进行撕扯开松。中储棉箱的储棉量的稳定由摇板控制角钉罗拉的转动与停止来实现。角钉帘上的原料由剥棉罗拉剥取并均匀地喂入振动棉箱。振动棉箱内包括振动板、光电管和出棉罗拉。光电管控制振动棉箱内棉量的稳定,通过振动板振动使振动棉箱内的原料密度增大,输出棉层均匀。

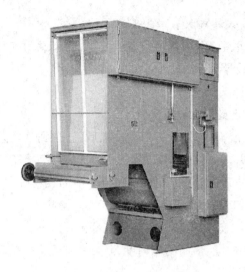

图 5 - 12　FA046A 型振动式给棉机

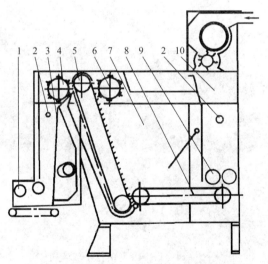

图 5 - 13　FA046A 型振动式给棉机的结构

1—出棉罗拉　2—光电管　3—振动板　4—剥棉罗拉　5—角钉帘　6—均棉罗拉
7—中储棉箱　8—水平帘　9—角钉罗拉　10—后储棉箱

2. 给棉机工艺

　　振动式给棉机的主要作用是均匀给棉,在进棉箱和振动棉箱内均装有光电管,中部储棉箱内装有摇板,用以控制棉箱内储棉量的相对稳定,使单位时间内的输棉量一致。另外,调节角钉帘与均棉罗拉的隔距也能控制出棉均匀。当两者隔距小时,除开松作用增强外,还能使输出棉束小而均匀。但隔距小,产量低,一般采用 0 ~ 40mm。

3. FA046A 型振动式给棉机的工艺设计

根据单打手成卷机最终所成棉卷定量的要求,并考虑均棉罗拉的开松作用,角钉帘与均棉罗拉的隔距设计为30mm。

(五)成卷工艺设计

1. 清棉成卷机械的主要结构和作用

原料经开棉机械、混棉机械、给棉机械加工后,已达到一定程度的开松与混和,一些较大的杂质已被清除,但尚有相当数量的棉籽、不孕籽、籽屑和短纤维等需经过清棉成卷机械做进一步的开松与除杂(图5-14)。清棉成卷机械的作用是:

(1)继续开松、均匀、混和原料;

(2)继续清除叶屑、破籽、不孕籽等杂质和部分短纤维;

(3)控制和提高棉层纵、横向的均匀度,制成一定规格的棉卷或棉层。

图5-14 FA141型单打手成卷机

FA141型单打手成卷机的结构如图5-15所示,该机用于加工各种原棉、棉型化纤及76mm以下的中长化纤。原料由振动板双棉箱给棉机输出后,均匀地铺放在输棉帘上,经角钉罗拉引导,在天平罗拉和天平曲杆的握持下,接受高速回转的综合打手的打击、撕扯、分割和梳理作用,将纤维抛向尘格,部分杂质落入尘箱。纤维块因风机的强力抽吸凝聚在回转的尘笼表面,形成纤维层,同时细小尘杂和短绒透过尘笼网眼而被排除。纤维层被剥棉罗拉剥下,经防粘罗拉、紧压罗拉、导棉罗拉至棉卷罗拉,并在压卷罗拉的压力下卷绕成卷。当棉卷达到规定的长度后,自动落卷装置发生作

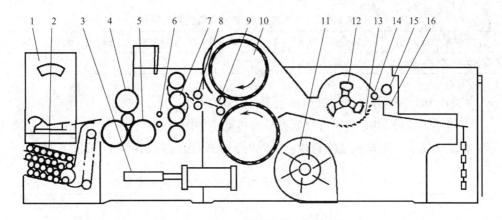

图 5 - 15　FA141 型单打手成卷机的结构

1—棉卷秤　2—存放扦装置　3—渐增加压装置　4—压卷罗拉　5—棉卷罗拉　6—导棉罗拉
7—紧压罗拉　8—防粘罗拉　9—剥棉罗拉　10—尘笼　11—风机　12—综合打手
13—尘格　14—天平罗拉　15—角钉罗拉　16—天平曲杆

用,将棉卷落下,再重新生头进行卷绕。

2. 成卷机工艺

(1)FA141 型单打手成卷机工艺参数。单打手成卷机主要依靠打手与尘棒的机械作用完成开松、除杂作用,并最终制成相对均匀的棉卷。单打手成卷机的开松工艺见表 5 - 12。

表 5 - 12　单打手成卷机的开松工艺

工艺参数	利于开松、除杂的选择	选 择 依 据	参考范围
打手速度	较高速度	较高的打手速度,可增加打击强度,提高开松除杂效果。加工的纤维长度长、含杂少或成熟度差时,宜采用较低转速	900～1000r/min
打手与天平曲杆工作面的隔距	小隔距	较小的隔距,使梳针刺入棉层的深度深,开松效果好	8.5～10.5mm
打手与尘棒间的隔距	小隔距(进口至出口逐渐放大)	小的打手与尘棒间隔距,使尘棒阻滞纤维的能力强,开松、除杂效果好(适应纤维开松后体积增大)	进口隔距:8～10mm 出口隔距:16～18mm
尘棒与尘棒间的隔距	大隔距	大的尘棒间隔距,可使除杂作用加强(根据喂入原棉的含杂内容和含杂量来确定)	5～8mm

FA141 型单打手成卷机尘棒安装角与尘棒隔距的关系见表 5 - 13。

表 5 – 13　尘棒安装角与尘棒隔距的关系

尘棒安装角(°)	16	20	24	27	30	33	35	37	38
尘棒间隔距(mm)	8.4	7.9	7.2	7.0	6.5	6.0	5.6	5.2	5.0

（2）FA141 型单打手成卷机传动及工艺计算。

①传动系统：FA141 型单打手成卷机的传动图如图 5 – 16 所示。

②工艺变换皮带轮和变换齿轮：它们的代号、变换范围及其作用见表 5 – 14。

表 5 – 14　工艺变换皮带轮和变换齿轮的代号、变换范围及其作用

名　　称	代号	变　换　范　围	变换作用
打手皮带轮	D_1	230mm,250 mm	综合打手速度
风扇皮带轮	D_2	180 mm,200 mm,220 mm,240 mm,250 mm	风扇速度
电动机皮带轮	D_3	100 mm,110 mm,120 mm,130 mm,140 mm,150 mm	棉卷罗拉速度
牵伸变换齿轮	Z_1/Z_2	24/18,25/17,26/16	棉卷罗拉与太平罗拉之间的牵伸倍数
	Z_3/Z_4	21/30,25/26	
压卷罗拉传动齿轮	Z_6	23,24	压卷罗拉速度

③工艺计算。

a. 速度计算。

综合打手转速 n_1（r/min）：

$$n_1 = n \times \frac{D}{D_1} \times 98\% = 1440 \times \frac{160}{D_1} \times 98\% = \frac{230400}{D_1} \times 98\%$$

式中：n——电动机（5.5kW）的转速，1440r/min；

　　D——电动机皮带轮直径，160mm；

　　D_1——打手皮带轮直径，mm。

天平罗拉转速 n_2（r/min，设皮带在铁炮的中央位置）：

$$n_2 = n' \times \frac{D_3 \times Z_1 \times 186 \times 1 \times 20 \times Z_3}{330 \times Z_2 \times 167 \times 50 \times 20 \times Z_4} = 0.0965 \times \frac{D_3 \times Z_1 \times Z_3}{Z_2 \times Z_4}$$

式中：n'——电动机（2.2kW）的转速，1430r/min；

　　D_3——电动机皮带轮直径，mm；

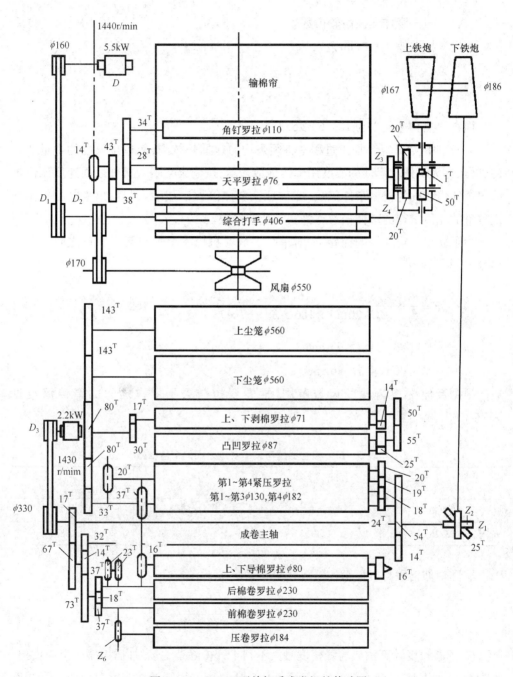

图 5 - 16   FA141 型单打手成卷机的传动图

Z_1/Z_2——牵伸变换齿轮齿数；

Z_3/Z_4——牵伸变换齿轮齿数。

棉卷罗拉转速 n_3(r/min)：

$$n_3 = n' \times \frac{D_3 \times 17 \times 14 \times 18}{330 \times 67 \times 73 \times 37} = 0.1026 \times D_3$$

棉卷罗拉转速范围为 10.26~15.38r/min。

b. 牵伸倍数计算。加工过程中将须条均匀地抽长拉细,使单位长度的重量变轻的过程,称为牵伸。牵伸的程度用牵伸倍数表示,按输出与喂入机件表面速度比值求得的牵伸倍数称为机械牵伸倍数(亦称理论牵伸倍数),按喂入与输出半制品单位长度重量的比值求得的牵伸倍数称为实际牵伸倍数。

为了获得一定规格的棉卷,需对单打手成卷机棉卷罗拉与天平罗拉之间的牵伸倍数 E 进行调节。

$$E = \frac{d_1}{d_2} \times \frac{Z_4 \times 20 \times 50 \times 167 \times Z_2 \times 17 \times 14 \times 18}{Z_3 \times 20 \times 1 \times 186 \times Z_1 \times 67 \times 73 \times 37} = 3.2162 \times \frac{Z_4 \times Z_2}{Z_3 \times Z_1}$$

式中：d_1——棉卷罗拉直径,230mm；

d_2——天平罗拉直径,76mm。

根据牵伸变换齿轮的齿数范围,棉卷罗拉与天平罗拉之间的牵伸倍数见表5-15。

表5-15　棉卷罗拉与天平罗拉之间的牵伸倍数

牵伸倍数　　Z_1/Z_2 〈斜〉Z_3/Z_4	24/18	25/17	26/16
21/30	3.446	3.124	2.827
25/26	2.507	2.276	2.058

实际牵伸倍数与机械牵伸倍数之间的关系如下：

$$实际牵伸倍数 = \frac{机械牵伸倍数}{1 - 落棉率}$$

c. 棉卷长度计算。成卷线密度过大不利于开松除杂,且增加后工序的牵伸负担,成卷线密度过小,易产生粘卷破洞,降低棉卷质量。常用细纱线密度对应的成卷线密度和定量范围见表5-16。

表5－16　不同线密度细纱的成卷线密度和定量范围

细纱线密度(tex)	成卷线密度(tex)	成卷定量 G_K(g/m)
9.7～11	$(350～400)×10^3$	350～400
12～20	$(360～420)×10^3$	360～420
21～31	$(380～470)×10^3$	380～470
32～97	$(430～480)×10^3$	430～480

当棉卷线密度选定后,成卷长度参照整只棉卷的总重考虑选定,一般棉卷的总重控制在16～20kg。

FA141型成卷机采用计数器控制棉卷长度。计数器由导棉罗拉传动,导棉罗拉每转一转,计数器跳过一个数,当达到预置的长度数字时发出落卷信号。设棉卷计算长度为 L(m),则:

$$L = \frac{n_4 × π × d × E_1 × E_0}{1000}$$

式中:n_4——导棉罗拉一个棉卷的转数,调节范围为110～292;

　　d——导棉罗拉直径,80mm;

　　E_1——棉卷罗拉与导棉罗拉之间的牵伸倍数,$E_1 = 1.0226$;

　　E_0——压卷罗拉与棉卷罗拉之间的牵伸倍数,$E_0 = 24.571/Z_6$(Z_6有23齿、24齿两种)。

棉卷在卷绕过程中略有伸长,故实际长度 L_1 大于计算长度 L,设棉卷的伸长率为 $ε$,则:

$$L_1 = (1 + ε) × L$$

棉卷长度的调整可根据需要调整计数器的预置数值,调好后即可开车生产。

3. FA141型单打手成卷机工艺设计

单打手成卷机的主要工作是均匀成卷,并有开松、除杂、均匀作用,为此,既要考虑最终的成卷情况,又要考虑设备开松、除杂的性能。在考虑了机械状态的情况下,采用表5－17的工艺设计。

(1)计算速度。

①综合打手转速 n_1(r/min):

$$n_1 = n × \frac{D}{D_1} × 98\% = 1440 × \frac{160}{230} × 98\% = 981.67(\text{r/min})$$

式中:n——电动机(5.5kW)的转速,1440r/min;

　　D——电动机皮带轮直径,160mm;

　　D_1——打手皮带直径,取230mm。

表 5 – 17　FA141 型成卷机的工艺设计

工艺参数	参数设计
打手速度	981.67r/min
棉卷罗拉转速	12.31 r/min
打手与天平曲杆工作面的隔距	8.5mm
打手与尘棒间的隔距	进口:8mm,出口:18mm
尘棒与尘棒间的隔距	8mm
机械牵伸	3.12
棉卷干定量	362g/m
棉卷湿定量	390.96g/m
棉卷长度	42.1m
棉卷的伸长率	2.8%
棉卷实际长度	43.3m
棉卷干重	15.7kg
棉卷湿重	16.93 kg

②棉卷罗拉转速 n_3(r/min):

$$n_3 = n' \times \frac{D_3 \times 17 \times 14 \times 18}{330 \times 67 \times 73 \times 37} = 0.1026 \times D_3 = 0.1026 \times 120 = 12.31$$

式中:D_3——电动机皮带轮直径,取 120mm;

　　n'——电动机(2.2kW)的转速,1430 r/min。

(2)计算牵伸倍数。

$$E = 3.2162 \times \frac{Z_4 \times Z_2}{Z_3 \times Z_1} = 3.2162 \times \frac{30 \times 17}{21 \times 25} = 3.12$$

式中:Z_1/Z_2——25/17;

　　Z_3/Z_4——21/30。

(3)计算棉卷长度。

①棉卷计算长度为 $L(m)$：

$$L = \frac{n_4 \times \pi \times d \times E_1 \times E_0}{1000} = \frac{160 \times 3.14 \times 80 \times 1.0226 \times 24.571}{1000 \times 24} = 42.1$$

其中，n_4 取 160 转，d 为 80mm，E_1 为 1.0226，$E_0 = 24.571/Z_6$（Z_6 选 24 齿）。

②棉卷实际长度 $L_1(m)$：棉卷的伸长率 ε 为 2.8%。

$$L_1 = (1 + \varepsilon) \times L = (1 + 0.028) \times 42.1 = 43.3(m)$$

(4)计算棉卷重量。根据表 5-16，棉卷的干定量选取 362g/m。

$$棉卷干重 = 362 \times 43.3/1000 = 15.7(kg)$$

开清棉车间的回潮率为 8.0%（通常控制范围为 7.5%~8.5%），则棉卷湿重为：

$$棉卷湿定量 = 棉卷干定量 \times (1 + 8.0\%) = 362 \times (1 + 8.0\%) = 390.96(g/m)$$
$$棉卷湿重 = 棉卷湿重 \times 43.3/1000 = 390.96 \times 43.3/1000 = 16.93(kg)$$

(5)计算棉卷的线密度。

$$Tt_{成卷} = 362 \times (1 + 8.5\%) \times 1000 = 392770(tex)$$

三、钛远红外纤维/竹浆纤维/甲壳素纤维的开清棉工艺设计

这三种纤维长度长，整齐度好，杂质极少，但甲壳素纤维强力较低，应避免过多打击而损伤纤维，采用"精细抓棉、多松少打、薄层快喂、多梳少落、充分混和"的工艺原则，速度要低，打击点要少。为保证三种纤维混和均匀，三种纤维包按每种 1/3 的比例选配，抓棉机排包时采用每种纤维包对称摆放，并采用"削高填平"的方式。为减少棉卷粘层现象，需增加紧压罗拉压力，在棉卷中喂入相同品种的生条，适当降低棉卷罗拉转速，下机合格棉卷用塑料布包覆好，先做先用，梳棉随用随取。

（一）纺纱前预处理

钛远红外纤维回潮小、含油低、静电现象严重。混和前，先把 1.0% 国产 CTU—2B 环保型和毛油、0.5% 国产 FX—AS20 抗静电剂和适量水混和，均匀喷洒在钛远红外纤维表面，闷放 8h 后再上机。

竹浆纤维的回潮率比较高，吸湿放湿能力很强，纺纱过程中静电现象严重。根据

竹浆纤维的回潮率及含油率,在投料前8h给竹浆纤维按一定比例喷洒水,使纤维在纺纱过程中处于放湿状态。

甲壳素纤维中束纤维含量较高,在开清过程中易形成萝卜丝,进而在梳棉时形成棉结,且甲壳素纤维偏粗,单强偏低,在开清过程中易损伤形成短绒。因此,对其进行人工开松,充分松解,减少束丝,以减少纺纱过程中的纤维损伤。另外,甲壳素纤维吸湿能力强,回潮率变化大,应进行烘干预处理,使回潮率在10%左右。

(二)FA002型自动抓棉机工艺设计

遵循多松少打的原则,应尽量使抓棉打手刀片每齿的抓棉量小,提高抓棉机的开松作用,为此,在考虑了机械状态的情况下,采用表5-18的工艺设计。

表5-18 FA002型自动抓棉机的工艺设计

工 艺 参 数	参 数 设 计
打手刀片伸出肋条的距离	1mm
抓棉打手间歇下降动程	1.5mm
抓棉打手的转速	900r/min
抓棉小车的运行速度	1.20r/min

(三)FA022—6型多仓混棉机工艺设计

遵循充分混和的原则,尽量增大多仓混棉机的容量、增加延时时间,使其达到较好的混和效果,为此,在考虑了机械状态的情况下,采用表5-19的工艺设计。

表5-19 FA022-6型多仓混棉机的工艺设计

工 艺 参 数	参 数 设 计
换仓压力	196Pa
开棉打手转速	330r/min
给棉罗拉转速	0.2r/min
输棉风机转速	1700r/min

(四)FA106A型梳针辊筒开棉机工艺设计

减小尘棒间的隔距,不落少落,适当加大给棉罗拉与打手隔距,减少打击次数,以"少打击,多回收"为原则。为此,在考虑了机械状态的情况下,采用表5-20的工艺设计。

表 5 - 20　FA106A 型梳针辊筒开棉机的工艺设计

工 艺 参 数	参 数 设 计
打手速度	480r/min
给棉罗拉转速	30r/min
打手与给棉罗拉的隔距	12mm
打手与尘棒的隔距	进口 14mm;出口 18.5mm
尘棒之间的隔距	进口 11mm,中间反装,出口反装
打手与剥棉刀的隔距	1.5mm

(五)FA046A 型振动式给棉机工艺设计

根据单打手成卷机最终所成棉卷定量的要求,并考虑均棉罗拉的开松作用,角钉帘与均棉罗拉的隔距设计为 35mm。

(六)FA141 型单打手成卷机工艺设计

在考虑了单打手成卷机机械状态的情况下,采用表 5 - 21 的工艺设计。

表 5 - 21　FA141 型单打手成卷机的工艺设计

工 艺 参 数	参 数 设 计
打手速度	921.6r/min
棉卷罗拉转速	12.31r/min
打手与天平曲杆工作面的隔距	10.5mm
打手与尘棒间的隔距	进口:10mm;出口:18mm
尘棒与尘棒间的隔距	5mm
机械牵伸	3.12
棉卷干定量	370g/m
棉卷湿定量	403.7 g/m
棉卷长度	30.24m
棉卷的伸长率	2.8%
棉卷实际长度	31.09m
棉卷干重	11.50kg
棉卷湿重	12.55 kg

1. 计算速度

(1)综合打手转速 n_1(r/min):

$$n_1 = n \times \frac{D}{D_1} = 1440 \times \frac{160}{D_1} = \frac{230400}{D_1} = \frac{230400}{250} = 921.6(\text{r/min})$$

式中:n——电动机(5.5kW)的转速,1440r/min;

D——电动机皮带轮直径,160mm;

D_1——打手皮带直径,取250mm。

(2)棉卷罗拉转速 n_3(r/min):

$$n_3 = n' \times \frac{D_3 \times 17 \times 14 \times 18}{330 \times 67 \times 73 \times 37} = 0.1026 \times D_3 = 0.1026 \times 120 = 12.31(\text{r/min})$$

式中:n'——电动机(2.2kW)的转速 ,1430r/min;

D_3——电动机皮带轮直径,取120mm。

2. 计算牵伸倍数

$$E = 3.2167 \times \frac{Z_4 \times Z_2}{Z_3 \times Z_1} = 3.2167 \times \frac{30 \times 17}{21 \times 25} = 3.12$$

式中:Z_1/Z_2——25/17;

Z_3/Z_4——21/30。

3. 计算棉卷长度

(1)棉卷计算长度为 L(m):

$$L = \frac{n_4 \times \pi \times d \times E_1 \times E_0}{1000} = \frac{115 \times 3.14 \times 80 \times 1.0226 \times 24.571}{1000 \times 24} = 30.24(\text{m})$$

其中,n_4 取115转,d 为80mm,E_1 为1.0226,$E_0 = 24.571/Z_6$(Z_6 选24齿)。

(2)棉卷实际长度 L_1(m):棉卷的伸长率 ε 为2.8%。

$$L_1 = (1 + \varepsilon) \times L = (1 + 0.028) \times 30.24 = 31.09(\text{m})$$

4. 计算棉卷重量

根据表5-16,棉卷的干定量选取370g/m。

$$棉卷干重 = 370 \times 31.09/1000 = 11.50(\text{kg})$$

开清棉车间的三种纤维混和后的回潮率为9.1%,则棉卷湿重为:

棉卷湿定量 = 棉卷干定量 × (1 + 9.1%) = 370 × (1 + 9.1%) = 403.7(g/m)

棉卷湿重 = 棉卷湿定重 × 31.09/1000 = 403.7 × 31.09/1000 = 12.55(kg)

5. 计算棉卷的线密度

三种纤维混合后的公定回潮率为9.3%。

$$Tt_{棉卷} = 370 × (1 + 9.3\%) × 1000 = 404410(tex)$$

四、开清棉工艺设计表

最终设计的开清棉工艺见表5 – 22。

表5 – 22 开清棉工艺设计表

棉 纤 维					
开清棉工艺流程	FA002型自动抓棉机→FA103A型双轴流开棉机→FA022—6型多仓混棉机→FA106A型梳针辊筒开棉机→FA046A型振动式给棉机→FA141型单打手成卷机				
机械名称	工 艺 参 数				
FA002型自动抓棉机	抓棉打手的转速	抓棉小车的运行速度	打手刀片伸出肋条距离	抓棉打手间歇下降动程	
	900r/min	0.80r/min	1mm	2mm	
FA103A型双轴流开棉机	打手速度	打手与尘棒间的隔距	尘棒与尘棒间的隔距	进、出棉口压力	
	412/424	20mm	9mm	进棉口:50Pa，出棉口: – 150Pa	
FA022—6型多仓混棉机	开棉打手转速	给棉罗拉转速	输棉风机转速	换仓压力	
	330r/min	0.2r/min	1400r/min	230Pa	
FA106A型梳针辊筒开棉机	打手速度	给棉罗拉转速	打手与给棉罗拉的隔距	打手与尘棒的隔距	尘棒之间的隔距	打手与剥棉刀的隔距
	600r/min	35r/min	7mm	10mm/18.5mm	15mm/10mm/7mm	1.5mm
FA046A型振动式给棉机	角钉帘与均棉罗拉的隔距				
	30mm				

FA141型单打手成卷机	棉卷定量(g/m)		实际回潮率(%)	棉卷长度(m)		棉卷伸长率(%)	棉卷净重(kg)		线密度(tex)	机械牵伸倍数
	湿定量	干定量		计算	实际		干重	湿重		
	390.96	362	8.0	42.1	43.3	2.8	15.7	16.93	392770	3.12
	棉卷罗拉速度		打手速度	打手与天平曲杆工作面的隔距		打手与尘棒间的隔距		尘棒与尘棒间的隔距		
	12.31r/min		981.7r/min	8.5mm		进口:8mm，出口:18mm		8mm		

钛远红外纤维/竹浆纤维/甲壳素纤维							
开清棉工艺流程	FA002 型自动抓棉机→FA022—6 型多仓混棉机→FA106A 型梳针滚筒开棉机→FA046A 型振动式给棉机→FA141 型单打手成卷机						
机械名称	工 艺 参 数						
FA002 型自动抓棉机	抓棉打手的转速		抓棉小车的运行速度		打手刀片伸出肋条距离		抓棉打手间歇下降动程
	900r/min		1.20r/min		1mm		1.5mm
FA022—6 型多仓混棉机	开棉打手转速		给棉罗拉转速		输棉风机转速		换仓压力
	330r/min		0.2r/min		1700r/min		196Pa
FA106A 型梳针滚筒开棉机	打手速度	给棉罗拉转速	打手与给棉罗拉的隔距	打手与尘棒的隔距	尘棒之间的隔距		打手与剥棉刀的隔距
	480r/min	45r/min	11mm	14mm/18.5	11mm/反装/反装		1.6mm
FA046A 型振动式给棉机	角钉帘与均棉罗拉的隔距						
	35mm						

FA141 型单打手成卷机	棉卷定量（g/m）		实际回潮率(%)	纤维长度（m）		纤维卷伸长率(%)	纤维卷净重（kg）		线密度(tex)	机械牵伸倍数
	湿定量	干定量		计算	实际		干重	湿重		
	403.7	370	9.1	30.24	31.09	2.8	11.50	12.55	404410	3.12

	棉卷罗拉速度	打手速度	打手与天平曲杆工作面的隔距		打手与尘棒间的隔距	尘棒与尘棒间的隔距
	12.31r/min	921.6r/min	10.5mm		10mm/18mm	5mm

五、棉卷质量及控制措施

棉卷的质量指标是半成品的企业标准,各企业的指标不尽相同,但都是为保证成品符合国家标准的技术依据。

(一)棉卷重量不匀率与伸长率

棉卷重量不匀率主要评价棉卷纵向 1m 片段重量的均匀情况,同时测定棉卷的实际长度,核算棉卷伸长率,供改进生产参考。

及时调整和减小同品种各机台棉卷的伸长率差异,减少棉卷的外不匀率,可稳定纱线重量不匀率和重量偏差。

一般是每周每台至少试验 1 次,各品种每月至少试验 3 次。取样是任取重量合格的棉卷1只。

1. 计算公式

$$每米平均重量 = \frac{\sum 试验总重量(g)}{\sum 试验总长度(m)} 重量$$

$$不匀率 = \frac{2 \times (平均值 - 平均值以下项的平均值) \times 平均值以下的项数}{平均值 \times 总项数} \times 100\%$$

$$伸长率 = \frac{实际长度 - 计算长度}{计算长度} \times 100\%$$

注意:棉层头段、末段不足1m者,只量长度,不记重量;每米平均重量取小数点后一位,重量不匀率取小数点后两位。

2. 参考指标

(1)棉卷重量不匀率:0.8% ~ 1.2%。

(2)棉卷伸长率:2.5% ~ 3.5%;台差 <1% 。

(二)棉卷含杂率

棉卷含杂率是评价棉卷含杂量的主要指标。对照混棉成分中的原棉平均含杂率,可计算开清棉联合机的除杂效率,作为调整清棉、梳棉工艺设计的参考。

各品种、各机台每周至少试验1次棉卷含杂率。每次取外层棉卷略多于100g放入样筒,试验时称取试样100g(可结合棉卷重量不匀率和开清棉联合机落棉试验进行)。

1. 计算公式

$$棉卷含杂率 = \frac{试样所含杂质重量}{试样重量} \times 100\%$$

$$棉卷含纤维率 = \frac{试样所含纤维重量}{试样重量} \times 100\%$$

$$风耗率 = \frac{喂入原棉重量 - 落棉重量 - 输出棉流重量}{喂入原棉重量} \times 100\%$$

2. 参考指标

根据原棉含杂率制定棉卷含杂率的指标,一般为0.9% ~ 1.6%,见表5 - 23。

表5 - 23　棉卷含杂率参考指标

原棉含杂率(%)	1.5以下	1.5~2.0	2.0~2.5	2.5~3.0	3.0~3.5	3.5~4.0	4以上
棉卷含杂率(%)	0.9以下	1~1.1	1.2~1.3	1.3~1.4	1.4~1.5	1.5~1.6	1.6以上

（三）棉卷结构

棉卷结构是对棉卷中束丝、不孕籽、破籽、棉结等疵点进行定量评价，作为工艺改进的参考。其试验一般是在原棉、开清棉工艺变化前后进行对比试验。

每次取样时，任取棉卷 1 只，将棉卷约 1m 铺于试验台上，分别在 6~8 处用天平取样 10g。

1. 试验方法

采用手拣与灯光检验方法相结合。

第一次手拣 10g 棉样中的棉束（紧棉束、紧棉团、钩形棉束、畸形棉束）、不孕籽、僵棉、破籽、带纤维破籽，并计算疵点粒数的百分率及称取疵点总重量。

第二次将手拣后的净棉称 1g 作为试样，用棉网检验器按生条棉结、杂质规定的方法检验，并按紧棉结、带纤维破籽及籽屑、杂质三项计数。

（1）将第一次手拣疵点的粒数乘以 10，折合成 100g 棉样的疵点粒数及各类疵点的重量。

（2）将第二次灯光检验的疵点数乘以 100，折合成 100g 棉样的疵点粒数。

2. 参考指标

棉卷结构（或质量）一般包括棉卷中杂质和疵点的内容和数量、短纤维率、棉卷纵向和横向不匀率、整片结构、开松度等内容，各项参考指标见表 5-24。

表 5-24　棉卷结构的各项参考指标

棉卷结构质量指标		一般控制范围
棉卷手拣疵点	带纤维籽屑数	中特纱 18 粒/g 以下；细特纱 15 粒/g 以下
	软籽及僵瓣数	中特纱 0.4% 以下；细特纱 0.3% 以下
	棉束数	紧棉束、紧棉团、钩形棉束、畸形棉束总和 170 只/100g 以下，其中钩形棉束 120 只/100g 以下
化纤硬丝、并丝等手扯疵点数		1mg/100g 以下
棉卷	短纤维率	比喂入混合棉的短纤维率不多于 1% 的增加量
	棉结数	比喂入混合棉的棉结数不多于 50% 的增加量
棉卷纵向（重量）不匀率		见棉卷重量不匀率与伸长率参考指标
棉卷横向（重量）不匀率		1m 长棉卷片段横向卷成小卷装在梳棉机上喂入，将其生条按 5m 长计算不匀时，重量不匀率在 5% 以内
整片结构		各处均匀，无破洞，无薄层
开松度		气流仪测定 85%~90%。一般以目光观察时，要求纤维松散平正，要绝对避免紧棉束和钩形棉束。一般用梳针打手可取得理想效果

(四)总除杂率、总落棉率

通过了解开清棉联合机落棉的数量和落棉中落杂的多少,计算其除杂效率,由此分析开清棉联合机工艺处理和机械状态是否适当,以提高质量,节约用棉。

试验周期为每月各机台、各品种棉卷至少轮试 1 次;配棉成分变动或工艺调整较大时,应随时进行试验。取样是在开车后做到一定数量的棉卷(一般不少于 10 只)时,即停止喂棉,但继续开车,棉卷逐只称重,做好记录;停车,出清各机落棉,并逐一称重,然后取样做落棉分析。各种唛头的原棉、棉卷也分别取样。将落棉、原棉、棉卷试样经 Y101 型原棉杂质分析机处理分析。

1. 开清棉联合机落棉试验计算公式

$$喂入重量 = 试验棉卷总重量 + 落棉总重量 + 回花总重量$$

$$制成重量 = 试验棉卷总重量 + 回花总重量$$

$$原棉平均含杂率 = \sum(各唛头原棉含杂率 \times 混用比例)$$

$$总落棉率(统破籽率) = \frac{总落棉重量}{喂入重量} \times 100\%$$

$$某机(部分)落棉率 = \frac{某机(部分)落棉总重量}{喂入重量} \times 100\%$$

$$落棉含杂率 = \frac{落棉试样所含杂质重量}{落棉试样重量} \times 100\%$$

$$落棉含纤维率 = \frac{落棉试样所含纤维重量}{落棉试样重量} \times 100\%$$

$$某机(部分)落杂率 = 某机(部分)落棉率 \times 落棉含杂率$$

$$总除杂效率 = \frac{\sum 各机落杂率}{原棉平均含杂率} \times 100\%$$

$$某机(部分)除杂效率 = \frac{某机(部分)落杂率}{原棉平均含杂率} \times 100\%$$

如有特殊需要,尚可计算下列指标,并手拣分析落棉中含杂内容。

$$制成率 = \frac{制成棉卷标准含水率重量}{喂入原棉标准含水率重量} \times 100\% = \frac{制成棉卷干重}{喂入原棉干重} \times 100\%$$

$$原棉(棉卷)标准含水率重量 = \frac{原棉(棉卷)的实际重量 \times (1 - 实际含水率)}{1 - 标准含水率}$$

$$原棉(棉卷)干重 = 原棉(棉卷)的实际重量 \times \frac{1}{1 + 实际回潮率}$$

$$= 原棉(棉卷)的实际重量 \times (1 - 实际含水率)$$

$$总风耗率 = 1 - (制成率 + 总落棉率)$$

$$落棉中可用纤维率 = \frac{落棉中可用纤维重量}{落棉重量} \times 100\%$$

2. 参考指标

根据原棉含杂率确定除杂效率和统破籽率。清棉除杂和落棉参考指标见表5–25。

表5–25　清棉除杂和落棉参考指标

原棉含杂率(%)	除杂效率(%)	落棉含杂率(%)	统破籽率(%)
1.5 以下	30 ~ 40	50	60 ~ 75
1.5 ~ 2.0	35 ~ 45	55	65 ~ 80
2.0 ~ 2.5	40 ~ 50	58	70 ~ 85
2.5 ~ 3.0	45 ~ 55	60	75 ~ 90
3.0 ~ 3.5	50 ~ 60	63	80 ~ 95
3.5 ~ 4.0	55 ~ 65	65	85 ~ 95
4.0 以上	60 以上	68	85 ~ 95

(五)提高棉卷质量的控制措施

为使棉卷的质量达到规定的要求,需要根据棉卷质量的测试情况,采取如下相应措施。

1. 提高正卷率和棉卷均匀度

(1)喂入原棉密度力求一致:紧包棉应预先松解;处理过的回花、再用棉必须打包后使用;棉包排列须将不同松紧密度的棉包均匀搭配。

(2)调整好整套机组的定量供应:抓棉机、自动混棉机的运转率控制在90%以上(化纤在80%以上);双棉箱给棉机的棉箱储棉量,经常保持在棉箱容量的2/3,在棉箱中充分发挥光电管和播栅作用,双棉箱的前棉箱采用振动棉箱,使棉纤维在箱内自由下落,棉层横向密度较均匀。

(3)采用自调匀整装置:控制准确、反应灵敏、调节范围大,充分发挥自调匀整给棉作用。

(4)配置适当风扇速度:FA141型成卷机风扇转速应比打手快250 ~ 350r/min,纺化纤应比纺棉快10% ~ 15%,尘笼与风扇通道的负静压应保持250 ~ 300Pa,打手至尘笼通道保持负静压20 ~ 50Pa。

(5)加强温湿度管理:纯棉卷回潮率控制在7% ~ 8.5%,车间相对湿度夏季55% ~ 65%,冬季50% ~ 60%。

2. 减少棉卷疵点

(1)消灭棉卷破洞:要求棉卷开松度正常,回花混和均匀,尘笼吸风量充足且左右风力均匀,尘笼表面光洁,无飞花堵塞。棉卷定量不宜过轻,打手至天平罗拉隔距不宜过大。

(2)改善棉卷纵向不匀:原棉需要混和均匀、开松度好、回花不能回用过多。棉箱机械要出棉均匀、储量稳定、天平曲杆调节灵敏,输棉风力要求均匀充足。

(3)降低棉卷横向不匀:要求尘笼风力横向均匀、风力充足;打手前面补风要左右均匀和出风通畅。

(4)防止粘卷:注意原棉的回潮率不能过高,回花、再用棉的回用量不宜过多;对棉层打击次数不宜过多,防止纤维损伤、疲劳、相互粘连;应安装防粘装置并采取防止粘连的措施。

(5)减少棉卷中的束丝:回潮率过高的原棉混用前要进行去湿处理,棉箱机械要减少返花,棉层打击数不能过多,堵塞车内掏出的束丝不能回用;输棉管道要光洁,吸棉风量要充足,棉流运行要畅通。

3. 提高除杂效率

(1)防止原棉的疵点碎裂数量增加:纱布的外观疵点来源于原棉中的带纤维籽屑、软籽表皮、僵瓣等细小杂质。它们经开清棉处理打击后未能清除,反有碎裂的情况出现,所以棉卷中的疵点多数比原棉中的含量多,因此在加工过程中要求尽量减少疵点碎裂,争取棉卷中疵点的含量不超过原棉疵点数的30%。

(2)配置合理的工艺:每批混棉中各种原棉的含杂率和要求基本接近,个别含杂率过高的原棉要经过预处理方可混用,必要时在清梳工序单独处理,然后棉条混棉。根据原棉含杂颗粒大小调整尘棒隔距,使杂质尽量早落,减少碎裂。大隔距排除粗大杂质时,应采用较大补风,便于部分有效纤维回收。采用小隔距排除细小杂质时补风量应减小,必要时可不补风,以防细小疵点回收。

提高棉箱机械的运转率,促使棉块多松、薄喂,多用自由打击、开松缓和、杂质碎裂减少,有助于提高除杂效率。

(3)减少棉结:棉结大多是由薄壁纤维凝聚成团而成,对纤维的摩擦愈多,棉结的数量增加越多。因此减少棉结应从减少对纤维的摩擦着手。

要求开清棉主要部件和输棉通道光洁畅通,包括角钉帘、刀片、尘棒、罗拉、尘笼等部件光滑清洁,保证棉流运行畅通。

提高棉箱机械剥棉罗拉的剥棉效率,剥棉的比值保持2以上,保证棉快速顺畅地输出,减少翻滚减少返花。

第二节　梳棉工艺设计

梳棉是对棉卷(或棉流)进行梳理、除杂、混合、均匀和成条。梳棉工序可以使纤维基本达到单纤维状态,是以后工序牵伸的基础。梳棉是纺纱过程中的核心工序。

一、梳棉工艺表

梳棉工艺设计分为生条定量及牵伸倍数设计、速度设计、隔距设计三部分。通常依次进行生条定量及牵伸设计、速度与隔距设计。本部分将以精梳棉/钛远红外纤维/竹浆纤维/甲壳素纤维(40/20/20/20)11.8tex混纺针织纱的梳棉工艺设计为例,主要设计内容见表5－26。

表5－26　梳棉工艺表

纤维	机型	生条定量（g/5m）		回潮率（%）	线密度（tex）	总牵伸倍数		棉网张力牵伸	转速(r/min)			
		干定量	湿定量			机械	实际		刺辊	锡林	盖板（mm/min）	道夫
棉	FA201											
钛/竹/甲	FA201											

刺辊与周围机件隔距(mm)

纤维	给棉板	第一除尘刀	第二除尘刀	第一分梳板	第二分梳板	锡林
棉						
钛/竹/甲						

锡林与周围机件隔距(mm)

纤维	活动盖板	后固定盖板	前固定盖板	大漏底	后罩板	前上罩板	前下罩板	道夫
棉								
钛/竹/甲								

齿轮的齿数

纤维	Z_1	Z_2	Z_3	Z_4	Z_5
棉					
钛/竹/甲					

二、梳棉机机构

（一）梳棉工序的任务

1. 分梳

在不损伤或少损伤纤维的前提下，对纤维进行细致梳理，使其分离成单纤维状态，并使纤维部分伸直或初步取向。

2. 除杂

继续清除残留在棉束中的杂质和疵点，如带纤维的籽屑、破籽、软籽表皮、短绒、棉结、束丝与尘屑等。

3. 均匀混和

使不同性状的纤维得到充分混和，并通过梳理机件的"吸"、"放"纤维性能对在制品产生均匀作用。

4. 成条

制成一定线密度的均匀棉条，并有规则地圈放在条筒中，供下道工序使用。

（二）FA201 型梳棉机

FA201 型梳棉机如图 5 - 17 所示，其结构如图 5 - 18 所示。棉卷置于棉卷罗拉上，并借其与棉卷罗拉间的摩擦而逐层退解（采用清梳联时，由机后喂棉箱输出均匀棉层），沿给棉板进入给棉罗拉和给棉板之间，在紧握状态下向前喂给刺辊，使棉层接受开松与分梳。由刺辊分梳后的纤维随同刺辊向下经过两块刺辊分梳板的梳理、两只除尘刀的清除（两只除尘刀分别装在两块分梳板的前部）后，纤维经

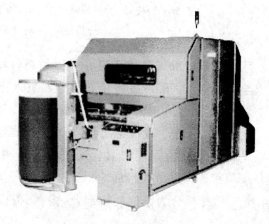

图 5 - 17 FA201 型梳棉机

过三角小漏底，由锡林剥取。杂质和短绒等在给棉板与第一除尘刀之间、第一分梳板与第二除尘刀之间以及第二分梳板与三角小漏底之间落下，成为后车肚落棉。这个部分以刺辊的握持分梳为特点，是梳棉机的第一分梳部分，简称给棉和刺辊部分。由锡林剥取的纤维随同锡林向上经过后固定盖板的梳理后，进入锡林盖板工作区，由锡林和盖板的针齿对纤维进行细致的分梳。充塞到盖板针齿内的短绒、棉结、杂质和少量可纺纤维，在离开工作区后由盖板花吸点吸走。随锡林离开工作区的纤维通过锡林与前固定盖板的梳理后，进入锡林道夫工作区，

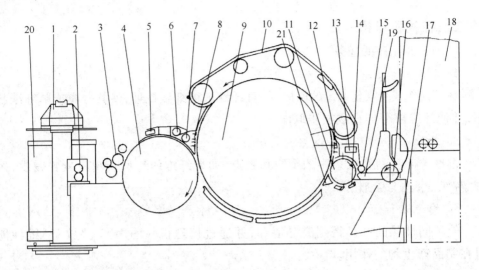

图 5－18　FA201 型梳棉机的结构

1—圈条器　2—大压辊　3—剥棉罗拉　4—道夫　5—清洁辊吸点　6—盖板花吸点　7—三角区吸点
8—前固定盖板　9—锡林　10—盖板　11—刺辊　12—后固定盖板　13—刺辊放气罩吸点
14—刺辊分梳板　15—给棉罗拉　16—棉卷罗拉　17—车肚花吸点　18—喂棉箱
19—给棉板　20—条筒　21—三角小漏底

其中一部分纤维凝聚于道夫表面被剥取转移出去,另一部分纤维随锡林返回,又与从刺辊针面剥取的纤维并合重新进入锡林盖板工作区进行分梳。这个部分是以锡林、盖板和道夫的细致分梳为特点,是梳棉机的第二分梳部分,简称锡林、盖板和道夫部分。道夫表面所凝聚的纤维层,被剥棉罗拉剥取后形成棉网,经喇叭口制成棉条由大压辊输出,通过圈条器将棉条有规则地圈放在条筒内。剥棉成条和圈条构成梳棉机的输出部分。

梳棉机分为给棉刺辊部分,锡林、盖板和道夫部分,剥棉、成条和圈条部分。

三、梳棉机加工棉纤维工艺

(一)梳棉机工艺要求

1. 高速高产

现代梳棉机通过提高锡林转速和在刺辊、锡林上附加分梳元件,来保持高产时纤维良好的分梳度,提高成纱质量,从而进一步提高梳棉机产量。

2. 增加定量

高产梳棉机为适应单位时间内输出纤维量的增加,宜适当提高道夫转速和适当增加生条定量。但过重的生条定量不利于梳理、除杂和纤维转移。

3. 较紧隔距

在针面状态良好的前提下,锡林与盖板间采用较小的隔距,可提高分梳效能。尽可能减小锡林与道夫隔距,有利于纤维的转移和梳理。在锡林和刺辊间采用较大的速比和较小的隔距,可减少纤维返花和棉结的产生。

4. 协调关系

协调好开松度、除杂效率、棉结增长率和短绒增长率之间的关系,是梳棉机必须着重考虑的问题。纤维开松度差,除杂效率低,短绒和棉结的增长率也低。提高开松度和除杂效率,往往短绒和棉结也呈增长趋势。要充分发挥刺辊部分的作用,需要注意给棉板工作面长度和除尘刀工艺配置。在保证一定开松度的前提下,尽可能减少纤维的损伤和断裂。

5. 除杂分工

梳棉机上宜后车肚多落,抄斩花少落。应根据原棉含杂内容和纤维长度合理制定梳棉机后车肚工艺,充分发挥刺辊部分的预梳和除杂效能。

6. 选好针布

选好针布、用好针布和管好针布,是改善梳理、减少结杂、提高质量的有力保证。要根据纤维的种类和特性、梳棉机的产量、纱的线密度等参数选用不同的新型高效能针布(如:高产梳棉机针布、细特纱针布、低级棉针布、普通棉型针布等不同系列),并注意锡林针布与盖板、道夫针布和刺辊锯条的配套。由于价格原因,并不会因为纺制新纱而更换针布;在实际生产中,一般应根据针布的情况,来设计可以纺制的纱线。

(二)梳棉生条定量

梳棉机牵伸倍数常随所纺纱的线密度不同而不同。纺细特纱时,梳棉常选用较大的牵伸,同时棉卷的定量较轻,因此,生条定量较轻;反之,生条定量应较重。在纺线密度相同或相近的纱时,当产品质量要求较高时,可采用较轻的生条定量。

一般生条定量轻,有利于提高转移率,有利于改善锡林和盖板间的分梳作用。

事实上高产梳棉机已采取了刺辊加装分梳板,锡林加装前、后固定盖板,盖板反转,新型针布等措施,加强了对棉层的分梳,弥补了因定量重而造成刺辊分梳不良和分梳力不够的缺陷。

当梳棉机在采取了高速高产和使用金属针布以及其他高产措施后,过轻的定量有以下缺点:

（1）喂入定量过轻,则在相同条件下,棉层结构不易均匀(如产生破洞等),且由于针面负荷低,纤维吞吐量少,不易弥补,因而造成生条条干较差。

（2）生条定量轻,直接提高了道夫转移率,降低了分梳次数,在高产梳棉机转移率较高、分梳次数已显著不足的情况下,必将影响分梳质量。

（3）生条定量轻,为保持梳棉机一定的台时产量,就会提高道夫转速,这不利于剥棉并造成棉网飘动而增加断头,且对生条条干不利。所以生条定量不宜过轻,一般在 20～25g/5m;但也不宜过重,以免影响梳理质量。

梳棉生条定量见表 5–27、表 5–28。

表 5–27　梳棉机的生条定量

机　型	FA201B	FA221、224、225、231	FA232A	DK903
产量[kg/(台·h)]	最高 40	25～70	40～80	最高 140
推荐生条定量(g/5m)	17.5～32.5	20～32.5	20～32.5	20～50

表 5–28　不同线密度纱线的生条定量(锡林转速 360r/min 左右)

线密度(tex)	32 以上	20～30	12～19	11 以下
生条定量(g/5m)	22～28	20～26	18～24	16～22

在锡林转速为 450～600r/min 的高产梳棉机(如 DK903 型、FA232A 型等)上,上述定量一般可增加 10%。

(三)梳棉速度

1. 锡林速度

提高锡林转速,增加了单位时间内作用于纤维上的针齿数,从而提高了分梳能力,为梳棉机高产提供了条件,也为提高刺辊转速和保证良好的转移状态提供了条件。同时,锡林转速提高,纤维和杂质所受的离心力相应增大,有助于清除杂质。另外,锡林转速提高,能增强纤维向道夫转移的能力,针面负荷显著减少,针齿对纤维握持作用良好,有利于提高分梳质量,而且纤维不易在针布间搓转,减少了棉结的形成,因而在一定范围内,提高锡林转速是实现梳棉机优质高产的一项有效措施。但转速的提高受机械状态的限制,若机械状态不适应,会出现严重的机件磨损和产生碰针以及盖板倒针等现象,速度过高也易损伤纤维。

锡林转速应根据加工原料的性能不同而有所区别。如纤维长或与针齿摩擦因数大,则纤维易被两针齿抓取,若锡林速度较快,则会增加梳理过程中的纤维损伤,特别是纤维强力较低时,锡林速度应偏低。

国内不同型号梳棉机的锡林转速见表 5 - 29。

表 5 - 29　不同型号梳棉机的锡林转速

型　号	FA201B	FA231	FA203（A）	FA232	FA221A（B、C）、FA223（C）、FA224（C）	FA225（A）
锡林速度（r/min）	330 ~ 360	330、360、420	412、467、508	400 ~ 600	280、350、400	288 ~ 550

2. 刺辊速度

设计刺辊速度主要考虑以下几方面。

（1）刺辊转速影响刺辊对棉层的握持分梳程度及刺辊下方后车肚的气流和落棉情况。转速提高，单位纤维的作用齿数增加，分梳作用加强，生条中棉束百分率下降，有利于清除杂质。但刺辊转速增加会加大纤维的损伤，使生条中短绒率增大。因此，刺辊转速不宜过高，一般纺棉时约为 900r/min。对细度细、成熟度差的原棉，转速应偏低；对成熟度好的原棉，转速可高些。

（2）梳棉机高产后，锡林转速随之增加，在刺辊部分，由于刺辊的握持分梳易损伤纤维，高产时刺辊转速的增幅一般小于锡林转速的增幅。预梳效能可采用附加分梳板、增加刺辊的齿密等来弥补。

（3）锡林与刺辊的表面速比影响纤维由刺辊向锡林的转移，不良的转移会产生棉结。高产梳棉机上锡林与刺辊表面速比纺棉时宜在 1.7 ~ 2.0。

（4）若采用三刺辊，比如 DK903 型梳棉机，其第一刺辊转速为 900 ~ 992r/min，第二刺辊转速为 1200 ~ 1540r/min，第三刺辊转速为 1700 ~ 2018r/min，这种转速递增式的牵引分离可减少对纤维的损伤。同时，三个刺辊增大了刺辊表面积，配合分梳板使附加分梳作用增强，有利于梳棉机产量的提高。

部分国内外梳棉机锡林与刺辊转速及速比见表 5 - 30，其特点是锡林与刺辊的表面速比多数在 2.0 以上。

3. 盖板速度

盖板速度是指每分钟盖板离开工作区的毫米数。盖板速度设计主要考虑以下几方面：

（1）盖板速度提高，盖板针面上的纤维量减少，每块盖板带出分梳区的斩刀花少，但单位时间离开工作区的盖板根数多，盖板花的总量增加且含杂率降低，而除杂率稍有增加。

（2）在产量一定时，纺低级棉用较高的盖板速度可改善棉网的质量，成纱强

表 5 - 30　国内外梳棉机锡林与刺辊转速及速比

机　型	C4					DK903	FA201	FA224				FA225
刺辊直径(mm)	220					172.5	250	250				127.5
锡林直径(mm)	1290					1290	1290	1290				1290
刺辊转速(r/min) 第一	753	899	949	1130	1348	900~992	920	600	810	925	1060	690~1321
第二						1200~1540						902~2071
第三						1700~2018						1194~2729
锡林转速(r/min)	303	360	381	453	540	450~600	360	280,350,400				288~550
	335	400	422	502	640							
表面速比(锡林/刺辊)	2.4	2.3	2.4	2.4	2.3	1.67~2.0	2.02	2.40	1.78	1.56	1.36	1.07~2.44
	2.6	2.6	2.6	2.6	2.8	2.22~2.6		3.01	2.23	1.95	1.70	2.04~4.66
								3.44	2.55	2.23	1.95	

力亦略有提高;但在使用品质较好的原料时,提高盖板速度对生条质量没有显著影响,盖板花中纤维量却大大增加,不利于节约用棉。因为锡林表面速度极高,盖板速度改变对后者相对分梳速度影响极小。纺优质原棉时,针面负荷本来就轻,只有在针面负荷较重时,提高盖板速度才能有效改善生条质量。

(3)盖板在一定的速度范围内,采用同样的速度,其排除短绒和杂质的数量随后车肚落棉情况而改变。后车肚落棉多,盖板排除短绒和杂质就少。

(4)生产上采用的盖板速度是否恰当,可观察棉网的质量是否符合要求以及斩刀花的外形结构和含杂情况来判定。通常盖板花中只应含有少量的束状纤维,两块盖板之间应很少有较长的搭桥纤维。

(5)采用反转盖板,可以提高分梳效果,这在新的梳棉机上已普遍应用。盖板的线速范围是 80 ~ 320mm/min,如纺棉,锡林转速为 450r/min 时,盖板速度采用 210mm/min,盖板速度常用范围见表 5 - 31。

表 5 - 31　盖板速度常用范围(锡林转速为 360r/min 左右时)

纺纱线密度(tex)	32 以上	20 ~ 30	19 以下
盖板速度(mm/min)	150 ~ 200	90 ~ 170	80 ~ 130

4. 道夫速度

道夫转速直接关系到梳棉机的生产率,梳棉机需要提高产量时,可采取提高道夫转速和增加生条定量两项措施。

当生条定量加重时,意味着纺纱总牵伸要随之增加,不匀率会增大。因此生条定量不能过重是高产梳棉机研制和使用中应遵循的原则。但生条定量过轻,意味着道夫转速过快,定量轻,则棉网抱合力差,不利于棉网形成,不能适应棉条的高速输出。故随着梳棉机产量的提高,生条定量亦需缓慢增加。

当梳棉机产量一定时,无论道夫速度快慢,单位时间内锡林向道夫转移的纤维量是一定的。道夫速度增加时,同样的纤维量凝聚在较大的道夫清洁针面上,使道夫针齿抓取纤维的能力增加,道夫的转移率要高一些,锡林针面负荷要小一些。国内不同型号梳棉机的道夫转速见表5－32。

表5－32 不同型号梳棉机的道夫转速

型 号	FA201B	FA231	FA203(A)	FA232	FA221(A、B、C)、FA223(C)、FA224(C)	FA225(A)
道夫速度(r/min)	6~30	5.7~55.80	8.9~89	9~90	≤70	≤75

(四)梳棉隔距

梳棉机上共有30多个隔距,隔距的大小和梳棉机的分梳、转移、除杂作用有密切关系。

1. 分梳隔距

分梳隔距主要有刺辊—给棉板、刺辊—预分梳板、盖板—锡林、锡林—固定盖板、锡林—道夫等机件间的隔距。

2. 转移隔距

转移隔距主要有刺辊~锡林、锡林~道夫、道夫~剥棉罗拉等机件间的隔距。

3. 除杂隔距

除杂隔距主要有刺辊~除尘刀之间、小漏底、前上罩板上口~锡林之间等的隔距。

分梳和转移隔距小,有利于分梳转移。隔距较小,梳理长度增加,针齿易抓取和握持纤维,使纤维不易游离,不易搓擦成结。梳棉机隔距及设定的主要因素见表5－33。

四、设计梳棉机生产棉纤维生条工艺

(一)梳棉生条定量及牵伸倍数

纺制精梳棉/钛远红外纤维/竹浆纤维/甲壳素纤维(40/20/20/20)11.8tex混纺针织纱,根据表5－28,梳棉生条定量选择范围是16~22g/5m。结合精梳机、并条机、粗纱机、细纱机的牵伸能力,初步设计梳棉生条的定量为20g/5m。

表5-33 梳棉机隔距及设定的主要因素

机件部位		隔距 [mm(1/1000英寸)]	设定主要因素
给棉刺辊部分	给棉罗拉~给棉板	入口:0.30~0.38(12~15) 出口:0.10~0.18(4~7)	1. 给棉罗拉空转时应不接触 2. 一般进口大,出口小,喂入棉层后,基本相同
	给棉板~刺辊	0.2~0.25 (8~10)	1. 刺辊对棉层的梳理作用,随着隔距的减小而加强,上下棉层分流差异减小,但易引起纤维损伤 2. 一般棉层厚、纤维长、强力差的应放大隔距,清梳联时的隔距宜比棉卷时大 3. 纺棉杂质较多时隔距宜大,以防杂质碎裂(国外有用1mm的)
	刺辊~除尘刀	0.25~0.30(10~12)	可除去纤维中大杂质、僵棉、不孕籽,隔距宜偏小,纺重定量时以偏大为好,防止除尘刀击落原棉
	刺辊~分梳板	0.4~0.5(16~20)	分梳板对提高刺辊梳理度,减小筵棉上下层、纵横向分梳差异有一定效果
	刺辊~锡林	0.12~0.20(5~8)	在两者偏心小、针面平整、运转平稳条件下,隔距宜小,有利于纤维向锡林针面转移
锡林、盖板、道夫部分	锡林~盖板	进口:0.19~0.27(7~11) 0.15~0.22(6~9) 0.15~0.22(6~9) 0.15~0.22(6~9) 出口:0.20~0.25(8~10)	1. 有4~5个隔距点,近刺辊侧为锡林从刺辊上转移来的纤维,首先进入盖板工作区(4~6块)分梳,纤维量较多,隔距宜偏大,出口时隔距宜大一点,中间几档可略紧一些,以利分梳 2. 锡林、盖板是主要分梳区,强调针布锋锐度和平整度,特别是盖板要降低磨针根与根之间差异
	锡林~后固定盖板	下:0.45~0.55(18~22) 中:0.40~0.45(16~18) 上:0.30~0.45(12~14)	1. 锡林与后固定盖板起预分梳作用,锡林从刺辊上转移来的纤维束首先抛向固定盖板,作用比较剧烈,隔距宜由大到小 2. 固定盖板中间宜加装除尘刀和采用吸风,以利去除细杂、尘屑和短绒
锡林、盖板、道夫部分	锡锡林~前固定盖板	0.20~0.25(8~10)	锡林与前固定盖板起精细分梳和整理分梳作用,锡林上纤维大多处于单纤维状态,利于纤维伸直和去除棉结、细小杂质、短绒,隔距以较小为宜
	锡林~大漏底	入口:6.4(1/4英寸) 中间:1.58(1/16英寸) 出口:0.78(1/32英寸)	1. 入口不宜太小,在保证不积花情况下尽可能偏大 2. 出口不宜太大,否则影响小漏底气压而增加后落棉 3. 两片接口要平整,隔距自入口起由大到小,保持大漏底的曲率半径
	锡林~后罩板	上口:0.48~0.56(19~22) 下口:0.50~0.78(20~31)	一般上口较下口略小,下口隔距应与大漏底出口相匹配,使气流畅通

续表

机件部位		隔距 [mm(1/1000英寸)]	设定主要因素
锡林、盖板、道夫部分	锡林~前上罩板	上口:0.43~0.81(17~33) 下口:0.79~1.08(31~43)	1.上口与盖板出口相适应,在盖板顺转时隔距大小与盖板花量有较大关系,隔距小,盖板花量少,反之则多,可进行调节 2.如果盖板花量太多,则应使前上罩板上口至导盘轴心线距离适当减小(即罩板上抬) 3.盖板反转时,则上、下隔距可一致
	锡林~前下罩板	上口:0.79~1.09(31~43) 下口:0.43~0.66(17~26)	1.一般上口大,下口小,下口放大一些有利于锡林上纤维向道夫转移,但太大会造成棉网云斑和条干不匀 2.有时因道夫返花造成因纤维压迫罩板使罩板与锡林摩擦,可将下口隔距适当放大,甚至可以割短下罩板
	锡林~道夫	0.1~0.15(4~6)	一般要求隔距较小为好,隔距偏大或两侧不一致,会影响纤维顺利转移,严重时导致云斑、棉结增多、抄斩棉增多
剥棉、成条、圈条部分	盖板~斩刀	0.48~1.08(19~43)	1.以能剥下盖板花为宜,隔距不宜偏紧,以免斩刀片碰伤盖板针布 2.盖板反转时,刷辊和盖板为"零"隔距,保持刷辊与盖板不接触,以能刷下盖板花为度
	道夫~剥棉罗拉	0.2~0.5(8~20)	以剥下棉网为度,太松太紧均有可能剥不下来
	剥棉罗拉~上轧辊	0.5~1.0(20~40)	三罗拉剥棉时,以剥下剥棉罗拉棉网为度
	上轧辊~下轧辊	0.05~0.25(2~10)	不加压时,上下轧辊最好表面不接触

棉卷含杂率为1%,因为较低的棉卷含杂,所以控制梳棉的总落棉率为3%,除杂效率达到90%。实际回潮率为6%(控制范围为5.5%~6%)。在表5-22中,棉卷的干定量为362g/m。

第一步:估算实际牵伸。

$$E_{实际估} = \frac{棉卷或棉絮定量 \times 5}{G_{生条估}} = \frac{362 \times 5}{20} = 90.5$$

第二步:估算机械牵伸。

$$E_{机械估} = \frac{E_{实际估}}{1 + 落棉率} = \frac{90.5}{1 + 3\%} = 87.86$$

梳棉机的总牵伸倍数是指小压辊与棉卷罗拉之间的牵伸倍数。由 FA201 型梳棉机的传动图 5 - 19,求得其总牵伸倍数 E。

$$E_{机械} = \frac{48}{21} \times \frac{120}{Z_1} \times \frac{34}{42} \times \frac{190}{Z_2} \times \frac{38}{30} \times \frac{30}{21} \times \frac{60}{152} = \frac{30134.1}{Z_2 \times Z_1}$$

其中,Z_1 为 13 ~ 21 齿,Z_2 为 19 ~ 21 齿。

Z_1、Z_2 与总牵伸倍数 E 的关系见表 5 - 34。

表 5 - 34 Z_1、Z_2 与总牵伸倍数 E 的关系

Z_2(齿) $\diagdown$ Z_1(齿)	13	14	15	16	17	18	19	20	21
19	122	113.3	105.7	99.1	93.3	88.1	83.5	79.3	75.5
20	115.9	107.6	100.4	94.2	88.6	83.7	79.3	75.3	71.7
21	110.4	102.5	95.7	89.7	84.4	79.7	75.5	71.7	68.3

从表 5 - 34 中,可以查到对应于 87.86 最接近的牵伸倍数是 88.1,相应的 Z_1 是 18 齿;Z_2 是 19 齿。即:

$$E_{机械} = \frac{30134.1}{Z_2 \times Z_1} = \frac{30134.1}{19 \times 18} = 88.11$$

第三步:计算修正后的梳棉实际牵伸倍数、生条定量及生条线密度。

$$E_{实际} = E_{机械} \times (1 + 落棉率) = 88.11 \times (1 + 3\%) = 90.75$$

$$G_{生条} = \frac{棉卷或棉絮定量 \times 5}{E_{实际}} = \frac{362 \times 5}{90.75} = 19.94(g/5m)$$

$$G_{生条湿} = G_{生条} \times (1 + 6\%) = 19.94 \times (1 + 6\%) = 21.14(g/5m)$$

$$\text{Tt}_{梳棉} = G_{生条} \times (1 + 8.5\%) \times 200 = 19.94 \times (1 + 8.5\%) \times 200 = 4326.98(\text{tex})$$

第四步:计算其他牵伸。

(1)棉网张力牵伸。根据图 5 - 19,棉网张力牵伸即是大压辊与下轧辊之间的牵伸,因此,得出棉网张力牵伸是:

$$e_{棉网张力} = \frac{45}{55} \times \frac{32}{Z_2} \times \frac{38}{28} \times \frac{76}{110} = \frac{24.55}{Z_2} = \frac{24.55}{19} = 1.29$$

(2)小压辊与道夫间的牵伸。根据图 5 - 19,小压辊与道夫间的牵伸为:

$$e_{小压辊 \sim 道夫} = \frac{190 \times 38 \times 30 \times 60}{Z_2 \times 30 \times 21 \times 706} = \frac{190 \times 38 \times 30 \times 60}{19 \times 30 \times 21 \times 706} = 1.54$$

(二)设计速度

根据图5-19,三角皮带和平皮带的传动效率均取98%。

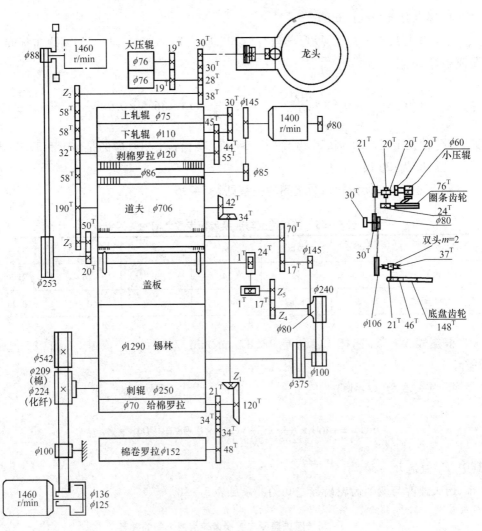

图5-19　FA201型梳棉机的传动图

1. 锡林速度(r/min)

$$n_{锡林} = 1460 \times \frac{136}{542} \times 0.98 = 359.02 (\,r/min\,)$$

2. 刺辊速度(r/min)

$$n_{刺辊} = 1460 \times \frac{136}{209} \times 0.98 = 931.05(\text{r/min})$$

3. 盖板速度(mm/min)

盖板由星形导盘传动,星形导盘有14齿,周节为36.5mm,与相邻两块盖板间的距离相等。

$$v_{盖板} = 1460 \times \frac{136}{542} \times 0.98 \times \frac{100}{240} \times \frac{Z_4}{Z_5} \times \frac{1}{17} \times \frac{1}{24} \times 14 \times 36.5 \times 0.98 = 183.609 \times \frac{Z_4}{Z_5}$$

其中,Z_4 值是 18 齿、21 齿、26 齿、30 齿、34 齿、39 齿;Z_5 相对应的是 42 齿、39 齿、34 齿、30 齿、26 齿、21 齿。

盖板速度与变换齿轮齿数之间的关系见表 5 – 35。

表 5 – 35　盖板速度与变换齿轮齿数之间的关系

Z_4(齿)	18	21	26	30	34	39
Z_5(齿)	42	39	34	30	26	21
$v_{盖板}$(mm/min)	78.69	98.87	140.41	183.61	240.10	340.99

根据表 5 – 35,选择 $v_{盖板}$ 值是 98.87mm/min,对应的 Z_4 值是 21 齿,Z_5 值是 39 齿。

4. 道夫速度(r/min)

$$n_{道夫} = 1460 \times \frac{88}{253} \times \frac{20}{50} \times \frac{Z_3}{190} \times 0.98 = 1.048 \times Z_3$$

其中,Z_3 值是 18 ~ 34 齿。

道夫速度与变换齿轮齿数之间的关系见表 5 – 36。

表 5 – 36　道夫速度与变换齿轮齿数之间的关系

Z_3(齿)	18	19	20	21	22	23	24	25	26	27	28	29	30	31	32	33	34
$n_{道夫}$(r/min)	18.9	19.9	21	22	23	24.1	25.1	26.2	27.2	28.3	29.3	30.4	31.4	32.5	33.5	34.6	35.6

考虑到梳棉机的产量及分梳的质量等情况,最终选择 $n_{道夫}$ 是 29.3r/min,对应的 Z_3 值是 28 齿。

5. 小压辊成条速度(m/min)

$$v_{出条} = 60 \times 3.14 \times 1460 \times \frac{88}{253} \times \frac{20}{50} \times \frac{Z_3}{Z_2} \times \frac{38}{30} \times \frac{30}{21} \times \frac{1}{1000} \times 0.98$$

$$= 67.9 \times \frac{Z_3}{Z_2} = 67.9 \times \frac{28}{19} = 100.06(\text{m/min})$$

(三)设计梳棉隔距

FA201 型梳棉机隔距的设计及依据见表 5 - 37。

表 5 - 37　FA201 型梳棉机隔距的设计及依据

机 件 部 位		隔距的设计(mm)		隔距设计的依据
给棉、刺辊部分	给棉罗拉 ~ 给棉板	入口	0.32	1. 给棉罗拉空转时不接触 2. 进口大,出口小,喂入棉层后,基本相同
		出口	0.12	
	刺辊 ~ 给棉板		0.23	刺辊对棉层的梳理作用较好,棉层较厚,纤维较长
	刺辊 ~ 除尘刀	第一除尘刀	0.3	能除去纤维中大杂质、僵棉、不孕籽
		第二除尘刀	0.3	
	刺辊 ~ 分梳板	第一分梳板	0.5	刺辊与分梳板的隔距一般不改变
		第二分梳板	0.5	
	刺辊 ~ 锡林		0.15	有利于纤维向锡林针面转移
锡林、盖板、道夫部分	锡林 ~ 盖板	进口	0.19	有 5 个隔距点,近刺辊侧为锡林从刺辊上转移来的纤维,首先进入盖板工作区(4 ~ 6 块)分梳,纤维量较多,隔距宜偏大,出口时隔距宜大一点,中间几档可略紧一些,以利分梳
		第二点	0.16	
		第三点	0.16	
		第四点	0.16	
		出口	0.20	
	锡林 ~ 后固定盖板	下	0.45	锡林从刺辊上转移来的纤维束首先抛向固定盖板,作用比较剧烈,隔距宜由大到小
		中	0.40	
		上	0.30	
	锡林 ~ 前固定盖板	上	0.20	利于纤维伸直和去除棉结、细小杂质、短绒
		第二	0.20	
		第三	0.20	
		下	0.20	

机件部位		隔距的设计（mm）		隔距设计的依据
锡林、盖板、道夫部分	锡林~大漏底	入口	6.4	1. 入口保证不积花 2. 出口不影响小漏底气压 3. 隔距自入口起由大到小，保持大漏底的曲率半径
		中间	1.58	
		出口	0.78	
	锡林~后罩板	上口	0.48	上口较下口略小，下口隔距与大漏底出口相匹配，使气流畅通
		下口	0.56	
	锡林~前上罩板	上口	0.79	上口与盖板出口相适应，隔距与盖板花量相适应
		下口	1.08	
	锡林~前下罩板	上口	0.79	下口略大，有利于锡林上纤维向道夫转移
		下口	0.55	
	锡林~道夫		0.1	有利于纤维顺利转移
剥棉、成条、圈条部分	盖板~斩刀		0.84	能较好剥下盖板花
	道夫~剥棉罗拉		0.3	能较好剥下棉网
	剥棉罗拉~上轧辊		0.5	能较好剥下剥棉罗拉棉网
	上轧辊~下轧辊		0.13	在不加压时，上下轧辊表面不接触

五、梳棉机加工化学纤维的工艺

（一）化纤特性对梳棉的要求

在梳棉机上加工化纤时，由于其工艺特性与棉纤维并不完全相同，必须采用不同的工艺加工，才能达到高产、优质、低耗的目的。棉型和中长型化纤在梳棉机上加工时的工艺要求如下。

（1）化纤的长度较长，在棉纺设备上加工的是棉型化纤和中长化纤。棉型化纤和中长纤维如采用加工棉时的工艺，就会增加纤维损伤，影响顺利转移，因此必须相应改变有关工艺参数。

（2）化纤基本上不含杂质，仅含极少量粗硬丝和饼块等杂质，必须采用不落棉的工艺配置，达到低耗的要求。

（3）合纤的回潮率比棉小得多，与金属机件间的摩擦因数大，在加工过程中易产生静电，易出现绕花和生条发毛现象，因而在速度和隔距配置上应针对这一特性采取相应措施。

（4）化纤的抱合力不如棉，特别是合纤，因为纤维之间的摩擦因数较小，故易产生棉网下坠和破边现象。

（5）合纤的弹性远较棉好，回弹力好，条子蓬松，通过喇叭口和圈条斜管时，易造成通道堵塞。

（6）由于化纤在梳理过程中所产生的静电不易消失，且含有油脂，故易粘附在分梳元件上，不能顺利转移，从而引起绕锡林、盖板、道夫针齿和刺辊锯齿以及刺辊返花现象，造成棉结增多。故需采用适用于纺化纤的针布。

（二）针布的选用

纺化纤时，分梳元件的选择非常重要。加工粘胶纤维时的金属针布或弹性针布均可采用；加工合成纤维时，必须选用化纤专用型或棉与化纤通用型针布，否则纤维易充塞针齿间，易缠绕针面。选择加工合成纤维用的金属针布时，应以锡林不缠绕纤维、生条结杂少、棉网清晰度好为主要依据。

1. 锡林针布的选用

合成纤维与金属针布针齿间的摩擦因数较大，纤维进入齿间后不易上浮，所以选用的针布除必须具有良好的握持和穿刺能力以及针齿锋利、耐磨、表面光洁外，还应有良好的转移能力。因此，纺化纤用的锡林针布，针齿工作角应适当增大，应齿高较小、齿密较稀、齿形为弧背负角。这种金属针布可以增强对纤维的释放和转移能力，并能有效地防止纤维缠绕锡林或轧伤针布，有利于纤维向道夫的凝聚与转移。

2. 道夫针布的选用

加工化纤时，道夫用金属针布必须与锡林针布配套，一般应适当提高道夫的凝聚能力，以降低锡林针面负荷，减少棉结。所以道夫针布的针齿工作角更小，其与锡林针齿工作角的差值应比纺棉时大，并减小齿密、增大齿高，选用直齿形，以增大针齿容量，提高道夫凝聚纤维的能力。

3. 盖板针布的选用

盖板针布一般应选用齿密较稀、钢针较粗、针高较低的无弯膝双列盖板针布，如702型。702型双列盖板针布梳针的抗弯能力强，能适应高产量、强分梳的要求。针布中间少植八列针，不易充塞纤维，盖板花较少。

4. 刺辊齿条的选用

刺辊齿条宜选用针齿工作角较大、薄型、稀齿的齿条。特别是齿尖厚度为 0.15 ~ 0.20mm 的薄型齿条，对棉层的穿刺和分梳能力较强。

5. 针布配套示例

见表 5 - 38。

表 5 - 38 化纤纱针布配套示例

产 量	名 称	化 纤		
		< 1.0dtex	1.0 ~ 3.0dtex	> 3dtex
<15kg/h		AC2515 × 01660	AC2815 × 01865	AC2515 × 01670
	锡林针布	AC2520 × 01660	AC2520 × 01660	AC2810 × 01865
	道夫针布	AD4530 × 02080	AD4030 × 01890	AD4030 × 01890
	刺辊齿条	AT5605 × 05011	AT5605 × 05011	AT5600 × 05001
	盖板针布	MCC29	MCZ18	MCZ18
		MCZ18	MCZ30	MCZ24
		MCZ24	MCZ24	
15 ~ 25kg/h			AC2520 × 01660	
	锡林针布	AC2520 × 01660	AC4030 × 01880	AC2515 × 01680
	道夫针布	AD4530 × 02080	AD4030 × 02080	AD4030 × 01880
	刺辊齿条	AT5605 × 05011	AT5605 × 05611	AT5600 × 05611
	盖板针布	MCH32	MCZ29	MCZ18
		MCZ18	MCZ18	MCZ24
			MCZ24	
>25kg/h				AC2520 × 01660
	锡林针布		AC4530 × 02080	AC4030 × 01880
	道夫针布		AD6030 × 02190	AD5030 × 02190
	刺辊齿条		AT5605 × 05611 AT5005 × 05632V	AT5600 × 05611 AT5005 × 05632V
	盖板针布		MCH32	MCZ18
			MCZ29	MCZ24
			MCZ24	MCZ29 MCH32

(三)梳棉生条定量

生条定量与成条质量直接相关,生条定量过轻,易使棉网飘浮,造成剥网困难,影响成条质量;生条定量过重,由于合成纤维的弹性好,条子粗而蓬松,容易堵塞喇叭口和圈条斜管。因此,除了加重大压辊的压力外,一般将合成纤维的生条定量控制在 19 ~ 25g/5m 为宜。

(四)梳棉速度

1. 锡林速度

锡林高速可以减轻针面负荷,增强分梳,由于锡林、刺辊间表面线速比纺棉时大,锡林速度的提高,可使刺辊转速不致过低而影响刺辊分梳。

2. 刺辊速度

刺辊速度必须与锡林相适应(表 5 – 39),刺辊速度高,有利于开松除杂,但过高会造成纤维损伤。刺辊速度与锡林速度不相适应时,纤维不能顺利转移,会造成返花、棉结增多。

表 5 – 39　梳棉机上加工化纤时常用的锡林和刺辊速度

加工原料	锡林转速(r/min)	刺辊转速(r/min)	表面线速比(锡林/刺辊)
一般棉型和中长化纤	280 ~ 330	600 ~ 850	2 ~ 2.5

3. 盖板速度

盖板速度影响除杂效率和盖板花量。根据化纤中仅含少量的束状纤维疵点(并丝、粘连丝和硬丝),并且短纤维容易在盖板花中排除的特点,因此可用较低的盖板线速度,一般采用 72 ~ 129.1mm/min 的线速度。

4. 道夫速度

道夫速度低,多次盖板工作区梳理的纤维数量多,有利于改善棉网质量,道夫速度过低则影响产量。对成纱质量要求较高的品种,道夫速度应放慢些,一般控制在 22 ~ 28r/min。

5. 大压辊与轧辊间的线速比

两者之间的线速比取决于两者之间的张力牵伸对生条条干的影响。加工涤纶等合成纤维时,因纤维间的抱合力较小,生条条干随张力牵伸的增大而恶化。为此,在棉网不松坠的前提下,张力牵伸以尽量偏小为宜。

(五)梳棉隔距

根据棉型化纤和中长化纤的长度特点,各梳理机件之间的隔距原则上较纺棉时大,但对各部分隔距,均需根据具体要求而定。

1. 刺辊与给棉板间

此处隔距应视棉层厚度和纤维长度而定,一般棉型化纤比纺棉时的大,纺中长化纤时就更大。

2. 锡林与盖板间

要求在减少充塞的前提下充分梳理,锡林与盖板间隔距应比纺棉时略大。

3. 锡林与道夫间

锡林与道夫间的隔距尽可能偏小为宜。

4. 前上罩板上口与锡林间

加工化纤时,若隔距偏小,会不出盖板花,故该处隔距一般比纺棉时略大,使其能正常出盖板花,最好做到盖板花薄而均匀。

六、设计梳棉机生产钛远红外纤维/竹浆纤维/甲壳素纤维的生条工艺

根据三种纤维的特点,采用"低速、多梳、少落、轻定量"加工原则,提高给棉板高度,减小剥棉罗拉与道夫隔距,增加锡林刺辊线速比,提高纤维的转移能力。

(一)设计梳棉生条定量及牵伸

梳棉生条定量在 19~25g/5m。结合并条机、粗纱机、细纱机的牵伸能力,初步设计化纤条的定量为 19.5g/5m。

三种化纤都不含杂质,仅含有少量的纤维疵点,而且化纤整齐度较好、短绒率极少,因此,梳棉机上要采用减少落棉的措施,以节约用棉,降低成本。所以控制梳棉的总落棉率为1%。梳棉车间的三种纤维混和后的回潮率为 8.9%。

第一步:估算实际牵伸。

$$E_{实际估} = \frac{化纤卷定量 \times 5}{G_{生条估}} = \frac{370 \times 5}{19.5} = 94.87$$

第二步:估算机械牵伸。

$$E_{机械估} = \frac{E_{实际}}{1 + 落棉率} = \frac{94.87}{1 + 0.01} = 93.93$$

梳棉机的总牵伸倍数是指小压辊与棉卷罗拉之间的牵伸倍数。由 FA201 型梳棉机的传动图 5-19,求得其总牵伸倍数 E。

$$E_{机械} = \frac{48}{21} \times \frac{120}{Z_1} \times \frac{34}{42} \times \frac{190}{Z_2} \times \frac{38}{30} \times \frac{30}{21} \times \frac{60}{152} = \frac{30134.1}{Z_2 \times Z_1}$$

其中,Z_1 为 13~21 齿,Z_2 为 19~21 齿。

从表 5-34 中,可以查到对应于 93.93 最接近的牵伸倍数是 94.2,相应的 Z_1 为 16 齿,Z_2 为 20 齿。即 $E_{机械} = 94.2$。

第三步:计算修正后的梳棉实际牵伸倍数、生条定量及生条线密度。

$$E_{实际} = E_{机械} \times (1 + 落棉率) = 94.2 \times (1 + 1\%) = 95.1$$

$$G_{生条} = \frac{化纤卷定量 \times 5}{E_{实际}} = \frac{370 \times 5}{95.1} = 19.45(g/5m)$$

$$G_{生条湿} = G_{生条} \times (1 + 8.9\%) = 19.45 \times (1 + 8.9\%) = 21.18(g/5m)$$

三种纤维混合后的公定回潮率为9.3%,则:

$$Tt_{梳棉} = G_{生条} \times (1 + 9.3\%) \times 200 = 19.45 \times (1 + 9.3\%) \times 200 = 4251.77(tex)$$

第四步:计算其他牵伸。

(1)棉网张力牵伸。根据图5-19,棉网张力牵伸即是大压辊与下轧辊之间的牵伸,因此,得出棉网张力牵伸是:

$$e_{棉网张力} = \frac{45}{55} \times \frac{32}{Z_2} \times \frac{38}{28} \times \frac{76}{110} = \frac{24.55}{Z_2} = \frac{24.55}{20} = 1.23$$

(2)小压辊与道夫间的牵伸。根据图5-19,小压辊与道夫间的牵伸为:

$$e_{小压辊~道夫} = \frac{190 \times 38 \times 30 \times 60}{Z_2 \times 30 \times 21 \times 706} = \frac{190 \times 38 \times 30 \times 60}{20 \times 30 \times 21 \times 706} = 1.46$$

(二)设计梳棉速度

根据图5-19,三角皮带和平皮带的传动效率均取98%。

1. 锡林速度(r/min)

$$n_{锡林} = 1460 \times \frac{125}{542} \times 0.98 = 330$$

2. 刺辊速度(r/min)

$$n_{刺辊} = 1460 \times \frac{125}{224} \times 0.98 = 798$$

3. 盖板速度(mm/min)

盖板由星形导盘传动,星形导盘有14齿,周节为36.5mm,与相邻两块盖板间的距离相等。

$$v_{盖板} = 1460 \times \frac{136}{542} \times 0.98 \times \frac{100}{240} \times \frac{Z_4}{Z_5} \times \frac{1}{17} \times \frac{1}{24} \times 14 \times 36.5 \times 0.98$$

$$= 183.60906 \times \frac{Z_4}{Z_5}$$

其中,Z_4 值是18齿、21齿、26齿、30齿、34齿、39齿;Z_5 相对应的是42齿、39齿、34

齿、30 齿、26 齿、21 齿。

盖板速度与变换齿轮齿数之间的关系见表 5 - 35。

选择 $v_{盖板}$ 值是 78.69mm/min，对应的 Z_4 是 18 齿，Z_5 是 42 齿。

4. 道夫速度（r/min）

$$n_{道夫} = 1460 \times \frac{88}{253} \times \frac{20}{50} \times \frac{Z_3}{190} \times 0.98 = 1.048 \times Z_3$$

其中，Z_3 值是 18 ~ 34 齿。

道夫速度与变换齿轮齿数之间的关系见表 5 - 36。

考虑到梳棉机的产量及分梳的质量等情况，最终选择 $n_{道夫}$ 是 24.1r/min，对应的 Z_3 值是 23 齿。

5. 小压辊成条速度（m/min）

$$v_{出条} = 60 \times 3.14 \times 1460 \times \frac{88}{253} \times \frac{20}{50} \times \frac{Z_3}{Z_2} \times \frac{38}{30} \times \frac{30}{21} \times \frac{1}{1000} \times 0.98$$

$$= 67.9 \times \frac{Z_3}{Z_2} = 67.9 \times \frac{23}{20} = 78.09$$

（三）设计梳棉隔距

FA201 型梳棉机隔距的设计及依据见表 5 - 40。

七、梳棉工艺设计表

最终设计的梳棉工艺见表 5 - 41。

表 5 - 40　FA201 型梳棉机隔距的设计及依据

机件部位			隔距的设计（mm）	隔距设计的依据
给棉、刺辊部分	给棉罗拉 ~ 给棉板	入口	0.32	1. 给棉罗拉空转时不接触
		出口	0.12	2. 进口大，出口小，喂入棉层后，基本相同
	刺辊 ~ 给棉板		0.25	刺辊对化纤层的梳理作用较好，化纤层较厚，纤维较长
	刺辊 ~ 除尘刀	第一除尘刀	0.3	较大的隔距，能减少落纤量
		第二除尘刀	0.3	
	刺辊 ~ 分梳板	第一分梳板	0.5	刺辊与分梳板的隔距一般不改变
		第二分梳板	0.5	
	刺辊 ~ 锡林		0.15	有利于纤维向锡林针面转移

机件部位		隔距的设计（mm）		隔距设计的依据
锡林、盖板、道夫部分	锡林~盖板	进口	0.23	有5个隔距点，近刺辊侧为锡林从刺辊上转移来的纤维，首先进入盖板工作区（4~6块）分梳，纤维量较多，隔距宜偏大，出口时隔距宜大一点，中间几档可略紧一些，以利分梳
		第二点	0.20	
		第三点	0.18	
		第四点	0.18	
		出口	0.20	
	锡林~后固定盖板	下	0.45	锡林从刺辊上转移来的纤维束首先抛向固定盖板，作用比较剧烈，隔距宜由大到小
		中	0.40	
		上	0.30	
	锡林~前固定盖板	上	0.20	有利于纤维伸直
		第二	0.20	
		第三	0.20	
		下	0.20	
	锡林~大漏底	入口	6.4	1. 入口保证不积花 2. 出口不影响小漏底气压 3. 隔距自入口起由大到小，保持大漏底的曲率半径
		中间	1.58	
		出口	0.78	
	锡林~后罩板	上口	0.48	上口较下口略小，下口隔距与大漏底出口相匹配，使气流畅通
		下口	0.56	
	锡林~前上罩板	上口	0.79	上口与盖板出口相适应，隔距与盖板花量相适应
		下口	1.08	
	锡林~前下罩板	上口	0.79	下口放大，有利于锡林上纤维向道夫转移
		下口	0.60	
	锡林~道夫	0.1		有利于纤维顺利转移
剥棉、成条、圈条部分	盖板~斩刀	0.84		能较好剥下盖板花
	道夫~剥棉罗拉	0.3		能较好剥下棉网
	剥棉罗拉~上轧辊	0.5		能较好剥下剥棉罗拉网棉网
	上轧辊~下轧辊	0.13		在不加压时，上下轧辊最好表面不接触

表5-41 梳棉工艺设计表

纤维	机型	生条定量 (g/5m)		回潮率 (%)	线密度 (tex)	总牵伸倍数		棉网张力牵伸	转速(r/min)			
		干定量	湿定量			机械	实际		刺辊	锡林	盖板(mm/min)	道夫
棉	FA201	19.94	21.14	6	4326.98	88.11	90.75	1.29	931.05	359.02	98.87	29.3
钛/竹/甲	FA201	19.45	21.18	8.9	4251.77	94.2	95.1	1.23	798	330	78.69	24.1

刺辊与周围机件隔距(mm)

纤维	给棉板	第一除尘刀	第二除尘刀	第一分梳板	第二分梳板	锡林
棉	0.23	0.3	0.3	0.5	0.5	0.15
钛/竹/甲	0.25	0.3	0.3	0.5	0.5	0.15

锡林与周围机件隔距(mm)

纤维	活动盖板	后固定盖板	前固定盖板	大漏底	后罩板	前上罩板	前下罩板	道夫
棉	0.19/0.16/0.16/0.16/0.20	0.45/0.40/0.30	0.2/0.2/0.2/0.2	6.4/1.58/0.78	0.48/0.56	0.79/1.08	0.79/0.55	0.1
钛/竹/甲	0.23/0.20/0.18/0.18/0.20	0.45/0.40/0.30	0.2/0.2/0.2/0.2	6.4/1.58/0.78	0.48/0.56	0.79/1.08	0.79/0.60	0.1

齿轮的齿数

纤维	Z_1	Z_2	Z_3	Z_4	Z_5
棉	18	19	28	21	39
钛/竹/甲	16	20	23	18	42

八、梳棉生条的质量控制

(一)梳棉生条质量指标

梳棉生条质量指标主要有生条条干不匀率、生条重量不匀率、短绒增长率(生条短绒率)、每克生条棉结杂质粒数和落棉率等项指标。

1. 生条条干不匀率

生条条干不匀率直接影响成纱重量不匀率、条干不匀率和强力。

影响生条条干不匀率的主要因素有分梳质量、纤维由锡林向道夫转移的均匀程度、机械状态以及棉网云斑、破洞、破边等因素。生条条干不匀率控制范围见表5-42。

表5-42　生条条干不匀率控制范围

等　级	萨氏生条条干不匀率(%)	CV值(%)
优	< 18	2.6 ~ 3.7
中	18 ~ 20	3.8 ~ 5.0
差	> 20	5.1 ~ 6.0

2. 生条重量不匀率

生条重量不匀率与细纱重量不匀率和重量偏差有一定关系。

影响生条重量不匀率主要有喂入梳棉机棉层(棉卷或絮棉)重量不匀率、梳棉机各机台间落棉率差异、机械状态等因素。对生条重量不匀率控制应该从内不匀和外不匀两方面加以控制。生条重量不匀率控制范围见表5-43。

表5-43　生条重量不匀率控制范围

类　别	重量不匀率(%)	
	有自调匀整	无自调匀整
优	≤1.8	≤4
中	1.8 ~ 2.5	4 ~ 5
差	> 2.5	> 5

3. 生条中棉结杂质粒数

生条中的棉结杂质直接影响普梳纱线的结杂和布面疵点,并对并条、粗纱、细纱各工序牵伸时纤维的正常运动以及细纱加捻卷绕时钢丝圈的正常运动有不利影响,造成条干恶化,纱疵和断头增加,因此必须控制并减少生条中的棉结杂质粒数。

在生产中要加强控制管理,整顿落后机台,尽可能缩小机台间棉结杂质粒数的离散性。

棉纺各工序中棉结杂质变化的基本情况是:从原棉到生条,含杂重量百分率迅速降低,但杂质的粒数逐渐增多,每粒杂质的重量减轻。在清棉、梳棉工序中,由于纤维要接受强烈打击和细致分梳,棉结粒数均有所增加。尤其在梳棉工序,未成熟纤维在经过刺辊锯齿的打击、摩擦作用,并在锡林、盖板工作区反复搓转,易扭结成棉结。另外,部分带纤维杂质、僵棉或清棉中产生的纤维团、束丝也易转化形成棉结。生条经并条、粗纱工序加工后,棉结杂质粒数均有所增加,但在细纱工序由于部分棉结杂质被包卷在纱条内部,所以成纱棉结杂质粒数较生条少20% ~ 40%。

要降低成纱棉结杂质,在梳棉工序就要结合原棉性状、棉卷质量和成纱质量要求,合理配置纺纱工艺并与"四锋一准"、"紧隔距"相结合,充分发挥后车肚和盖板处的除杂作用。一般刺辊部分的除杂效率应控制在 50% ~ 60%,盖板除杂效率控制在 3% ~ 10%,生条含杂率控制在 0.15% 以下,应减少纤维搓转,加强温湿度控制。生条中棉结杂质的控制范围见表 5 - 44。

表 5 - 44   生条中棉结杂质的控制范围

棉纱线密度(tex)	棉结数/结杂总数(粒/g)		
	优	良	中
32 以上(很少有 30 ~ 31)	25 ~ 40/110 ~ 160	35 ~ 50/150 ~ 200	45 ~ 60/180 ~ 220
20 ~ 30	20 ~ 38/100 ~ 135	38 ~ 45/135 ~ 150	45 ~ 60/150 ~ 180
11 ~ 19	10 ~ 20/75 ~ 100	20 ~ 30/100 ~ 120	30 ~ 40/120 ~ 150
11 以下	6 ~ 12/55 ~ 75	12 ~ 15/75 ~ 90	15 ~ 18/90 ~ 120

4. 生条短绒率

生条短绒率与梳棉以后各工序牵伸时浮游纤维的数量以及成纱的结构有关,短绒率直接影响成纱的条干均匀度、细节、粗节和强力。

生条短绒率是指生条中 16mm 以下纤维所占的重量百分率。刺辊和锡林在分梳过程中要切断和损伤少量纤维,同时在刺辊落棉、梳棉机吸尘和盖板花中要排除短绒,但短绒的增加量大于其排除量,故生条短绒率比棉卷短绒率增加 2% ~ 6%。

在生产中,对生条短绒率应做不定期的抽验,控制短绒的增加。短绒百分率应视原棉性状、成纱强力和条干不匀率等情况控制在一定的范围以内。一般生条短绒率控制范围为:中特纱 14% ~ 18%,细特纱 10% ~ 14%。

降低生条短绒率的方法是减少纤维的损伤和断裂,增加短绒的排除。原棉成熟度正常,棉卷结构良好,开松均匀,梳棉针齿光洁,隔距准确,可减少纤维损伤断裂。如给棉板工作面过短、针齿有毛刺、锡林和刺辊的转速过高,均会增加短绒。为排除短绒,刺辊下要有足够长的落杂区。另外,还要控制后车肚落棉和盖板花,发挥吸尘装置的作用。

5. 落棉数量与质量

(1)落棉数量。落棉包括刺辊落棉、盖板花和吸尘落棉,其中以刺辊落棉最多。所以,为了节约用棉,首先应控制刺辊落棉率。纺纯棉时,刺辊落棉率一般为棉卷含杂率的 1.2 ~ 2.2 倍。应根据原棉性状、棉卷含杂和纺纱质量的要求,合理确定落棉率的范围。若纺中特纱,棉卷含杂为 1.5% 时,梳棉机的总落棉率一般控制在 3.5% ~ 4.5%,其中刺辊落棉、盖板花和吸尘的落棉率分别为 2.5% 、0.8% 、0.2% 左右。

（2）落棉内容和质量。落棉内容和质量是指各部分落哪些杂质,落棉含杂率如何,有的厂还控制落棉中的短绒率。

（3）落棉差异。同线密度纱的各机台间落棉率和除杂效率的差异要小,以利于控制生条重量不匀率。

控制落棉率和落棉含杂率时,要符合各部除杂效率的要求。如刺辊除杂效率要求为60%,棉卷含杂率为1.5%时,则刺辊部分落杂率应为两者的乘积,即60%×1.5%=0.9%。此时如刺辊落棉含杂率为36%,则刺辊落棉率应为0.9%÷36%=2.5%。

在梳棉机上,刺辊部分应为控制落棉的重点,但刺辊部分除杂效率的大小,还不能全面反映整台机器除杂数量的多少。因而控制落棉既要有重点又要全面,既要控制总的落棉率和除杂效率,又要根据各部落棉分工控制相应的比例。

根据目前的技术条件,原棉含杂率为3%左右时,开清棉的统破籽率控制在2.5%～3.5%,棉卷含杂率控制在1%～1.5%。经过梳棉后,棉卷中90%左右的杂质被清除,生条中的杂质仅有0.08%～0.15%。

（二）棉网质量

棉网质量一般分为三级,优质棉网定为一级,良好棉网定为二级,差的棉网定为三级（表5-45）。

表5-45　棉网质量评级依据

棉网等级	评级依据
一级	棉网很清晰,无下列疵点:破边、破洞、挂花、棉球、淡云斑
二级	棉网清晰,但有下列疵点:淡云斑、挂花时有出现、稍有破边;道夫一转有两处直径在2cm以内的小破洞;有一处直径在2cm以内的小破洞并兼有淡云斑
三级	棉网不清晰,有下列严重疵点:严重云斑、连续出现挂花、严重破边;道夫一转有一处直径在5cm以上的大破洞;有两处直径在2～5cm的小破洞;有三处直径为2cm及以内的小破洞;有1～2处直径在2cm以内的小破洞并兼有淡云斑

（三）控制生条重量不匀率的措施

控制生条重量不匀率的措施见表5-46。

表5-46　控制生条重量不匀率的措施

产生因素	产生原因	控制措施
上工序因素	1. 棉卷片段重量差异大 2. 粘卷,破洞,头码过厚,双层卷 3. 棉卷边缘不整齐、不均匀或太薄	改善棉卷品质,清除毛头卷、消除破洞,降低不匀率

产生因素	产 生 原 因	控 制 措 施
机械因素	1. 给棉罗拉轴承松动或罗拉弯曲过大 2. 给棉罗拉加压失效 3. 给棉传动不正常 4. 剥棉罗拉安装不良,绕花 5. 针布状态不良(倒齿、倒针、损坏、毛糙、油污) 6. 大漏底积花或严重挂花	1. 调整或更换给棉罗拉,使其正常工作 2. 调整剥棉罗拉到正常位置 3. 修复、清洁针齿,使其达到良好的工作状态,严重至不可修复的结合平车调换针布 4. 做好清洁工作,抄净、清除积花、挂花 5. 按规定刷清大、小漏底,结合平揩车打光 6. 检查油箱,保证不漏油、不溢油
操作因素	1. 换卷时搭卷过多或过少 2. 换卷时棉卷末尾一段未撕掉 3. 棉条接头不标准 4. 棉网部分飘动、破裂或飘落	1. 按操作规定长度搭接棉卷 2. 按规定对棉卷末端进行处理 3. 棉条断头后拉净粗细条,并按操作规定接头 4. 加强巡回,及时处理棉网飘落
工艺因素	1. 温湿度不适宜 2. 张力牵伸不适当 3. 道夫升速太快,变速失控,时快时慢 4. 机台间落棉存在差异	1. 调整车间温湿度 2. 调整张力牵伸 3. 修复道夫的变速控制装置 4. 调整工艺,统一各机台间的落棉率

(四)控制生条条干不匀率的措施

控制生条条干不匀率的措施见表 5 - 47。

表 5 - 47 控制生条条干不匀率的措施

产生因素	产 生 原 因	控 制 措 施
上工序因素	1. 棉卷中产生粘卷、皱褶卷、松烂卷、破洞卷、厚薄卷 2. 棉卷边缘不整齐、不均匀或太薄 3. 棉卷横向均匀度不好	1. 改善棉卷品质,清除皱褶卷、松烂卷、破洞卷、厚薄卷 2. 提高棉卷品质,清除毛头卷,校正梳棉机导棉板开档 3. 降低横向不匀率
机械因素	1. 给棉罗拉弯曲,给棉板不平或加压不足 2. 小漏底网眼堵塞,隔距不当,网眼发毛 3. 各部隔距不准,过大或左右不一致 4. 分梳件不平整,圆整度差,损伤严重 5. 刺辊、锡林、道夫、压辊偏心产生周期不匀 6. 刺辊上粘有油花	1. 调整或更换给棉罗拉,使其正常工作 2. 按规定刷清小漏底,结合平揩车打光 3. 调整隔距 4. 整顿分梳元件状态,校正,修刮,磨砺刷光,修换 5. 整顿机械状态 6. 清除刺辊上油花

产生因素	产生原因	控制措施
操作因素	1. 针布抄针周期过长 2. 针布磨砺过度发毛,锡林绕花 3. 金属针布倒齿 4. 道夫三角区吸尘阻塞,刺辊低压罩吸风管堵塞	1. 按规定周期扫清各部位 2. 针布磨砺适当,磨后刷光,清除绕花 3. 修复、清洁针齿,使其达到良好的工作状态,严重至不可修复的结合平车调换针布 4. 做好积聚飞花清洁工作
工艺因素	1. 针布规格不适当 2. 车间相对湿度过低,棉网两边飘动破裂	1. 更换合适的针布 2. 调整车间温湿度

(五)控制生条棉结杂质及短纤维含量的措施(表5−48)

表5−48　控制生条棉结杂质及短纤维含量的措施

项　目	产生因素	产生原因	控制措施
棉结含量	上工序因素	1. 原料中棉结、丝束多 2. 开清棉工序轧绕严重 3. 回花、再用棉混用不匀	1. 束丝、萝卜丝不直接混用 2. 加强巡回,防止轧绕 3. 按规定比例使用原料,混和均匀
	机械因素	1. 分梳件状态不良;针布轧伤、倒针、缺齿、磨砺不良;齿尖不锋利、不光洁、嵌破籽 2. 给棉罗拉出口隔距偏大,握持不良 3. 主要隔距(锡林~道夫,锡林~盖板,锡林~刺辊)走动或偏大 4. 分梳部件平整度、圆整度差 5. 漏底安装不良,表面毛糙挂花	1. 整顿分梳元件状态,校正、修刮、磨砺,刷光、修换 2. 整顿机械状态,校正隔距 3. 调整隔距 4. 平整、校正分梳机件 5. 漏底正常安装,表面保持光滑
	操作因素	1. 锡林针布有油污造成条状或块状绕花 2. 出落棉不正常 3. 清洁工作不慎,把结杂带入棉网	1. 清除针布上油污,抄净绕花 2. 清洁后车肚,保持正常落棉 3. 规范清洁
	工艺因素	1. 棉卷回潮率过高 2. 后落棉除杂效率低 3. 分梳件规格配置不当	1. 调节车间温湿度,控制棉卷回潮 2. 提高后车肚落杂 3. 选好分梳元件规格,合理配置
杂质含量	上工序因素	棉卷含杂或回潮率过高	提高清棉除杂效率,正确调节车间温湿度
	机械因素	1. 刺辊锯条不锋利、倒损、缺齿多 2. 刺辊漏底圆弧状态不良或分梳板状态不良 3. 刺辊传动皮带松	1. 整顿分梳元件状态,修刮,磨砺,修换 2. 校正刺辊漏底,调整隔距,修复分梳板 3. 调节张力轮,张紧传动皮带

项 目	产生因素	产 生 原 因	控 制 措 施
杂质含量	操作因素	1. 锡林针布有油污造成条状或块状绕花 2. 出落棉不正常 3. 清洁工作不慎,把棉结杂质带入棉网	1. 清除针布上油污,抄净绕花 2. 清洁后车肚,保持正常落棉 3. 规范清洁
	工艺因素	1. 后部工艺不适当,落杂少或小漏底弦长过长 2. 刺辊锯齿规格不合适,盖板～锡林隔距过大 3. 盖板花含杂少,锡林、盖板针布规格不合适,前上罩板上口隔距不恰当	1. 正确掌握工艺,提高后车肚落杂 2. 选好针布规格,调整隔距 3. 调整隔距,正确选择针布规格
短纤维含量	上工序因素	1. 原棉成熟度过高或过低 2. 棉卷结构不均匀	1. 使用成熟度正常的原棉 2. 提高棉卷品质,降低不匀率
	机械因素	分梳件状态不良;针布轧伤、倒针、缺齿;齿尖不锋利、不光洁、嵌破籽	整顿分梳元件状态,校正,修刮,修换
	操作因素	1. 针布磨砺过度发毛 2. 吸尘装置堵塞	1. 针布磨砺适当,磨后刷光 2. 清洁吸尘装置
	工艺因素	1. 给棉板分梳工艺长度小 2. 刺辊、锡林速度过快 3. 后车肚落棉少 4. 盖板花少 5. 分梳隔距不合理	1. 适当增加给棉板分梳工艺长度 2. 调整工艺,降低速度 3. 增大落棉区,提高后车肚落棉 4. 提高盖板花量 5. 调整隔距

第三节　精梳工艺设计

精梳是进一步梳理纤维,排除短绒、伸直纤维并排除棉结、杂质,均匀成条。排除短绒后,产品质量会显著提高。

一、精梳工艺表

精梳工艺设计分为预并条工艺设计、条并卷工艺设计、精梳工艺设计三部分,每个工艺都要进行棉条(小卷)定量及牵伸、速度、握持距(隔距)及其他工艺参数的设计。本部分将以精梳棉/钛远红外纤维/竹浆纤维/甲壳素纤维(40/20/20/20)11.8tex混纺针织纱的精梳工艺设计为例,主要设计内容见表5-49。

表 5-49 精梳工艺表

预并条工艺

机型	预并条定量(g/5m)		回潮率(%)	总牵伸倍数		线密度(tex)	并合数	牵伸倍数分配				前罗拉速度(m/min)
	干重	湿重		机械	实际			紧压罗拉~前罗拉	前罗拉~二罗拉	二罗拉~后罗拉	后罗拉~导条罗拉	
FA306												

罗拉握持距(mm)		罗拉加压(N)	罗拉直径(mm)	喇叭口直径(mm)	压力棒调节环直径(mm)
前~二	二~后	导条×前×二×后×压力棒	前×二×后		

齿轮的齿数

Z_1	Z_2	Z_3	Z_4	Z_5	Z_6	Z_8

条并卷工艺

机型	小卷定量(g/m)		回潮率(%)	总牵伸倍数		线密度(tex)	并合数	成卷罗拉速度(m/min)	握持距(mm)		满卷定长(m)
	干重	湿重		机械	实际				前罗拉~二罗拉	三罗拉~后罗拉	
FA356A											

牵伸分配						胶辊加压(MPa)			
前成卷罗拉与后成卷罗拉	后成卷罗拉与前紧压辊间	前紧压辊与后紧压辊	台面压辊与前罗拉	前罗拉与后罗拉	后罗拉与导条辊	前胶辊	中胶辊	后胶辊	紧压胶辊

齿轮的齿数

A	B	C	D	F	G	I	J	K	L

精梳工艺

机型	精梳条定量(g/5m)		回潮率(%)	并合数	总牵伸倍数		线密度(tex)	落棉率(%)	给棉方式	给棉长度(mm)	转速(r/min)	
	干重	湿重			机械	实际					锡林	毛刷
FA266												

精梳工艺										
牵伸分配						隔　距				
圈条压辊与前罗拉	前罗拉与后罗拉	后罗拉与台面压辊	台面压辊与分离罗拉	分离罗拉与给棉罗拉	给棉罗拉与承卷罗拉	落棉隔距（刻度）	梳理隔距（mm）	顶梳进出隔距(mm)	顶梳高低隔距（档）	

主牵伸罗拉握持距（mm）	锡林定位（分度）	分离罗拉顺转定时刻度	加压(N/端)			
			前胶辊	中胶辊	后胶辊	分离胶辊

齿轮的齿数								
A	B	C	E	F	G	H	J	

二、精梳准备

(一)精梳准备机械的机构

1. 精梳准备的任务

(1)提高纤维的伸直平行度。利用精梳准备机械的牵伸作用提高棉卷中纤维的伸直平行度,减少纤维损伤和梳针损伤,降低落棉中长纤维的含量,节约用棉。

(2)制成均匀的小卷。制成大容量、定量正确、边缘整齐、棉层清晰和纵横向均匀的小卷,以利于在精梳机上均匀握持,提高精梳质量。

2. 精梳准备工艺

目前采用的精梳准备机械有并条机、条卷机、并卷机和条并卷联合机,组合成三类精梳准备工艺。

(1)条卷工艺:梳棉生条→并条机→条卷机

(2)并卷工艺:梳棉生条→条卷机→并卷机

(3)条并卷工艺:梳棉生条→并条机→条并卷联合机

3. 精梳准备机械

(1)FA306 型并条机。FA306 型并条机如图 5-20 所示,其工艺流程是在并条机机后导条架的下方放置6~16 个喂入棉条筒,并分为两组,如图 5-21 所示。棉条经导条罗拉积极喂入,并借助于分条器将棉条平行排列于导条罗拉上,并列排好的两组棉条有

图 5 – 20 FA306 型并条机

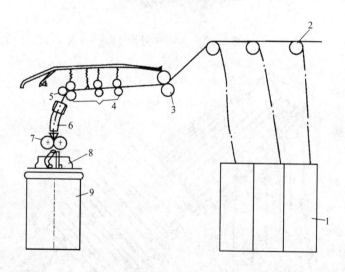

图 5 – 21 FA306 型并条机的结构

1—棉条筒 2—导条罗拉 3—给棉罗拉 4—牵伸装置 5—导向胶辊
6—弧形导管 7—紧压罗拉 8—圈条盘 9—棉条筒

秩序地经过导条块和给棉罗拉进入牵伸装置。经过牵伸的须条沿前罗拉表面,并由导向胶辊引导,进入紧靠在前罗拉表面的弧形导管,再经喇叭口聚拢成条后由紧压罗拉压紧成光滑紧密的棉条,最后由圈条盘将棉条有规律地圈放在输出棉条筒中。

　　FA306 型并条机主要由喂入机构、牵伸机构、成条机构、自动换筒机构组成。

（2）FA334 型条卷机。FA334 型条卷机如图 5 – 22 所示,其工艺流程是导条辊与压辊将 24 根棉条从棉条筒内引出,在导条平台上转过 90°后平行排列,然后在进条罗拉的引导下,经牵伸装置牵伸后再经两对气动紧压辊压紧,最后由棉卷罗拉卷绕成条卷,如图 5 – 23 所示。该机采用高架与低架平台相接合的方式。

图 5 – 22　FA334 型条卷机

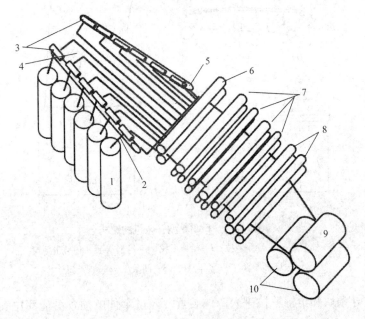

图 5 – 23　FA334 型条卷机的结构

1—棉条筒　2—棉条　3—压辊　4—V 形导条平台　5—导条辊　6—进条罗拉

7—牵伸罗拉　8—紧压辊　9—条卷　10—棉卷罗拉

（3）FA344 型并卷机。FA344 型并卷机如图 5 - 24 所示,其工艺流程是将 6 只小卷分别放在喂卷罗拉上,由喂卷罗拉退绕后经喂棉板由导卷罗拉引导分别进入各自的牵伸装置。经牵伸后的棉网,绕过光滑的棉网曲面导板转过 90°后,6 层棉网在平台上叠合,经输棉罗拉输送到两对紧压罗拉将棉层压紧,再由棉卷罗拉制成小卷,如图 5 - 25 所示。

图 5 - 24　FA344 型并卷机

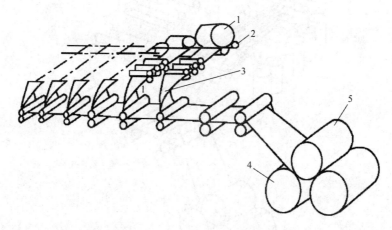

图 5 - 25　FA344 型并卷机的结构
1—棉卷　2—喂卷罗拉　3—曲面导板　4—棉卷罗拉　5—小卷

（4）FA356A 型条并卷联合机。FA356A 型条并卷联合机如图 5 - 26 所示,其工艺流程是把喂入机构分为两组,各有 12 ~ 14 根棉条喂入。采用高架式导条,可减少阻力且方便操作。两组棉层经牵伸后经曲面导棉板转过 90°,在输棉平台上完成两层棉层的重叠,然后经两对紧压罗拉压紧,由成卷机构制成小卷,如图5-27所示。

图5-26　FA356A型条并卷联合机

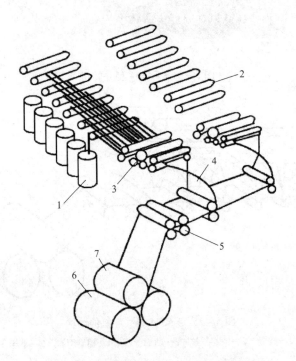

图5-27　FA356A型条并卷联合机的结构

1—棉条筒　2—导条罗拉　3—牵伸装置　4—曲面导棉板

5—紧压罗拉　6—棉卷罗拉　7—小卷

（二）精梳准备工艺

合理的工艺路线与工艺参数可以提高精梳小卷的质量,减少精梳落棉和粘卷。

目前精梳准备的工艺路线有并条与条卷、条卷与并卷、并条与条并卷三种,应根据纺纱品种及成纱质量要求合理选择。同时要合理地确定精梳准备工序的并合数、牵伸倍数,尽可能提高纤维的伸直度、平行度,减少精梳小卷的粘连。

1. 精梳准备的工艺路线

(1)预并条→条卷。这种流程的特点是机器少,占地面积小,结构简单,便于管理和维修。但由于牵伸倍数较小,小卷中纤维的伸直平行度不够,且由于采用棉条并合方式成卷,制成的小卷有条痕,横向均匀度差,精梳落棉多。

(2)条卷→并卷。其特点是小卷成形良好,层次清晰,且横向均匀度好,有利于梳理时钳板的握持,落棉均匀,适于纺细特纱。

(3)预并条→条并卷。其特点是小卷并合次数多,成卷质量好,小卷的重量不匀率小,有利于提高精梳机的产量和节约用棉。但在纺制长绒棉时,因牵伸倍数过大易发生粘卷,且此种流程机器占地面积大。

在企业中,由于纺纱设备已经根据规划购置完成,所以精梳准备工艺的路线就已经确定,因此只能根据现有的工艺路线来确定所要纺制的纱线品种。

2. 精梳准备工艺

精梳准备工艺设计主要包括棉条与小卷的并合数、牵伸倍数及精梳小卷定量的设计。

(1)并合数与牵伸倍数。棉条或小卷的并合数越多,越有利于改善精梳小卷的纵向及横向结构,降低精梳小卷的不匀率,并有利于不同成分纤维的充分混和。但如果在精梳小卷定量不变的情况下增加并合数,会使并条机、条卷机及条并卷联合机的牵伸倍数增大,由牵伸产生的附加不匀增大,并且牵伸倍数过大,还会造成条子发毛而引起精梳小卷粘卷。

确定精梳准备工序的并合数与牵伸倍数时,应考虑精梳小卷及棉条的定量、精梳准备工序的流程及机型、精梳小卷的粘卷情况等因素。各机台并合数及牵伸倍数的范围见表5－50。

表5－50　各机台的并合数及牵伸倍数

机　型	并条机	条卷机	并卷机	条并卷联合机
并和数	5～8	16～24	5～6	20～28
牵伸倍数	4～9	1.1～1.6	4～6	1.3～2.0

（2）精梳小卷的定量。精梳小卷的定量影响精梳机所梳纤维的产量与质量。

增大精梳小卷定量的优点如下：

①可提高精梳机的产量。

②分离罗拉输出的棉网增厚，棉网接合牢度大，可改善棉网破洞、破边及纤维缠绕胶辊的现象，还有利于上、下钳板对棉网的横向握持均匀。

③棉丛的弹性大，钳板开口时棉丛易抬头，在分离接合过程中有利于新、旧棉网的搭接。

④有利于减少精梳小卷粘卷。

但定量过重也会加重精梳锡林的梳理负荷及精梳机的牵伸负担。

确定精梳小卷定量时，应考虑纺纱线密度、设备状态、给棉罗拉的给棉长度等因素。不同精梳机的精梳小卷定量见表5－51。

表5－51　精梳机精梳小卷的定量

机　型	FA251	CJ25	PX2J	CJ40	FA261	FA266	FA269	F1268	E7/5、E7/6	E62、E72
定量（g/m）	45～65	50～65	50～70	50～70	50～70	50～70	60～80	50～80	50～70	60～80

（3）并条机工艺。

①棉条定量。棉条定量的配置应根据纺纱线密度、精梳小卷的定量、产品质量要求和加工原料的特性等因素来决定。一般纺细特纱时，产品质量要求较高，定量应偏轻掌握。精梳小卷的定量较重时，棉条定量可以较重掌握。但在罗拉加压充分的条件下，可适当加重定量。棉条定量的参考范围见表5－52。

表5－52　棉条定量的参考范围

纺纱线密度（tex）	19～13	13～9	＜7.5
预并条棉条定量（g/5m）	19～22	16～19	＜16

②牵伸工艺。并条机的总牵伸应接近于并合数，一般选用范围为并合数的0.9～1.2倍。总牵伸倍数应结合梳棉生条、条卷机或条并卷联合机的小卷定量和牵伸机构的牵伸能力综合考虑，合理配置。总牵伸配置范围见表5－53。

表5－53　总牵伸配置范围

牵伸形式	曲线牵伸	
并合数	6	8
总牵伸	5.5～7.5	7～10

并条机的牵伸,既要注意喂入棉条的内在结构和纤维的弯钩方向,又要兼顾牵伸造成的附加不匀率增大。并条机喂入的生条纤维排列紊乱,前弯钩居多,若配置较大的牵伸,虽可促使纤维伸直平行、分离度提高,但对消除前弯钩效果不明显。

前张力牵伸与加工的纤维类别、品种(普梳、精梳)、出条速度、集束器、喇叭头口径和形式、温湿度等因素有关,一般控制在 0.99 ~ 1.03 倍。纺纯棉时,前张力牵伸取 1 或略大于 1;纺精梳棉时,如棉条起皱,可比普梳纯棉略大;当喇叭头口径偏小或采用压缩喇叭头形式时,前张力牵伸应略为放大。前张力牵伸的大小应以棉网能顺利集束下引,不起皱、不涌头为准。较小的前张力牵伸对条干均匀有利。FA 系列并条机都采用喇叭口加集束器的成条技术,可采用较小的前张力牵伸。

后张力牵伸(导条张力牵伸)应根据品种(普梳、精梳)、纤维原料的不同、前工序圈条成形的优劣做调整,它还与棉条喂入形式有关。目前 FA 系列并条机绝大多数均采用悬臂导条辊高架顺向导入式(有上压辊或无上压辊)。导条喂入装置主要应使条子不起毛,避免意外伸长,使棉条能平列(不重叠)顺利地进入牵伸区。后张力牵伸一般配置 1.01 ~ 1.02 倍(带上压辊)、1.00 ~ 1.03 倍(不带上压辊)。

③罗拉握持距。正确配置罗拉握持距对提高棉条质量至关重要,纤维长度、性状及整齐度是决定罗拉握持距的主要因素。握持距过大,会使条干恶化,纤维伸直、平行效果差,成纱强力下降;握持距过小,则牵伸力过大,容易形成粗节和纱疵。罗拉握持距的配置范围见表 5 - 54。

表 5 - 54　罗拉握持距的配置范围

牵伸形式	罗拉握持距(mm)		
	前　　区	中　　区	后　　区
三上四下曲线牵伸	$L_P + (3 \sim 5)$	~ LP	$L_P + (10 \sim 16)$
五上三下曲线牵伸	$L_P + (2 \sim 6)$		$L_P + (8 \sim 15)$
三上三下压力棒曲线牵伸	$L_P + (6 \sim 12)$		$L_P + (8 \sim 14)$

④罗拉(胶辊)加压。并条机各罗拉加压的配置应根据牵伸形式、前罗拉速度、棉条定量和原料性能等因素综合考虑,一般罗拉速度快、棉条定量重时,罗拉加压应适当加重。牵伸形式、出条速度与加压量的关系见表 5 - 55。

⑤压力棒工艺。压力棒为梨状金属棒,与纤维接触的下端面圆弧的曲率半径为 6mm。压力棒中心至第二罗拉中心垂直距离固定,纤维长度 40mm 以下时为 19.6mm。当压力棒调节环用蓝色(ϕ14mm)时,压力棒下母线与第一罗拉上母线在同一水平面。根据所纺纤维长度、品种、品质和定量的不同,变换不同直径(颜色)的调

表 5 - 55　牵伸形式、出条速度与加压重量的关系

牵伸形式	出条速度（m/min）	罗拉加压（N）					
		导向辊	前上罗拉	二上罗拉	三上罗拉	后上罗拉	压力棒
三上四下曲线牵伸	150 以下		150 ~ 200	250 ~ 300		200 ~ 250	
三上四下曲线牵伸	150 ~ 250		200 ~ 250	300 ~ 350		200 ~ 250	
五上三下曲线牵伸	200 ~ 500	140	260	450		400	
三上三下压力棒曲线牵伸	200 ~ 600	100 ~ 200	300 ~ 380	350 ~ 400		350 ~ 400	50 ~ 100

节环,使压力棒在牵伸区中处于不同高低位置,从而获得对棉层的不同控制。调节环直径愈小,控制力愈强,反之则愈弱。通常对于棉纤维,一般从直径为 14mm(蓝)、13mm(黄)、12mm(红)的压力棒中选取。

⑥喇叭头孔径。喇叭头孔径的大小主要根据棉条重量而定,合理地选择孔径,可使棉条抱合紧密,表面光洁,纱疵减少。

$$喇叭头孔径(mm) = C \times \sqrt{G_m}$$

式中:C——经验常数;

G_m——棉条定量,g/5m。

使用压缩喇叭头时,C 为 0.6 ~ 0.65;使用普通喇叭头时,C 为 0.85 ~ 0.90。

当并条机速度较高、张力牵伸较小、相对湿度较高、喇叭头出口至紧压罗拉挟持点距离较大时,孔径应偏大掌握。

(4)条卷机工艺。

①牵伸工艺。牵伸区有主牵伸区和预牵伸区。第 3 与第 4 罗拉间无牵伸区,牵伸尽可能等于 1,以免涌条或意外牵伸。牵伸机构的牵伸一般为 1.3 ~ 1.7 倍。总牵伸倍数大于 1.5 时,预牵伸用 1.15 ~ 1.3 倍;总牵伸小于等于 1.5 倍时,预牵伸一般用 1.05 倍。

②罗拉握持距。罗拉握持距应根据纤维长度及喂入棉条总定量等因素而确定。

主牵伸区握持距 = 纤维品质长度 + (5 ~ 8)mm

预牵伸区握持距 = 纤维品质长度 + (7 ~ 13)mm

③上罗拉加压。上罗拉压力在气囊充气之后通过挂钩对上罗拉施压,若欲改变压力,可调节减压阀。气压表显示压力与上罗拉加压压力的对应关系见表5 - 56。

表 5 – 56 气压表压力与上罗拉压力对应关系

气压表压力（MPa）	0.1	0.125	0.15	0.175	0.2
牵伸上罗拉总压力（N）	490	612.5	735	857.5	980

④紧压辊加压。紧压辊加压是通过调节拉簧的长度来实现的。拉簧下端的螺杆有三个凹槽为刻度。刻度位置与紧压辊压力的对应关系见表 5 – 57。

表 5 – 57 刻度位置与紧压辊压力的对应关系

刻度位置	每侧压力（N）	两侧合计压力（N）
1	117.6	235.2
2	157	314
3	196	392

⑤成卷加压。成卷压力通过调节总输入气压来实现。压力过高,容易产生粘卷;压力过低,小卷结构松弛,一般设在 0.3 ~ 0.5MPa。压力表显示压力与成卷压力的对应关系见表 5 – 58。

表 5 – 58 压力表显示压力与成卷压力的对应关系

压力表显示压力（MPa）	0.3	0.35	0.4	0.45	0.5
棉卷加压（N/cm）	161.7	188.7	215.6	243.0	269.5
夹盘对筒管的夹持力（N）	1470	1715	1960	2205	2450

⑥满卷长度。满卷长度 150 ~ 200m,可预置设定。

（5）并卷机工艺。

①牵伸工艺。FA344 型并卷机的总牵伸倍数为 5.4 ~ 7.1。台面张力牵伸、成卷张力牵伸应尽量偏小选用,避免意外牵伸,但也应防止张力太小而涌卷。

②罗拉握持距。

$$主牵伸区握持距 = 纤维品质长度 + (5 ~ 8) mm$$
$$预牵伸区握持距 = 纤维品质长度 + (7 ~ 13) mm$$

③牵伸胶辊加压。牵伸胶辊的加压量根据喂入棉层的定量设定。压力不足,会在输出棉层中出现未牵伸开的棉束;压力过大,会降低罗拉轴承的使用寿命。牵伸胶辊加压参考数据见表 5 – 59。

表 5 - 59　牵伸胶辊加压量参考值

喂入小卷定量(g/m)	55	60	65	70	75
所需压力(MPa)	0.06	0.06	0.075	0.09	0.09
胶辊加压量(N)	588	588	735	882	882

④紧压辊加压。见表 5 - 57。

⑤成卷加压。成卷压力通过调节总输入气压实现。压力过高,易粘卷;压力过低,小卷结构松弛,成卷压力一般在 0.3 ~ 0.5MPa。压力表显示值与成卷压力的对应关系见表 5 - 60。

表 5 - 60　压力表显示值与成卷压力的对应关系

压力表显示压力(MPa)	0.3	0.35	0.4	0.45	0.5
棉卷加压(N/cm)	135.24	157.8	180.32	202.86	225.4
夹盘对筒管的夹持力(N)	1470	1715	1960	2205	2450

⑥制动压力。机器停车时,制动汽缸充气,推动制动器制动传动轴。制动压力得当,落卷的小卷尾部卷绕整齐、成形好。制动压力约在 0.1MPa。

⑦并合数。因原料或温湿度的影响使精梳小卷产生粘卷时,可通过减轻成卷压力、加大紧压辊压力等方法来消除粘卷。还可将原 6 卷并合改为 5 卷并合,相应降低牵伸,以减轻精梳小卷粘卷现象。

⑧满卷长度。满卷定长 150 ~ 200m,可预置设定。

(6)条并卷机工艺。

①牵伸工艺。FA356A 型条并卷机的牵伸倍数是 1.3 ~ 2.27(不同机型有不同的牵伸倍数)。预牵伸要根据喂入定量进行选择。

②罗拉隔距。纤维长度与罗拉隔距、握持距的关系见表 5 - 61。

表 5 - 61　纤维长度与罗拉隔距、握持距的关系　　　　　　单位:mm

纤维长度	主牵伸罗拉隔距	主牵伸罗拉握持距	预牵伸罗拉隔距	预牵伸罗拉握持距
24 ~ 26	2	34	3	38
26 ~ 28	2	34	4	39
28 ~ 30	4	36	4	39
30 ~ 32	6	38	5	40

纤维长度	主牵伸罗拉隔距	主牵伸罗拉握持距	预牵伸罗拉隔距	预牵伸罗拉握持距
32~34	8	40	5	40
34~36	10	42	6	41
36~38	12	44	8	43
38~40	14	46	8	43

③加压。可通过调节相应的调压阀来改变牵伸胶辊的压力。牵伸前胶辊的压力表显示值为0.25~0.45MPa,中、后牵伸胶辊的压力表显示值为0.2~0.35MPa;紧压辊加压0.25MPa。

④并合数。如粘卷严重,可减少本机的并合数,并相应降低其总牵伸倍数。

⑤满卷长度。满卷长度250m,可预置设定。

本任务实施选择的精梳准备工艺流程是:FA306型并条机→FA356A型条并卷联合机。

(三)FA306型并条机的工艺设计

1. 设计预并条棉条定量及牵伸

FA266型精梳机喂入棉卷定量在50~70g/m,考虑并条机、条并卷机的牵伸及并合的根数,参考表5-52,初步设计预并条棉条的定量为20g/5m。

设FA306型并条机的牵伸效率为98%(工厂可以根据实际牵伸与机械牵伸计算获得,多数情况在96%~99%),实际回潮率6%(控制范围为6%~6.5%)。

由于梳棉生条中纤维多数呈后弯钩,到预并条,就呈现前弯钩较多,小的牵伸倍数对伸直纤维比较有利,因此,并合根数选择6根。已知生条的干定量为19.94g/5m。

第一步:估算实际牵伸。

$$E_{实际估} = \frac{G_{生条} \times 6}{G_{预并条估}} = \frac{19.94 \times 6}{20} = 5.98$$

第二步:估算机械牵伸。

$$E_{机械估} = \frac{E_{实际估}}{牵伸效率} = \frac{5.98}{0.98} = 6.10$$

并条机的总牵伸倍数是指导条罗拉与紧压罗拉之间的牵伸倍数。由FA306型并条机的传动图5-28,求得其总牵伸倍数E。

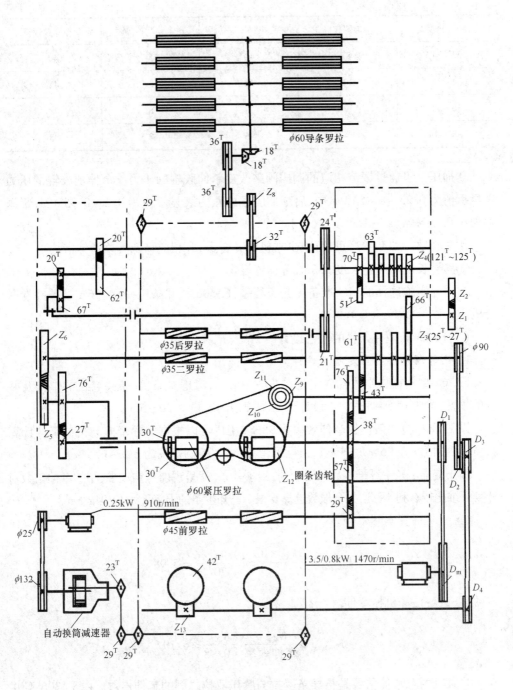

图 5 – 28　FA306 型并条机的传动图

$$E_{机械} = \frac{18 \times 36 \times Z_8 \times 63 \times 70 \times Z_2 \times 66 \times 61 \times 76 \times 60}{18 \times 36 \times 32 \times Z_4 \times 51 \times Z_1 \times Z_3 \times 43 \times 38 \times 60}$$

$$= 506 \times \frac{Z_8 \times Z_2}{Z_4 \times Z_1 \times Z_3} = 506 \times \frac{50 \times 42}{125 \times 56 \times 25} = 6.07$$

式中：Z_2/Z_1——62/36、60/38、58/40、56/42、54/44、52/46、50/48、48/50、46/52、44/54、42/56、40/58、38/60、36/62，取 42/56 齿；

Z_3——25、26、27，取 25 齿；

Z_4——121、122、123、124、125，取 125 齿；

Z_8——49、50、51，取 50 齿。

第三步：计算修正后的实际牵伸倍数、棉条定量及线密度。

$$E_{实际} = E_{机械} \times 牵伸效率 = 6.07 \times 0.98 = 5.95$$

$$G_{预并条} = \frac{G_{生条} \times 6}{E_{实际}} = \frac{19.94 \times 6}{5.95} = 20.11(g/5m)$$

$$G_{预并条湿} = G_{预并条} \times (1 + 6\%) = 20.11 \times (1 + 6\%) = 21.32(g/5m)$$

$$Tt_{预并条} = G_{预并条} \times (1 + 8.5\%) \times 200 = 20.11 \times (1 + 8.5\%) \times 200 = 4363.87(tex)$$

第四步：计算部分牵伸。

①前罗拉与第二罗拉间的牵伸：

$$e_{前罗拉～第二罗拉} = \frac{Z_6 \times 76 \times 38 \times 45}{Z_5 \times 27 \times 29 \times 35} = 4.742 \times \frac{Z_6}{Z_5} = 4.742 \times \frac{53}{65} = 3.87$$

式中：Z_5——47、51、65、71，取 65 齿；

Z_6——53、63、74，取 53 齿。

②第二罗拉与后罗拉间的牵伸：

$$e_{第二罗拉～后罗拉} = \frac{21 \times 63 \times 70 \times Z_2 \times 66 \times 61 \times 76 \times 27 \times Z_5 \times 35}{24 \times Z_4 \times 51 \times Z_1 \times Z_3 \times 43 \times 38 \times 76 \times Z_6 \times 35}$$

$$= 5033.4 \times \frac{Z_2 \times Z_5}{Z_4 \times Z_1 \times Z_3 \times Z_6} = 5033.4 \times \frac{42 \times 65}{125 \times 56 \times 25 \times 53}$$

$$= 1.48$$

③紧压罗拉与前罗拉间的牵伸：

$$e_{紧压罗拉～前罗拉} = \frac{29 \times 60}{38 \times 45} = 1.02$$

④后罗拉与导条罗拉间的牵伸：

$$e_{后罗拉~导条罗拉} = \frac{35 \times 24 \times Z_8}{60 \times 21 \times 32} = 0.02083 \times Z_8$$

$$= 0.02083 \times 50 = 1.04$$

2. 设计速度

前罗拉速度：

$$v_{前罗拉} = 1470 \times \frac{D_m}{D_1} \times \frac{38}{29} \times \pi \times d = 1470 \times \frac{180}{140} \times \frac{38}{29} \times 3.14 \times \frac{45}{1000} = 350\text{m/min}$$

式中：D_m——电动机皮带轮直径，200mm、190mm、180mm、170mm、160mm、150mm、140mm、130mm、120mm，取180mm；

D_1——电动机从动轮直径，120mm、130mm、140mm、150mm、160mm、170mm、180mm、190mm、200mm，取140mm；

d——前罗拉直径，45mm。

3. 设计握持距

FA306型预并条机采用的是三上三下压力棒曲线牵伸，根据棉纤维的品质长度31.61mm，则前区握持距设计为：31.61 + 8 ≈ 40mm；后区握持距设计为：31.61 + 10 ≈ 42mm。

4. 设计其他工艺参数

(1)压力棒工艺。综合考虑所纺混纺纱的质量及纤维品质情况，选用13mm直径的压力棒调节环。

(2)罗拉加压。导向辊×前上罗拉×二上罗拉×后上罗拉×压力棒：118×362×392×362×58.8(N)。

(3)喇叭头孔径。使用压缩喇叭头时，C取0.63。则：

$$喇叭头孔径 = C \times \sqrt{G_m} = 0.63 \times \sqrt{20.11} = 2.83(\text{mm})$$

采用2.8mm的孔径。

(四)FA356A型条并卷机的工艺设计

1. 设计小卷定量及牵伸

根据表5-51中，FA266型精梳机喂入棉卷定量的范围在50~70g/m，结合生产经验，初步选取62g/m。

设 FA356A 型条并卷机的牵伸差异率为 +1.5%（工厂可以根据实际牵伸与机械牵伸计算获得,多数情况在 -1.5% ～ +1.5%）,实际回潮率为6%（控制范围为6% ~6.5%）。

并合根数选择28 根。

第一步:估算实际牵伸。

$$E_{实际估} = \frac{G_{预并条} \times 28}{G_{条并卷估} \times 5} = \frac{20.11 \times 28}{62 \times 5} = 1.82$$

第二步:估算机械牵伸。

$$E_{机械估} = \frac{E_{实际估}}{1 + 牵伸差异率} = \frac{1.82}{1 + 1.5\%} = 1.79$$

条并卷机的总牵伸倍数是指导条辊与前成卷罗拉之间的牵伸倍数。由 FA356A 型条并卷机的传动图（图 5 – 29）,求得其总牵伸倍数 $E_{机械}$。

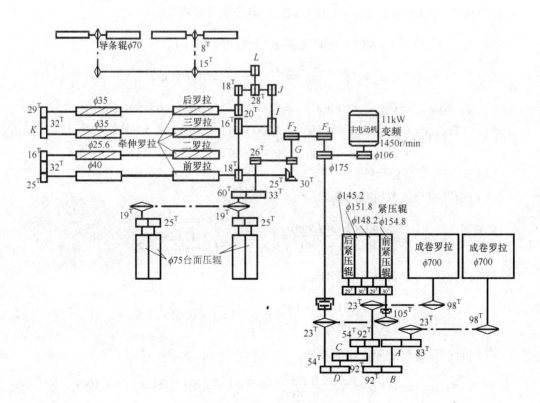

图 5 – 29　FA356A 型条并卷机的传动图

$$E_{机械} = \frac{700 \times 18 \times L \times J \times 16 \times 25 \times F_2 \times 54 \times C \times 54 \times 92 \times A \times 23}{70 \times 15 \times 28 \times I \times 18 \times 30 \times F_1 \times D \times 92 \times 92 \times B \times 83 \times 98}$$

$$= 0.02845 \times \frac{L \times J \times F_2 \times C \times A}{I \times F_1 \times D \times B} = 0.02845 \times \frac{53 \times 76 \times 33 \times 57 \times 88}{55 \times 23 \times 90 \times 93} = 1.79$$

式中：A——82 ~ 93，取 88 齿；

　　　B——91 ~ 103，取 93 齿；

　　　C——49、50、52 ~ 59，取 57 齿；

　　　D——82、83、86、87、88、90、91、92、93、95、96、97、98，取 90 齿；

　　　F_1——22 ~ 25，取 23 齿；

　　　F_2——33 ~ 37，取 33 齿；

　　　I——44、55，取 55 齿；

　　　J——64、66、68、70、72、74、76、78，取 76 齿；

　　　L——53、54、55，取 53 齿。

第三步：计算修正后的实际牵伸倍数、小卷定量及线密度。

$$E_{实际} = E_{机械} \times (1 + 牵伸差异率) = 1.79 \times (1 + 1.5\%) = 1.82$$

$$G_{条并卷} = \frac{G_{预并条} \times 28}{E_{实际} \times 5} = \frac{20.11 \times 28}{1.82 \times 5} = 61.88(g/m)$$

$$G_{条并卷湿} = G_{条并卷} \times (1 + 6\%) = 61.88 \times (1 + 6\%) = 65.59(g/m)$$

$$Tt_{条并卷} = G_{条并卷} \times (1 + 8.5\%) \times 1000 = 61.88 \times (1 + 8.5\%) \times 1000$$
$$= 67139.8(tex)$$

第四步：计算部分牵伸。

（1）前罗拉与后罗拉间的牵伸。

$$e_{前罗拉~后罗拉} = \frac{40 \times 16 \times J \times 20}{35 \times 18 \times I \times 18} = 1.1287 \times \frac{J}{I} = 1.1287 \times \frac{76}{55} = 1.56$$

（2）后罗拉与导条辊间的牵伸。

$$e_{后罗拉~导条辊} = \frac{35 \times 18 \times L \times 18}{70 \times 20 \times 28 \times 15} = 0.0193 \times L = 0.0193 \times 53 = 1.02$$

（3）台面压辊与前罗拉间的牵伸。

$$e_{台面压辊~前罗拉} = \frac{75 \times 25 \times G \times 33}{40 \times 30 \times 26 \times 60} = 0.0331 \times G = 0.0331 \times 31 = 1.03$$

式中：G——29 ~ 32 齿，取 31 齿。

（4）前紧压辊与台面压辊间的牵伸。

$$e_{前紧压辊～台面压辊} = \frac{154.8 \times 60 \times 26 \times F_2 \times 23}{75 \times 33 \times G \times F_1 \times 105} = 21.373 \times \frac{F_2}{G \times F_1}$$

$$= 21.373 \times \frac{33}{31 \times 23} = 0.99$$

（5）前紧压辊与后紧压辊间的牵伸。

$$e_{前紧压辊～后紧压辊} = \frac{154.8 \times 29}{145.2 \times 30} = 1.03$$

（6）后成卷罗拉与前紧压辊间的牵伸。

$$e_{后成卷罗拉～前紧压辊} = \frac{700 \times 23 \times 54 \times C \times 54 \times 105}{154.8 \times 98 \times 92 \times 92 \times D \times 23} = 1.669 \times \frac{C}{D}$$

$$= 1.669 \times \frac{57}{90} = 1.06$$

（7）前成卷罗拉与后成卷罗拉间的牵伸。

$$e_{前成卷罗拉～后成卷罗拉} = \frac{700 \times 23 \times A \times 92 \times 98}{700 \times 98 \times 83 \times B \times 23} = 1.1084 \times \frac{A}{B} = 1.1084 \times \frac{88}{93} = 1.05$$

（8）第三罗拉与后罗拉间的牵伸（预牵伸）。

根据喂入定量进行选择预牵伸。

$$e_{第三罗拉～后罗拉} = \frac{29}{K} = \frac{29}{27} = 1.07$$

式中：K——齿轮代号，26、27、28，取 27 齿。

2. 设计速度

由于 FA356A 型条并卷机采用了变频电动机，所以，可以在允许的范围内自由选择速度。根据实际经验，选择成卷罗拉的线速度为 90m/min。

3. 设计握持距

纤维的品质长度为 31.61mm，选择主牵伸罗拉隔距为 6mm，握持距为 38mm；预牵伸罗拉隔距为 5mm，握持距为 40mm。

4. 设计其他工艺参数

（1）加压：前胶辊为 0.35MPa，中、后胶辊为 0.30MPa，紧压辊为 0.25MPa；成卷加压为 0.2～0.5MPa，渐增加压。

（2）满卷定长：满卷定长为 250m。

三、精梳设备

（一）精梳机机构

1. 精梳工序的任务

为了纺制高档纱线或特种纱线,如纯棉高档汗衫、细密府绸、涤棉织物用纱、轮胎帘子线、高速缝纫线、工艺刺绣线等产品,需经过精梳加工,以提高纱线的强度、条干均匀度、表面光洁度等性能。精梳工序的主要任务是:

（1）排除短绒。排除梳棉条中一定长度以下的短纤维,提高纤维长度的整齐度,提高成纱强力并降低强力不匀率。

（2）清除杂质。进一步清除梳棉条中残留的棉结、杂质和疵点,提高纤维的光洁度,改善成纱外观质量。

（3）分离纤维。进一步分离纤维,提高纤维的伸直、平行度,提高成纱条干的均匀度和强力,增强成纱光洁度。

（4）均匀成条。制成均匀的精梳棉条,并卷绕成形。

2. FA266 型精梳机

FA266 型精梳机如图 5 – 30 所示,其工艺流程是小卷在承卷罗拉的作用下退绕,小卷棉层经偏心张力辊输入给棉罗拉,给棉罗拉间歇给棉,给出的棉层经钳板钳口,

图 5 – 30　FA266 型精梳机

当钳板向后摆动钳口闭合时,钳板握持须丛的后端,锡林上的锯齿刺入钳口外的须丛中,逐步梳理须丛的前端,使纤维的前弯钩伸直平行,同时清除须丛中的短纤维及棉结杂质疵点。当锡林梳理完毕,钳板向前摆动,钳板逐步靠近分离罗拉钳口。在钳板向前摆动过程中,上钳板逐渐开启,钳口外的须丛回挺伸直。同时,被分离罗拉钳住的棉网倒退入机内一定长度,准备与已梳理过的须丛前端接合,分离罗拉倒转结束后

变为顺转,当钳板外的须丛前端到达分离罗拉钳口,分离开始,须丛被张紧。同时,顶梳刺入须丛中,随着分离罗拉的顺转,须丛的后端受到顶梳的梳理,使须丛的后弯钩伸直平行。同时,须丛中的短纤维、棉结杂质和疵点阻留于顶梳后面的须丛中,被锡林梳理时去除。当钳板与顶梳到达最前位置时,意味着分离接合结束。钳板与顶梳开始后退,给棉罗拉给棉,准备重复上述的工作过程。输出的棉网经过棉网托板、引导罗拉到达集束托棉板,再经过垂直向下的集合器集束成条,棉条经导向压辊和导条钉作直角转向,8 根棉条在台面上平行排列,再经并合牵伸为一根棉条。然后,棉条由一对圈条压辊及圈条斜管圈放在棉条筒内,如图 5－31 所示。被锡林梳下的短纤维、棉结杂质和疵点由高速回转的圆毛刷刷下,形成的落棉由气流吸走。

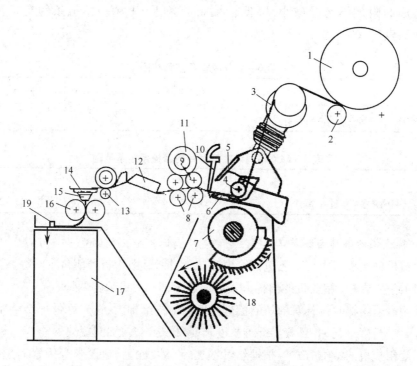

图 5－31　FA266 型精梳机的结构

1—小卷　2—承卷罗拉　3—偏心张力辊　4—给棉罗拉　5—上钳板　6—下钳板　7—锡林
8—分离罗拉　9—分离胶辊　10—顶梳　11—绒辊　12—棉网托板　13—引导罗拉
14—集合器　15—喇叭口　16—导向压辊　17—棉条筒　18—圆毛刷　19—导条钉

精梳机由钳持喂给机构、梳理机构、分离接合机构、落棉输出机构组成。

(二)精梳工艺的设计

精梳工艺的设计要点是:

（1）确定合理的精梳落棉率。合理的精梳落棉率可以提高精梳产品的质量与经济效益。精梳落棉率应根据纺纱的品种、成纱的质量要求、原棉条件及精梳准备流程及工艺情况而定。

（2）充分发挥锡林作用。应根据成纱的品种及质量要求合理选择精梳锡林的规格及种类，以提高其梳理效果。

（3）合理定时定位。合理的定时、定位及隔距有利于减少精梳棉结杂质，提高精梳条的质量。

1. 精梳条的定量

精梳条的定量偏重为好，因为精梳条定量重，精梳机的牵伸倍数可以降低，由于牵伸造成的附加不匀会减小，降低精梳条的条干 CV 值。精梳条的定量范围见表 5－62、表 5－63。

表 5－62　精梳条定量范围

机　型	FA251	CJ25	PX2J	CJ40	FA261	FA266	FA269	F1268	E7/5、E7/6	E62、72
定量(g/5m)	12.5~25	14.5~21.5				15~30				

表 5－63　不同线密度纱线的精梳条定量范围

线密度(tex)	19.5~14.6	13~8.3	7.3~5.8
精梳条参考定量(g/5m)	23~25	20~23	18~21

2. 精梳机的给棉与钳持工艺

精梳机的给棉与钳持工艺包括给棉方式、给棉长度、钳板开闭口定时等参数。

（1）给棉方式。精梳机的给棉方式有前进给棉和后退给棉两种。

采用后退给棉时锡林对棉丛的梳理强度比前进给棉大，这对降低棉结杂质、提高纤维伸直平行度有利，并且分界纤维长度长，精梳落棉多，棉网短绒少。

一般精梳机的给棉方式应根据纺纱线密度、纱线的质量要求等因素而定。在生产中一般根据精梳落棉率的大小而定，当精梳落棉率大于 17% 时，采用后退给棉，当精梳落棉率小于 17% 时，采用前进给棉。

（2）给棉长度。精梳机的给棉长度对精梳机所梳理纤维的产量及质量均有影响。

当给棉长度大时，精梳机的产量高，分离罗拉输出的棉网较厚，棉网的破洞、破边可减少，开始分离接合的时间提早，但会使精梳锡林的梳理负担加重而影响梳理效果，精梳机牵伸装置的牵伸负担也会加重。因此，给棉罗拉的给棉长度应根据纺纱线密度、精梳机的机型、精梳小卷定量等情况而定。几种精梳机的给棉长度见表5－64。

表 5 – 64　精梳机的给棉长度　　　　　　　　　单位:mm

机　型	前进给棉	后退给棉
FA251	6,6.5,7.1	4.9,5.2,5.6
CJ25	—	5.23,5.61,6.04
PX2J	—	4.71,4.96,5.23.5.89
CJ40		
FA261	5.2,5.9,6.7	4.2,4.7,5.2,5.9
FA266	5.2,5.9	4.7,5.2,5.9
FA269		
F1268		
E7/5	5.2,5.9,6.7	4.2,4.7,5.2,5.9
E7/6		
E62	5.2,5.9	4.7,5.2,5.9
E72		

（3）钳板的运动定时。钳板的运动定时主要包括钳板最前位置定时和开、闭口定时。

①钳板最前位置定时。精梳机的其他定时与定位都是以钳板最前位置定时为依据的。不同精梳机钳板最前位置的定时见表 5 – 65。

表 5 – 65　精梳机钳板最前位置的定时

机　型	FA251	CJ25	PX2J	CJ40	FA261	FA266	FA269	F1268	E7/5、E7/6	E62、E72
定时(分度)	0(40)	20	0(40)		24				24	

②钳板闭口定时。钳板闭口定时要与锡林梳理开始定时相配合，一般情况下，钳板闭口定时要早于或等于锡林开始梳理定时,否则锡林梳针有可能抓走钳板中的纤维,使精梳落棉中的可纺纤维增多。锡林梳理开始定时的早晚与锡林定位和落棉隔距的大小有关。FA266 型、FA269 型、F1268 型精梳机锡林开始梳理定时见表 5 – 66,钳板闭口定时见表 5 – 67。

表 5 – 66　锡林开始梳理定时

落棉刻度		5	6	7	8	9	10	11	12
锡林梳理开始定时	锡林定位37	35.05	34.95	34.85	34.75	34.65	34.55	34.45	34.35
	锡林定位38	35.77	35.65	35.53	35.41	35.32	35.23	35.12	35.01

表 5 - 67　钳板的开口与闭口定时

落棉刻度	5	6	7	8	9	10	11	12
闭合定时（分度）	34.4	34.0	33.6	33.2	32.9	32.5	32.0	31.7
开口定时（分度）	6.8	7.6	8.3	9.1	9.8	10.5	11.3	12.1

③钳板开口定时。钳板开口定时晚，被锡林梳理过的棉丛受上钳板钳唇的下压作用而不能迅速抬头，不能很好地与分离罗拉倒退入机内的棉网进行搭接而影响分离接合质量，严重时，分离罗拉输出的棉网会出现破洞与破边现象。因此，从分离接合方面考虑，钳板钳口开启越早越好。

精梳机钳板的闭合与开启是在钳板前、后摆动到同一处发生的，几乎所有的精梳机都遵循这一规律，即钳板后退时在什么地方闭合，则钳板前进时就在什么地方开启。

FA266 型、FA269 型、F1268 型精梳机不同落棉隔距时钳板开口与闭口定时见表 5 - 67。

3. 精梳机的梳理与落棉工艺

（1）梳理隔距。由于钳板的传动采用四连杆机构，而锡林为圆周运动，故梳理隔距随时间而变化。在一个工作循环中，梳理隔距的变化幅度越小，梳理负荷越均匀，梳理效果就越好。按精梳机钳板支撑的方式不同，可分为下支点式（如 A201 系列）、上支点式（如 FA251 型）和中支点式（如 FA261 型）钳板。无论采用何种支撑方式，都存在梳理隔距最小点，此点称为最紧隔距点。现在多用中支点钳板，而 FA261 型、FA266 型、FA269 型、F1268 型最紧隔距点无法调整。最紧隔距点所在的分度随落棉隔距的改变而变化，调整时应注意。

（2）落棉隔距。落棉隔距越大，则分离隔距越大，钳板握持棉丛的重复梳理次数及分界纤维长度越大，故可提高梳理效果和精梳落棉率。因此，改变落棉隔距是调整精梳落棉率和梳理质量的重要手段。一般情况下，落棉隔距改变 1mm，精梳落棉率改变约 2%。落棉隔距的大小应根据纺纱线密度和纺纱的质量要求而定。

在精梳机上，通常采用改变落棉刻度盘上刻度的方式来调整落棉隔距。FA266 型、FA269 型、F1268 型精梳机落棉刻度与落棉隔距的关系见表 5 - 68。

表 5 - 68　落棉刻度与落棉隔距的关系

落棉刻度	5	6	7	8	9	10	11	12
落棉隔距（mm）	6.34	7.47	8.62	9.78	10.95	12.14	13.34	14.55

（3）锡林定位。锡林定位也称弓形板定位，其目的是改变锡林与钳板、锡林与分离罗拉运动的配合关系，以满足不同纤维长度及不同品种的纺纱要求。

锡林定位的早晚，影响锡林第一排及末排梳针与钳板钳口相遇的分度数，即影响开始梳理及梳理结束时的分度数，也影响锡林末排梳针通过锡林与分离罗拉最紧隔距点时的分度数。

锡林定位早，锡林开始梳理定时、梳理结束定时均提早，要求钳板闭合定时要早，以防棉丛被锡林梳针抓走；锡林定位晚，锡林末排梳针通过最紧隔距点时的分度亦晚，有可能将分离罗拉倒入机内的棉网抓走而形成落棉。

所纺纤维越长，锡林末排梳针通过最紧隔距点时分离罗拉倒入机内的棉网长度越长，越易被锡林末排梳针抓走。因此，当所纺纤维较长时，锡林定位提早为好。锡林定位不同时，FA266 型、FA269 型及 Fl268 型精梳机锡林末排梳针通过最紧隔距点的分度见表 5 - 69。

表 5 - 69　锡林末排梳针通过最紧隔距点的分度值

锡林定位（分度）	36	37	38
末排梳针通过最紧点的分度（分度）	9.48	10.48	11.48
适纺纤维长度（mm）	31 以上	27 ~ 31	27 以下

（4）顶梳高低隔距及进出隔距。顶梳的高低隔距越大，顶梳插入棉丛越深，梳理作用越好，精梳落棉率就越高。但高低隔距过大，会影响分离接合开始时棉丛的抬头。顶梳高低隔距共分五档，分别用 - 1、- 0.5、0、+ 0.5、+ 1 来表示，标值越大，顶梳插入棉丛就越深。顶梳高低隔距每增加一档，精梳落棉率约增加 1% 左右。

顶梳的进出隔距越小，顶梳梳针将棉丛送向分离罗拉越近，越有利于分离接合工作的进行。但进出隔距过小，易造成梳针与分离罗拉表面碰撞。顶梳进出隔距一般为 1.5mm。

4. 分离接合工艺

精梳机的分离接合工艺主要是利用改变分离罗拉顺转定时的方法，调整分离罗拉与锡林、分离罗拉与钳板的相对运动关系，以满足不同长度纤维及不同纺纱工艺的要求。

（1）对分离罗拉顺转定时的要求。根据分离接合的要求，分离罗拉顺转定时要早于分离接合开始定时，否则分离接合工作无法进行。分离罗拉顺转定时应满足以下要求：

①分离罗拉顺转定时的确定应保证开始分离时分离罗拉的顺转速度大于钳板的

前摆速度。

②分离罗拉顺转定时的确定应保证分离罗拉倒入机内的棉网不被锡林末排梳针抓走。

(2)分离刻度与分离罗拉顺转定时的关系。精梳机分离罗拉顺转定时的调整方法是改变曲柄销与 143^T 大齿轮(或称分离罗拉定时调节盘)的相对位置。分离罗拉定时调节盘上刻有刻度,刻度从"－2"到"＋1",其间以 0.5 为基本单位。FA261 型、FA266 型、FA269 型精梳机分离刻度与分离罗拉顺转定时的关系见表 5 – 70。

表 5 – 70　分离刻度与分离罗拉顺转定时的关系

分离刻度	＋1	＋0.5	0	－1	－1.5	－2
分离罗拉顺转定时(分度)	14.5	15.2	15.8	16.8	17.5	18

(3)分离罗拉顺转定时的确定。分离罗拉顺转定时应根据所纺纤维长度、锡林定位、给棉长度及给棉方式等因素确定。

当纤维长度越长时,倒入机内的棉网头端到达分离罗拉与锡林隔距点时的分度越早,易于造成棉网被锡林末排梳针抓走,因此当所纺纤维长度长时,分离罗拉顺转定时应相应提早。

当锡林定位早时,锡林末排梳针通过锡林与分离罗拉隔距点的分度提早,分离罗拉顺转定时也应提早。

当采用长给棉时,由于开始分离的时间提早,分离罗拉顺转定时也应适当提早,以防分离接合开始时,钳板的前进速度大于分离罗拉的顺转速度而产生棉网头端弯钩。

5. 其他工艺

(1)分离罗拉集棉器。分离罗拉集棉器可以调节棉网宽度,可根据不同原料与品种的需要来调整。通过改变垫片的集棉宽度来满足 291mm、293mm、295mm、297mm、299mm、301mm、302mm、305mm 等不同宽度的要求,以改善棉网破边问题。

(2)牵伸。三上五下牵伸装置的主牵伸和后区牵伸均为曲线牵伸,摩擦力界分布合理,后牵伸区牵伸倍数可以适当放大,以利于精梳条的条干均匀度和弯钩纤维的伸直。后牵伸区牵伸倍数有 1.14、1.36、1.5 三档。

(3)加压。精梳机采用气动加压方式。

分离胶辊:两端加压,范围是 240～384N/端。

前胶辊:两端加压,范围是 346～415N/端。

中、后胶辊:两端加压,范围是 485～623N/端。

(三)FA266 型精梳机工艺设计

1. 设计精梳条定量及牵伸

纺制精梳棉/钛远红外纤维/竹浆纤维/甲壳素纤维(40/20/20/20)11.8tex 混纺针织纱,根据表 5-63 中不同线密度纱线的精梳条定量常用范围,考虑到精梳条的条干均匀度及与钛远红外纤维/竹浆纤维/甲壳素纤维混合的比例为 40/60,钛远红外纤维/竹浆纤维/甲壳纤维混纺生条定量为 19.45g/5m,在并条机上两种纤维条的并和根数为棉纤维 2 根,钛远红外纤维/竹浆纤维/甲壳素纤维混纺条 3 根,则棉精梳条的定量为:

$$G_{精梳估} = \frac{40 \times 19.45 \times 3}{60 \times 2} = 19.45(\text{g/5m})$$

实际回潮率 6%(控制范围为 6% ~ 6.5%)。

根据精梳落棉率与纺纱线密度的关系(表 5-71),选择精梳落棉率为 17%。

表 5-71 精梳落棉率与纺纱线密度的关系

纺纱线密度(tex)	16 ~ 19	8 ~ 15	7	6	5	4
精梳落棉率(%)	16 ~ 18	17 ~ 19	19 ~ 20	20 ~ 21	21 ~ 22	22 ~ 23

第一步:估算实际牵伸。

$$E_{实际估} = \frac{G_{条并卷} \times 8 \times 5}{G_{精梳估}} = \frac{61.88 \times 8 \times 5}{19.45} = 127.26$$

第二步:估算机械牵伸。

$$E_{机械估} = E_{实际估} \times (1 - 落棉率) = 127.26 \times (1 - 0.17) = 105.63$$

精梳机的总牵伸倍数是指圈条压辊与承卷罗拉之间的牵伸倍数。由 FA266 型精梳机的传动图 5-32,求得其总牵伸倍数 E。

$$E_{机械} = \frac{F \times 138 \times 138 \times 138 \times 138 \times 40 \times 45 \times 28 \times G \times 104 \times 53.25 \times 44 \times 1.1 \times 59.5}{37 \times 40 \times 40 \times 40 \times 40 \times 140 \times 45 \times 39 \times H \times 42 \times 98.5 \times 28 \times 70}$$

$$= 1.5448 \times \frac{F \times G}{H} = 1.5448 \times \frac{65 \times 40}{38} = 105.70$$

式中:F——52、53、58、59、60、65、66,取 65 齿;

G——30、33、38、40,取 40 齿;

H——30、33、38、40,取 38 齿。

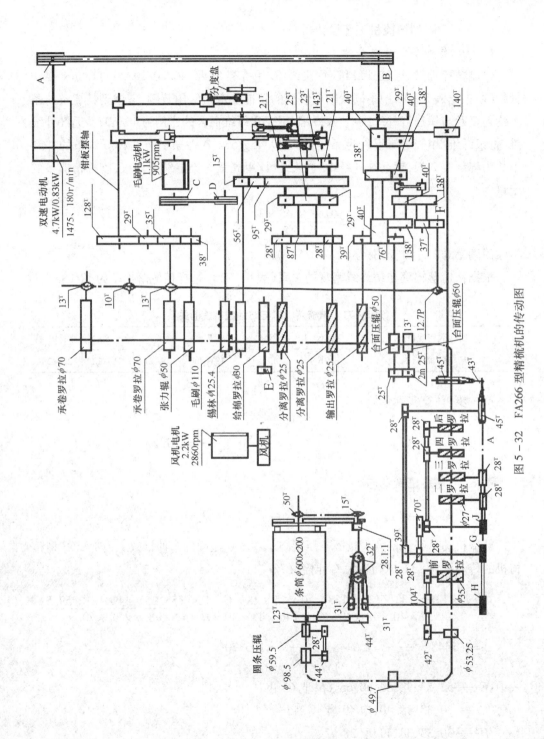

图 5-32 FA266 型精梳机的传动图

式中 1.1 为沟槽系数,因为圈条压辊外圆表面带沟槽。

第三步:计算修正后的精梳实际牵伸倍数、精梳条定量及线密度。

$$E_{实际} = \frac{E_{机械}}{1 - 落棉率} = \frac{105.70}{1 - 0.17} = 127.35$$

$$G_{精梳} = \frac{G_{条并卷} \times 8 \times 5}{E_{实际}} = \frac{61.88 \times 8 \times 5}{127.35} = 19.44 \, (g/5m)$$

$$G_{精梳条湿} = G_{精梳} \times (1 + 6\%) = 19.44 \times (1 + 6\%) = 20.61 \, (g/5m)$$
$$Tt_{精梳} = G_{精梳} \times (1 + 8.5\%) \times 200 = 19.44 \times (1 + 8.5\%) \times 200 = 4218.48 \, (tex)$$

第四步:计算部分牵伸。

(1)给棉罗拉与承卷罗拉间的牵伸。

每钳次的给棉长度:

$$L_{给棉} = \frac{\pi \times 30}{E} = \frac{94.2}{E} = \frac{94.2}{20} = 4.71 \, (mm/钳次)$$

式中:E——16、18、20,取 20。

每钳次的喂卷长度:

$$L_{喂卷} = \frac{143 \times 40 \times 40 \times 40 \times 40 \times 37}{29 \times 138 \times 138 \times 138 \times 138 \times F} \times \pi \times 70$$

$$= \frac{283.21}{F} = \frac{283.21}{65} = 4.36 \, (mm/钳次)$$

给棉罗拉与承卷罗拉间的牵伸:

$$e_{给棉罗拉～承卷罗拉} = \frac{L_{给棉}}{L_{喂卷}} = \frac{4.71}{4.36} = 1.08$$

(2)分离罗拉与给棉罗拉间的分离牵伸。

每钳次的有效输出长度:

$$L_{有效输出} = -\frac{15}{95} \times \left(1 - \frac{33 \times 29}{21 \times 25}\right) \times \frac{87}{28} \times 25 \times \pi = 31.71 \, (mm/钳次)$$

分离罗拉与给棉罗拉间的分离牵伸:

$$e_{分离罗拉～给棉罗拉} = \frac{L_{有效输出}}{L_{给棉}} = \frac{31.71}{4.71} = 6.73$$

（3）台面压辊与分离罗拉间的牵伸。

每钳次的台面压辊输出长度：

$$L_{台面压辊输出} = \frac{143 \times 40 \times 40 \times 40}{29 \times 138 \times 138 \times 76} \times \pi \times 50 = 34.2504（mm/钳次）$$

台面压辊与分离罗拉间的牵伸：

$$e_{台面压辊～分离罗拉} = \frac{L_{台面压辊输出}}{L_{有效输出}} = \frac{34.2504}{31.71} = 1.08$$

（4）后罗拉与台面压辊间的牵伸。

$$L_{后罗拉输出} = \frac{143 \times 40 \times 45 \times 28 \times 28 \times 28}{29 \times 140 \times 45 \times 38 \times 70 \times 28} \times \pi \times 27 = 35.22（mm/钳次）$$

$$e_{后罗拉～台面压辊} = \frac{L_{后罗拉输出}}{L_{台面压辊输出}} = \frac{35.22}{34.25} = 1.03$$

（5）第三罗拉与第四罗拉间的牵伸。

$$e_{第三罗拉～第四罗拉} = \frac{J}{28} = \frac{38}{28} = 1.36$$

式中：J——32、38、42，取 38 齿。

（6）前罗拉与后罗拉间的牵伸。

$$e_{前罗拉～后罗拉} = \frac{28 \times 70 \times G \times 104 \times 35}{28 \times 28 \times H \times 28 \times 27} = 12.037 \times \frac{G}{H} = 12.037 \times \frac{40}{38} = 12.67$$

（7）圈条压辊与前罗拉间的牵伸。

$$e_{圈条压辊～前罗拉} = \frac{28 \times 53.25 \times 44 \times 1.1 \times 59.5}{42 \times 98.5 \times 28 \times 35} = 1.06$$

2. 设计速度

（1）锡林速度。

$$锡林速度 = 1475 \times \frac{A \times 29}{B \times 143} = 299.13 \times \frac{A}{B} = 299.13 \times \frac{144}{154} = 280（钳次/min）$$

式中：A——126、144、154、174，取 144 齿；

B——144、154、174、218，取 154 齿。

（2）毛刷速度。

$$n_{毛刷} = 905 \times \frac{C}{D} = 905 \times \frac{137}{109} = 1137（r/min）$$

式中：C——毛刷电动机皮带轮直径，109mm、137mm，取137mm；

　　　D——毛刷电动机从动轮直径，109mm。

（3）圈条压辊速度。

$$v_{圈条压辊} = 1475 \times \frac{A \times 40 \times 45 \times 28 \times G \times 104 \times 53.25 \times 44 \times 1.1 \times 59.5 \times \pi}{B \times 140 \times 45 \times 39 \times H \times 42 \times 98.5 \times 28 \times 1000}$$

$$= 130.80 \times \frac{A \times G}{B \times H} = 130.80 \times \frac{144 \times 40}{154 \times 38} = 128.74（m/min）$$

3. 设计隔距

（1）落棉隔距（刻度）：落棉刻度选择9。

（2）梳理隔距：梳理隔距为0.40mm。

（3）顶梳隔距：进出隔距为1.5mm，高低隔距选择 +0.5 档。

（4）主牵伸罗拉握持距：根据主牵伸罗拉握持距等于跨距长度的最长纤维长度，根据原棉的情况，握持距应为40mm，隔距为9mm。

4. 设计其他工艺参数

（1）定时定位：锡林定位37分度，分离罗拉顺转定时刻度 −1。

（2）加压：分离胶辊加压为 300N/端，牵伸前胶辊加压为 380N/端，中、后胶辊为560N/端。

四、精梳工艺设计表

精梳工艺设计表见表5 −72。

表5 −72　精梳工艺设计表

机型	预并条定量(g/5m)		回潮率(%)	总牵伸倍数		线密度(tex)	并合数	牵伸倍数分配				前罗拉速度(m/min)
								紧压罗拉~前罗拉	前罗拉~二罗拉	二罗拉~后罗拉	后罗拉~导条罗拉	
	干重	湿重		机械	实际							
FA306	20.11	21.32	6	6.07	5.95	4363.87	6	1.02	3.87	1.48	1.04	350
罗拉握持距(mm)			罗拉加压(N)					罗拉直径(mm)			喇叭口直径(mm)	压力棒调节环直径(mm)
前~二	二~后		导条×前×二×后×压力棒					前×二×后				

续表

预并条工艺					
40	42	118×362×392×362×58.8		45×35×35	2.8	13

齿轮的齿数							
Z_1	Z_2	Z_3	Z_4	Z_5	Z_6	Z_8
56	42	25	125	65	53	50

条并卷工艺

机型	小卷定量（g/m）		回潮率（%）	总牵伸倍数		线密度（tex）	并合数	成卷罗拉速度（m/min）	握持距（mm）		满卷定长（m）
	干重	湿重		机械	实际				前罗拉~二罗拉	三罗拉~后罗拉	
FA356A	61.88	65.59	6	1.79	1.82	67139.8	28	90	38	40	250

牵 伸 分 配						胶辊加压（MPa）			
前成卷罗拉与后成卷罗拉	后成卷罗拉与前紧压辊	前紧压辊与后紧压辊	台面压辊与前罗拉	前罗拉与后罗拉	后罗拉与导条辊	前胶辊	中胶辊	后胶辊	紧压胶辊
1.05	1.06	1.03	1.03	1.56	1.02	0.35	0.30	0.30	0.25

齿轮的齿数									
A	B	C	D	F	G	I	J	K	L
88	93	57	90	23/33	31	55	76	27	53

精梳工艺

机型	精梳条定量（g/5m）		回潮率（%）	并合数	总牵伸倍数		线密度（tex）	落棉率（%）	给棉方式	给棉长度（mm）	转速（r/min）	
	干重	湿重			机械	实际					锡林	毛刷
FA266	19.44	20.61	6	8	105.70	127.35	4218.48	17	后退给棉	4.71	280	1137

牵 伸 分 配						隔 距			
圈条压辊与前罗拉	前罗拉与后罗拉	后罗拉与台面压辊	台面压辊与分离罗拉	分离罗拉与给棉罗拉	给棉罗拉与承卷罗拉	落棉隔距（刻度）	梳理隔距（mm）	顶梳进出隔距（mm）	顶梳高低隔距（档）
1.06	12.67	1.03	1.08	6.73	1.08	9	0.40	1.5	+0.5

主牵伸罗拉握持距（mm）	锡林定位（分度）	分离罗拉顺转定时刻度	加压（N/端）			
			前胶辊	中胶辊	后胶辊	分离胶辊
40	37	−1	380	560	560	300

续表

精梳工艺							
齿轮的齿数							
A	B	C	E	F	G	H	J
144	154	137	20	65	40	38	38

五、条卷及精梳条质量控制

(一)条卷质量

条卷质量指标主要有回潮率、重量不匀率、伸长率和短纤维含量,其重量不匀率及短纤维率指标见表5－73。

表5－73　条卷重量不匀率及短纤维率

纺纱线密度(tex)	>9.7	5.83~7.29	<5.83
条卷重量不匀率(%)	0.90~1.10	1.05~1.15	1.10~1.20
条卷短纤维率(%)	13~15(16.5mm以下)	12~14(20.5mm以下)	12~14(20.5mm以下)

(二)精梳条质量

精梳机机型不同,精梳条的质量指标有较大差异,在正常配棉条件下,其一般控制范围见表5－74、表5－75。

表5－74　精梳条质量参考指标

精梳条干CV值(%)	精梳条短绒率(%)	精梳条重量不匀率(%)	精梳后棉结清除率(%)	精梳后杂质清除率(%)
<3.8	<8	<0.6	>17	>50

表5－75　精梳落棉率参考指标

纺纱线密度(tex)	30~14	14~10	10~6	<6
参考落棉率(%)	14~16	15~18	17~20	>19
落棉含短绒率(%)	>60			

(三)控制精梳条卷均匀度的措施

控制精梳条卷均匀度的措施见表5－76。

表 5 - 76   控制精梳条卷均匀度的措施

条卷质量问题	影 响 因 素	控 制 措 施
条卷棉层厚薄及横向不匀	1. 罗拉隔距过大或过小 2. 胶辊表面状态不良或弯曲、偏心、回转不正常 3. 胶辊加压不足 4. 牵伸倍数过大 5. 张力牵伸过大 6. 分条板、导条柱位置不当,棉条排列不匀 7. 喂入根数太少	1. 适当调整罗拉隔距 2. 校正胶辊的圆整度、同心度 3. 增加罗拉加压量 4. 适当减小牵伸倍数 5. 适当减小张力牵伸 6. 适当调整分条板、导条柱的位置 7. 调整工艺,增加喂入棉条根数
条卷表面出现纵向条纹	紧压辊～后成卷罗拉的张力牵伸过大	减小紧压辊～后成卷罗拉的张力牵伸
条卷表面出现涌皱	紧压辊～后成卷罗拉的张力牵伸过小	增大紧压辊—后成卷罗拉的张力牵伸
条卷松软	1. 成卷压力小 2. 制动机构状态不良	1. 适当增加成卷压力 2. 检修制动机构
条卷边缘不平齐	1. 筒管宽度不适合 2. 集棉器开档及安装位置不正确 3. 棉卷夹持机构松动或两侧加压不平衡 4. 夹盘与成卷罗拉间隙过大	1. 更换筒管 2. 调整集棉器 3. 检修夹持机构,使其正常工作 4. 合理调整夹盘与成卷罗拉间隙
条卷粘层	1. 车间相对湿度或温度过高 2. 准备工序牵伸倍数过大 3. 原棉中含糖过高或用回花太多 4. 紧压辊加压不足 5. 成卷加压太重	1. 调整车间温湿度,使其到正常值 2. 适当减小喂入根数,降低牵伸倍数 3. 采取措施减小原棉含糖量,合理使用回花 4. 增加紧压辊的加压量 5. 适当减小成卷的加压量
条卷边缘粘连	1. 夹盘与筒管有较大松动 2. 夹盘表面不光洁 3. 牵伸胶辊或紧压辊加压不平衡	1. 调整夹盘与筒管的间隙 2. 打磨夹盘表面,使其光洁 3. 检修加压装置

(四)控制精梳条均匀度的措施

控制精梳条均匀度的措施见表 5 - 77。

表 5 - 77 控制精梳条均匀度的措施

质量问题	影响因素	控制措施
质量 不匀率	1. 台与台之间的落棉率不一样	1. 定期试验精梳落棉率,及时对眼差、台差进行控制
	2. 各部件间的隔距过大或过小	2. 统一工艺,做到同品种、同机型工艺一致
	3. 齿轮的齿数大或小	3. 同品种、同机型的齿轮保持统一
	4. 锡林、顶梳表面针齿损伤,有缺齿或倒齿	4. 及时维修、保养锡林、顶梳针面,或更换针布
	5. 换卷接头不良	5. 按操作规程进行换卷的接头工作
	6. 棉条接头不良	6. 按操作规程进行棉条的接头工作
	7. 锡林嵌花多,分梳作用差	7. 按时清刷锡林,定期校正毛刷对锡林的插入深度
	8. 车间温湿度过低或过高	8. 控制好车间的温湿度
条干 不匀率	1. 弓形板定位、钳板闭开口定时、分离罗拉顺转定时配合不当	1. 合理确定弓形板定位、钳板闭开口定时、分离罗拉顺转定时
	2. 棉网结合不良	2. 合理设计分离结合工艺
	3. 分离胶辊或牵伸胶辊状态不良	3. 校正、保养分离胶辊、牵伸胶辊
	4. 分离罗拉或牵伸罗拉弯曲	4. 校正分离罗拉或牵伸罗拉
	5. 牵伸传动齿轮磨损或啮合不良,齿轮与轴间配合松动,牵伸传动轴弯曲	5. 调整齿轮位置或更换齿轮,校正牵伸传动轴
	6. 胶辊加压失效或压力不足	6. 合理调整加压量或更换相应的加压装置
	7. 牵伸罗拉隔距过大或过小	7. 根据加工纤维长度合理调整牵伸罗拉隔距
	8. 各部件间张力牵伸配置不当	8. 合理确定精梳机各部分的张力牵伸,减少意外牵伸
	9. 集棉器毛糙或开档过小	9. 打磨集棉器,合理调整开档

(五)控制精梳条棉结杂质、短纤维的措施

控制精梳条棉结杂质、短纤维的措施见表 5 - 78。

表 5 - 78 控制精梳条棉结杂质、短纤维的措施

质量问题	影响因素	控制措施
棉结 杂质 含量	1. 生条中含短纤维、棉结、杂质过多	1. 严格控制生条的短纤维率、棉结杂质含量
	2. 落棉率偏小或落棉眼差大	2. 统一工艺,做到同品种、同机型工艺一致
	3. 梳理件状态不良	3. 及时维修、保养锡林、顶梳针面,或更换针布
	4. 毛刷转速低或状态不良	4. 更换皮带轮或毛刷掉头,提高毛刷转速
	5. 毛刷插入锡林的深度较浅	5. 及时调整毛刷插入锡林的深度
	6. 给棉长度较大	6. 减小给棉长度,提高分梳次数
	7. 车间温湿度过高	7. 控制好车间的温湿度

质量问题	影响因素	控制措施
短纤维含量	1. 生条中含短纤维过多 2. 落棉率偏小或落棉眼差大 3. 梳理件状态不良 4. 吸落棉风量小 5. 毛刷转速低或状态不良 6. 毛刷插入锡林的深度较浅 7. 锡林、顶梳定时配置不当 8. 车间温湿度过高	1. 严格控制生条的短纤维率 2. 统一工艺,做到同品种、同机型工艺一致 3. 及时维修、保养锡林、顶梳针面,或更换针布 4. 及时检查与疏导风道,保持通道清洁 5. 更换皮带轮或毛刷掉头,提高毛刷转速 6. 及时调整毛刷插入锡林的深度 7. 根据纤维原料、产品种类合理选择锡林、顶梳定时 8. 控制好车间的温湿度

第四节　并条工艺设计

并条最主要的工作是"均匀"。目前,并条机多采用了自调匀整装置,使并条机产生了较好的均匀效果。

一、并条工艺表

在精梳工艺设计的基础上,进行并条工艺的设计,精梳棉条、钛/竹/甲混合条将在此按照混合比例进行混合,达到混合均匀、结构均匀的目的。并条工艺设计分为棉条定量及牵伸设计、速度设计、握持距设计及其他工艺参数的设计。通常先进行棉条定量及牵伸设计,然后进行速度、握持距及其他工艺参数的设计。本部分将以精梳棉/钛远红外纤维/竹浆纤维/甲壳素纤维(40/20/20/20)11.8tex 混纺针织纱的并条工艺设计为例,主要设计内容见表5 – 79。

表5 – 79　并条工艺表

混一并工艺											
机型	条子定量 (g/5m)		回潮率(%)	总牵伸倍数		线密度(tex)	并合数	牵伸倍数分配				前罗拉速度 (m/min)
	干重	湿重		机械	实际			紧压罗拉~前罗拉	前罗拉~二罗拉	二罗拉~后罗拉	后罗拉~导条罗拉	
FA306	17.97	19.35	7.68	5.52	5.41	3916.74	5	1.02	3.67	1.32	1.04	212

罗拉握持距(mm)		罗拉加压(N)	罗拉直径(mm)	喇叭口直径(mm)	压力棒调节环直径(mm)
前~二	二~后	导条×前×二×后×压力棒	前×二×后		
48	50	118 ×362 ×392 ×362 ×58.8	45 ×35 ×35	2.8	15

续表

混一并工艺

齿轮的齿数

Z_1	Z_2	Z_3	Z_4	Z_5	Z_6	Z_8
58	40	26	124	65	63	51

混二并工艺

机型	条子定量 (g/5m)		回潮率(%)	总牵伸倍数		线密度(tex)	并合数	牵伸倍数分配				前罗拉速度 (m/min)
	干重	湿重		机械	实际			紧压罗拉~前罗拉	前罗拉~二罗拉	二罗拉~后罗拉	后罗拉~导条罗拉	
FA306	17.06	18.37	7.68	6.45	6.32	3718.40	6	1.02	4.60	1.32	1.04	212

罗拉握持距(mm)			罗拉加压(N)	罗拉直径(mm)	喇叭口直径(mm)	压力棒调节环直径 (mm)
前~二	二~后	导条×前×二×后×压力棒		前×二×后		
46	50	118×362×392×362×58.8		45×35×33	2.6	15

齿轮的齿数

Z_1	Z_2	Z_3	Z_4	Z_5	Z_6	Z_8
54	44	26	123	65	63	50

混三并工艺

机型	条子定量 (g/5m)		回潮率(%)	总牵伸倍数		线密度(tex)	并合数	牵伸倍数分配				紧压罗拉速度 (m/min)
	干重	湿重		机械	实际			紧压罗拉~前罗拉	前罗拉~后罗拉	后罗拉~检测罗拉	检测罗拉~导条罗拉	
FA326A	15.99	17.22	7.68	6.53	6.40	3485.18	6	1.02	5.91	1.01	1.03	238

罗拉握持距(mm)			罗拉加压(N)	罗拉直径(mm)	喇叭口直径(mm)	压力棒调节环直径 (mm)
前~二	二~后	导条×前×二×后×压力棒		前×二×后		
46	50	118×353×392×353×58.8		45×35×35	2.6	15

齿轮的齿数

Z_1	Z_2	Z_3	Z_4	Z_5	Z_6	Z_7	Z_8	Z_9
24	44	73	70	76	74	77	28	49

二、并条机的机构

(一)并条工序的任务

由于生条或精梳条的重量不匀率较高,且在普梳纺纱系统中生条中的纤维排列

也很紊乱,大部分纤维呈弯钩卷曲状态,并有部分小纤维束存在。为了获得优质的细纱,必须经过并条工序。并条工序的主要任务是:

1. 并合

将 6~8 根条子随机并合,改善熟条的长、中片段均匀度,使熟条的重量不匀率降至 1% 以下。

2. 牵伸

牵伸可以改善条子的结构,提高纤维的伸直度、平行度和分离度。

3. 混和

利用反复并合和牵伸实现单纤维之间的混和。

4. 成条

经过并合、牵伸、混和后的纤维层,再经集束、压缩制成棉条,并有规律地圈放在条筒内,便于搬运和后道工序的加工。

(二)FA326A 型并条机

FA326A 型并条机如图 5-33 所示,其工艺流程是在后导条架的下方放置 6~16 个喂入棉条筒,分为两组。棉条经导条罗拉积极喂入,并借助于分条器将棉条平行排列于导条罗拉上,并列排好的两组棉条有秩序地经过导条块和给棉罗拉,进入牵伸装置。经过牵伸的须条沿前罗拉表面,并由导向胶辊引导进入紧靠在前罗拉表面的弧形导管,再经喇叭口聚拢成条后由紧压罗拉压紧成光滑紧密的棉条,再由圈条盘将棉条有规律地圈放在输出棉条筒中,如图 5-34 所示。

FA326A 型并条机主要由喂入机构、牵伸机构、成条机构、自动换筒机构及自调匀整装置组成。

图 5-33　FA326A 型并条机

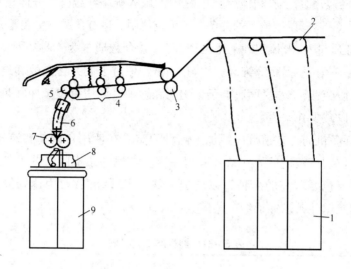

图 5 - 34 FA326A 型并条机的结构
1—棉条筒 2—导条罗拉 3—给棉罗拉 4—牵伸装置 5—导向胶辊
6—弧形导管 7—紧压罗拉 8—圈条盘 9—棉条筒

三、并条机工艺

并条工序要求使用纺制定量符合设计标准、条干均匀度好、重量不匀率低和纱疵少的熟条。工艺设计必须事先考虑熟条的质量要求、所要加工原料的特点、设备条件等因素。

(一)棉条定量

棉条定量应根据纺纱线密度、纺纱品种、配置设备数量、产品质量要求和加工原料的特性等因素综合考虑决定,一般在 10 ~ 30g/5m 范围内。纺细特纱时,产品质量要求较高,定量应偏轻掌握。在罗拉加压充分、后工序设备牵伸能力较大的条件下,可适当加重定量。棉条定量的选用范围见表 5 - 80。

表 5 - 80 棉条定量的选用范围

纺纱线密度(tex)	>32	20 ~ 30	13 ~ 19	9 ~ 13	<7.5
棉条干定量范围(g/5m)	20 ~ 25	17 ~ 22	15 ~ 20	13 ~ 17	<13

(二)工艺道数

选择合理的工艺道数和并合数,对于改善纤维伸直、平行度和提高混和均匀度十分重要。并条工艺道数还受纤维弯钩方向的制约,一般梳棉纱工艺应符合奇数配置,精梳纱工艺应符合偶数配置。在精梳后的并条工序,喂入棉条纤维已充分伸直平行,生产中容易产生意外牵伸,所以精梳后的并条工序可以使用一道有自调匀整装置的并条机。

为了保证质量,一般梳棉纱采用两道并条,并合数通常为48或64。增加并合数对于改善重量不匀率、提高纤维混和均匀度有效,但过多的并合道数和过大的牵伸倍数,会使纤维疲劳、条子熟烂而影响条干均匀和纱疵。使用有预牵伸和自调匀整装置的梳棉机,可以减少并条道数。

纯棉纺并条机的工艺道数应视加工品种而定。在使用自调匀整装置后,工艺道数可以减少,特别是精梳后的并条宜采用一道。常规并条机的工艺道数一般不少于两道,色纺或混色要求高的品种可以增加道数。多纤维混纺,为达到较好的混和效果,一般采用三道并条。纯棉纺工艺道数见表5－81。

表5－81　纯棉纺工艺道数

品　　种	精梳后并条	细特纱及特种用纱	粗特、中特纱	转杯纱
有自调匀整装置的并条机	1	2~3	2	1~2
无自调匀整装置的并条机	2	2~3	2	2

(三)牵伸配置

1. 总牵伸

并条机的总牵伸应接近于并合数,一般选用范围为并合数的0.9~1.2倍。总牵伸倍数应结合精梳棉条定量、粗纱定量和牵伸机构的能力综合考虑,合理配置。总牵伸配置范围见表5－82。

表5－82　总牵伸配置范围

牵伸形式	曲线牵伸	
并合数	6	8
总牵伸	5.5~7.5	7~10

2. 各道并条机的牵伸分配

头道、二道并条机的牵伸配置,既要注意喂入棉条的内在结构和纤维的弯钩方向,又要兼顾逐次牵伸造成的附加不匀率增大。有两种工艺路线可供选择,一种是头并牵伸大(大于并合数)、二并牵伸小(等于或略小于并合数),又称倒牵伸,这种牵伸配置对改善熟条的条干均匀度有利;另一种是头并牵伸小、二并牵伸大,又称顺牵伸,这种牵伸配置有利于纤维的伸直,对提高成纱强力有利。

头道并条机喂入的生条纤维排列紊乱,前弯钩居多,若配置较大的牵伸,虽可促使纤维伸直平行、提高分离度,但对消除前弯钩效果不明显;二道并条机喂入条的内在结构已有较大改善,且纤维中后弯钩居多,可配置较大牵伸消除后弯钩,但对条干均匀度不利。

纺特细特纱时,为了减少后续工序的牵伸,也可采用头并略大于并合数,二并更大(如当并合数为 8 根时,可用 9 倍牵伸或 10 倍以上的牵伸)的工艺路线。原则上头并牵伸倍数要小于并合数,头并的后区牵伸选 2 倍左右;二并的总牵伸倍数略大于并合数,后区牵伸维持弹性牵伸(小于 1.2 倍)。

3. 部分牵伸分配的确定

目前虽然并条机的牵伸形式不同,但大都为双区牵伸,所以,部分牵伸分配主要是指后区牵伸和前区牵伸(主牵伸区)的分配问题。

(1)主牵伸。由于主牵伸区的摩擦力界较后区布置的更合理,所以牵伸倍数主要靠主牵伸区承担,主牵伸配置参考因素见表 5 - 83。

表 5 - 83　主牵伸配置参考因素

参考因素	主牵伸区摩擦力界布置合理	纤维伸直度好	加压足够并可靠	纤维后弯钩居多
主牵伸倍数	较大	较大	较大	较大

(2)后牵伸。后区牵伸一方面是摩擦力界布置的特点不适宜进行大倍数牵伸,因为后区牵伸一般为简单罗拉牵伸,故牵伸倍数要小,应只起为前区牵伸做准备的辅助作用,一般配置范围是头道并条的后区牵伸倍数在 1.6~2.1,二道并条的后区牵伸倍数在 1.06~1.15。另一方面,由于喂入后区的纤维排列十分紊乱,棉条内在结构较差,不适宜进行大倍数牵伸。另外,若后区采用小倍数牵伸,则牵伸后进入前区的须条不至于严重扩散,须条中纤维抱合紧密,有利于前区牵伸的进行。

(3)前张力牵伸。前张力牵伸与加工的纤维类别、品种(普梳、精梳)、出条速度、集束器、喇叭头口径和形式、温湿度等因素有关,一般控制在 0.99~1.03 倍。纺纯棉时,前张力牵伸取 1 或略大于 1;纺精梳棉时,如棉条起皱,可比纺普梳纯棉略大;当喇叭头口径偏小或采用压缩喇叭头形式时,前张力牵伸应略为放大。前张力牵伸的大小应以棉网能顺利集束下引,不起皱、不涌头为准。较小的前张力牵伸对条干均匀有利。FA 系列并条机都采用喇叭口加集束器的成条技术,可采用较小的前张力牵伸。

(4)后张力牵伸。后张力牵伸(导条张力牵伸)应根据品种、纤维原料的不同和前工序圈条成形的优劣而调整,又与棉条喂入形式有关。目前 FA 系列并条机绝大多数采用悬臂导条辊高架顺向导入式(有上压辊或无上压辊)。导条喂入装置主要应使条子不起毛,避免意外伸长,使棉条能平列(不重叠)顺利进入牵伸区。后张力牵伸一般配置 1.01～1.02 倍(带上压辊)、1.00～1.03 倍(不带上压辊)。纺化纤时,后张力牵伸一般配置 0.98～1.01 倍(带上压辊)、1.00～1.05 倍(不带上压辊)。

(四)罗拉握持距

正确配置罗拉握持距对提高棉条质量至关重要,纤维长度、性状及整齐度是决定罗拉握持距的主要因素。纤维长度长、整齐度好时,握持距可偏大掌握。

握持距过大,会使条干恶化、成纱强力下降;握持距过小,会产生胶辊滑溜、牵伸不开、拉断纤维而增加短绒等问题,破坏后续工序的产品质量。为了既不损伤长纤维,又能控制绝大部分纤维的运动,并且考虑胶辊在压力作用下产生变形使实际钳口向两边扩展的因素,罗拉握持距必须大于纤维的品质长度。这是针对各种牵伸形式的共同原则。配置罗拉握持距的参考因素见表 5–84。

表 5–84　配置罗拉握持距的参考因素

参考因素	棉条定量		罗拉加压		纤维整齐度		输出速度		工艺道数		牵伸倍数		喂入条紧密度		附加摩擦力界机构	
	轻	重	轻	重	差	好	快	慢	头道	二道	大	小	紧	松	有	无
罗拉握持距	宜小	宜大	宜大	宜小	宜小	宜大	宜小	宜大	宜小	宜大	宜小	宜大	宜大	宜小	宜大	宜小

握持距 S 可根据下式确定:

$$S = L_p + P$$

式中:S——罗拉握持距,mm;

L_p——纤维品质长度,mm;

P——根据牵伸力的差异及罗拉钳口扩展长度而确定的长度,mm。

罗拉握持距的配置范围见表 5–85。

表 5–85　罗拉握持距的配置范围

牵伸形式	罗拉握持距(mm)				
	前 区		中 区	后 区	
	棉	化纤		棉	化纤
三上四下曲线牵伸	$L_p + (3～5)$	$L_p + (4～9)$	~L_p	$L_p + (10～16)$	$L_p + (12～20)$
五上三下曲线牵伸	$L_p + (2～6)$	$L_p + (3～8)$		$L_p + (8～15)$	$L_p + (10～18)$
三上三下压力棒曲线牵伸	$L_p + (6～12)$	$L_p + (6～12)$		$L_p + (8～14)$	$L_p + (10～15)$

在压力棒牵伸装置中,主牵伸区罗拉握持距的大小取决于前胶辊移距(前移或后移)、中胶辊移距(前移或后移)以及压力棒在主牵伸区内与前罗拉间的隔距三个参数。实践表明,压力棒牵伸装置的前区握持距对条干均匀度影响较大,在前罗拉钳口握持力充分的条件下,握持距越小,条干均匀度越好。

(五)罗拉加压

重加压是实现对纤维运动有效控制的主要手段,它对摩擦力界的影响最大,重加压也是实现并条机优质高产的重要手段。并条机各罗拉加压的配置应综合考虑牵伸形式、前罗拉速度、棉条定量和原料性能等因素。一般罗拉速度快、棉条定量重时,罗拉加压应适当加重。牵伸形式、出条速度与加压重量的关系见表5-86。

表5-86　牵伸形式、出条速度与加压重量的关系

牵伸形式	出条速度 (m/min)	罗拉加压(N)					
		导向辊	前上罗拉	二上罗拉	三上罗拉	后上罗拉	压力棒
三上四下曲线牵伸	150以下		150~200	250~300		200~250	
	150~250		200~250	300~350		200~250	
五上三下曲线牵伸	200~500	140	260	450		400	
三上三下压力棒曲线牵伸	200~600	100~200	300~380	350~400		350~400	50~100

(六)压力棒工艺

压力棒在牵伸区内是一种附加摩擦力界机构,被FA系列各种型号并条机普遍采用。压力棒安装在牵伸区内,加强了对纤维、特别是浮游纤维运动的控制,有利于提高牵伸质量,改善棉条内在结构,降低条干不匀率。压力棒可分为下压式和上托式两种,两种形式的作用原理和效果相同。

压力棒为梨状金属棒,与纤维接触的下端面圆弧曲率半径为6mm。压力棒中心至第二罗拉中心垂直距固定,纤维长度40mm以下时为19.6mm。当压力棒调节环用蓝色(ϕ14mm)时,压力棒下母线与第一罗拉上母线在同一水平面。根据所纺纤维长度、品种、品质和定量的不同,变换不同直径(颜色)的调节环,使压力棒在牵伸区中处于不同高低位置,从而获得对棉层的不同控制,调节压力棒位置高低的因素见表5-87。

调节环直径愈小控制力愈强,反之则愈弱。通常对于棉纤维一般从直径为14mm(蓝)、13mm(黄)、12mm(红)的压力棒调节环中选取。对于化纤一般从直径为15mm(绿)、16mm(白)的压力棒调节环中选取。

表 5 -87　调节压力棒位置高低的因素

各项因素	品　种		工艺道数		棉条定量		纤维整齐度		前区隔距		牵伸倍数		胶辊加压	
	梳棉纱	精梳纱	头道	二道	重	轻	好	差	大	小	大	小	大	小
位置高低	宜低	宜高	宜大	宜低	宜低	宜高	宜高	宜低	宜低	宜高	宜低	宜高	宜低	宜高

(七)喇叭头孔径

喇叭头孔径的大小主要根据棉条重量而定,合理地选择孔径,可使棉条抱合紧密,表面光洁,纱疵减少。

$$喇叭头孔径(mm) = C \times \sqrt{G_m}$$

式中:C——经验常数;

G_m——棉条定量,g/5m。

使用压缩喇叭头时,C 为 0.6 ~ 0.65;使用普通喇叭头时,C 为 0.85 ~ 0.90。

当并条机速度较高、张力牵伸较小、相对湿度较高、喇叭头出口至紧压罗拉挟持点距离较大时,孔径应偏大掌握。棉条定量与喇叭头口径的关系见表 5 – 88。

表 5 – 88　棉条定量与喇叭头口径的关系

棉条定量(g/5m)	压缩喇叭孔径(mm)	普通喇叭孔径(mm)
<12	2.0 ~ 2.2	2.8 ~ 3.0
12	2.1 ~ 2.3	2.9 ~ 3.1
14	2.2 ~ 2.4	3.2 ~ 3.4
16	2.4 ~ 2.6	3.4 ~ 3.6
18	2.6 ~ 2.8	3.6 ~ 3.8
20	2.7 ~ 2.9	3.8 ~ 4.0
22	2.8 ~ 3.0	4.0 ~ 4.2
24	3.0 ~ 3.2	4.2 ~ 4.4
>24	3.2 ~ 3.4	4.4 ~ 4.6

四、混一并的工艺设计

(一)设计混合条定量及牵伸

在混一并上,要进行钛远红外纤维/竹浆纤维/甲壳素纤维混合生条与棉纤维精梳条的混合。钛远红外纤维/竹浆纤维/甲壳素纤维混合生条的定量为 19.45g/5m,

精梳棉条的定量为 19.44g/5m,精梳棉/钛远红外纤维/竹浆纤维/甲壳素纤维 的混合比例为 40/20/20/20,钛远红外纤维/竹浆纤维/甲壳素纤维混合生条与棉纤维精梳条的混合比例为 60/40,为使混合纤维的比例更准确,混一并的并合根数为钛远红外纤维/竹浆纤维/甲壳素纤维混合生条 3 根,棉纤维精梳条 2 根。初步设计混一并混合条的定量为 18g/5m。

设 FA306 型并条机的牵伸效率为 98%(工厂可以根据实际牵伸与机械牵伸计算获得,多数情况在 96% ~99%)。并合根数选择 5 根。实际回潮率分别为:钛远红外纤维/竹浆纤维/甲壳素纤维混合生条 8.8% ,棉条 6% 。

实际回潮率为:混合条实际回潮率 = 8.8% ×60% +6% ×40% =7.68%

公定回潮率为:混合条公定回潮率 = 9.3% ×60% +8.5% ×40% =8.98%

第一步:估算实际牵伸。

$$E_{实际估} = \frac{G_{钛/竹/甲混合生条} \times 3 + G_{棉精梳} \times 2}{G_{混一并估}} = \frac{19.45 \times 3 + 19.44 \times 2}{18} = 5.40$$

第二步:估算机械牵伸。

$$E_{机械估} = \frac{E_{实际估}}{牵伸效率} = \frac{5.40}{0.98} = 5.51$$

并条机的总牵伸倍数是指导条罗拉与紧压罗拉之间的牵伸倍数。由 FA306 型并条机的传动图(图 5 – 28),求得其总牵伸倍数 E。

$$E_{机械} = \frac{18 \times 36 \times Z_8 \times 63 \times 70 \times Z_2 \times 66 \times 61 \times 76 \times 60}{18 \times 36 \times 32 \times Z_4 \times 51 \times Z_1 \times Z_3 \times 43 \times 38 \times 60}$$

$$= 506 \times \frac{Z_8 \times Z_2}{Z_4 \times Z_1 \times Z_3} = 506 \times \frac{51 \times 40}{124 \times 58 \times 26} = 5.52$$

式中:Z_2/Z_1——62/36、60/38、58/40、56/42、54/44、52/46、50/48、48/50、46/52、44/54、42/56、40/58、38/60、36/62,取 40/58 齿;

Z_3——25、26、27,取 26 齿;

Z_4——121、122、123、124、125,取 124 齿;

Z_8——49、50、51,取 51 齿。

第三步:计算修正后的实际牵伸倍数、混合条定量及线密度。

$$E_{实际} = E_{机械} \times 牵伸效率 = 5.52 \times 0.98 = 5.41$$

$$G_{混一并} = \frac{G_{钛/竹/甲混合生条} \times 3 + G_{棉精梳} \times 2}{E_{实际}} = \frac{19.45 \times 3 + 19.44 \times 2}{5.41} = 17.97(g/5m)$$

$$G_{混一并湿} = G_{混一并} \times (1 + 7.68\%) = 17.97 \times (1 + 7.68\%) = 19.35(g/5m)$$

$$\begin{aligned} Tt_{混一并} &= G_{混一并} \times (1 + 8.98\%) \times 200 = 17.97 \times (1 + 8.98\%) \times 200 \\ &= 3916.74(tex) \end{aligned}$$

第四步:计算部分牵伸。

(1)前罗拉与第二罗拉间的牵伸:

$$e_{前罗拉 \sim 第二罗拉} = \frac{Z_6 \times 76 \times 38 \times 45}{Z_5 \times 27 \times 29 \times 35} = 4.742 \times \frac{Z_6}{Z_5} = 4.742 \times \frac{53}{65} = 3.87$$

式中:Z_5——47、51、65、71,取 65 齿;

Z_6——53、63、74,取 53 齿。

(2)第二罗拉与后罗拉间的牵伸:

$$\begin{aligned} e_{第二罗拉 \sim 后罗拉} &= \frac{21 \times 63 \times 70 \times Z_2 \times 66 \times 61 \times 76 \times 27 \times Z_5 \times 35}{24 \times Z_4 \times 51 \times Z_1 \times Z_3 \times 43 \times 38 \times 76 \times Z_6 \times 35} \\ &= 5033.4 \times \frac{Z_2 \times Z_5}{Z_4 \times Z_1 \times Z_3 \times Z_6} = 5033.4 \times \frac{40 \times 65}{124 \times 58 \times 26 \times 53} = 1.32 \end{aligned}$$

(3)紧压罗拉与前罗拉间的牵伸:

$$e_{紧压罗拉 \sim 前罗拉} = \frac{29 \times 60}{38 \times 45} = 1.02$$

(4)后罗拉与导条罗拉间的牵伸:

$$e_{后罗拉 \sim 导条罗拉} = \frac{35 \times 24 \times Z_8}{60 \times 21 \times 32} = 0.02083 \times Z_8 = 0.02083 \times 51 = 1.06$$

(二)设计速度

$$v_{前罗拉} = 1470 \times \frac{D_m}{D_1} \times \frac{38}{29} \times \pi \times d = 1470 \times \frac{140}{180} \times \frac{38}{29} \times 3.14 \times \frac{45}{1000}$$

$$= 212(m/min)$$

式中:D_m——电动机皮带轮直径,mm, 200、190、180、170、160、150、140、130、120。

取 140mm;

D_1——电动机从动轮直径,mm, 120、130、140、150、160、170、180、190、200。

取 180mm;

d——前罗拉直径,45mm。

(三)设计握持距

FA306 型预并条机采用三上三下压力棒曲线牵伸,混合纤维的品质长度为 35.44mm,则:

前区握持距设计为:35.44 + 12 ≈ 48mm

后区握持距设计为:35.44 + 14 ≈ 50mm

(四)设计其他工艺参数

1. 压力棒工艺

选用 15mm(绿)直径的压力棒调节环。

2. 罗拉加压

导向辊 × 前上罗拉 × 二上罗拉 × 后上罗拉 × 压力棒:118 × 362 × 392 × 362 × 58.8(N)

3. 喇叭头孔径

使用压缩喇叭头时,C 取 0.65。则:

$$喇叭头孔径 = C \times \sqrt{G_{混一并}} = 0.65 \times \sqrt{17.97} = 2.76(mm)$$

采用 2.8mm 孔径。

五、混二并的工艺设计

(一)设计混合条的定量及牵伸

初步设计混二并混合条的定量为 17g/5m。设 FA306 型并条机的牵伸效率为 98%(工厂可以根据实际牵伸与机械牵伸计算获得,多数情况在 96% ~ 99%)。并合根数选择 6 根。

第一步:估算实际牵伸。

$$E_{实际估} = \frac{G_{混一并} \times 6}{G_{混二并估}} = \frac{17.97 \times 6}{17} = 6.34$$

第二步:估算机械牵伸。

$$E_{机械估} = \frac{E_{实际估}}{牵伸效率} = \frac{6.34}{0.98} = 6.47$$

并条机的总牵伸倍数是指导条罗拉与紧压罗拉之间的牵伸倍数。由 FA306 型并条机的传动图(图 5 - 28),求得其总牵伸倍数 E。

$$E_{机械} = \frac{18 \times 36 \times Z_8 \times 63 \times 70 \times Z_2 \times 66 \times 61 \times 76 \times 60}{18 \times 36 \times 32 \times Z_4 \times 51 \times Z_1 \times Z_3 \times 43 \times 38 \times 60} = 506 \times \frac{Z_8 \times Z_2}{Z_4 \times Z_1 \times Z_3}$$

$$= 506 \times \frac{50 \times 44}{123 \times 54 \times 26} = 6.45$$

式中：Z_2/Z_1——62/36、60/38、58/40、56/42、54/44、52/46、50/48、48/50、46/52、44/54、42/56、40/58、38/60、36/62，取 44/54 齿；

$\quad\quad$ Z_3——25、26、27，取 26 齿；

$\quad\quad$ Z_4——121、122、123、124、125，取 123 齿；

$\quad\quad$ Z_8——49、50、51，取 50 齿。

第三步：计算修正后的实际牵伸倍数、混合条定量及线密度。

$$E_{实际} = E_{机械} \times 牵伸效率 = 6.45 \times 0.98 = 6.32$$

$$G_{混二并} = \frac{G_{混一并} \times 6}{E_{实际}} = \frac{17.97 \times 6}{6.32} = 17.06(g/5m)$$

$$G_{混二并湿} = G_{混二并} \times (1 + 7.68\%) = 17.06 \times (1 + 7.68\%) = 18.37(g/5m)$$

$$Tt_{混二并} = G_{混二并} \times (1 + 8.98\%) \times 200 = 17.06 \times (1 + 8.98\%) \times 200$$
$$= 3718.40(tex)$$

第四步：计算部分牵伸。

（1）前罗拉与第二罗拉间的牵伸：

$$e_{前罗拉~第二罗拉} = \frac{Z_6 \times 76 \times 38 \times 45}{Z_5 \times 27 \times 29 \times 35} = 4.742 \times \frac{Z_6}{Z_5} = 4.742 \times \frac{63}{65} = 4.60$$

式中：Z_5——47、51、65、71，取 65 齿；

$\quad\quad$ Z_6——53、63、74，取 63 齿。

（2）第二罗拉与后罗拉间的牵伸：

$$e_{第二罗拉~后罗拉} = \frac{21 \times 63 \times 70 \times Z_2 \times 66 \times 61 \times 76 \times 27 \times Z_5 \times 35}{24 \times Z_4 \times 51 \times Z_1 \times Z_3 \times 43 \times 38 \times 76 \times Z_6 \times 35}$$

$$= 5033.4 \times \frac{Z_2 \times Z_5}{Z_4 \times Z_1 \times Z_3 \times Z_6} = 5033.4 \times \frac{44 \times 65}{123 \times 54 \times 26 \times 63} = 1.32$$

（3）紧压罗拉与前罗拉间的牵伸：

$$e_{紧压罗拉~前罗拉} = \frac{29 \times 60}{38 \times 45} = 1.02$$

（4）后罗拉与导条罗拉间的牵伸：

$$e_{后罗拉 \sim 导条罗拉} = \frac{35 \times 24 \times Z_8}{60 \times 21 \times 32} = 0.02083 \times Z_8 = 0.02083 \times 50 = 1.04$$

（二）设计速度

$$v_{前罗拉} = 1470 \times \frac{D_m}{D_1} \times \frac{38}{29} \times \pi \times d = 1470 \times \frac{140}{180} \times \frac{38}{29} \times 3.14 \times \frac{45}{1000} = 212 \text{m/min}$$

式中：D_m——电动机皮带轮直径，mm，200、190、180、170、160、150、140、130、120。

取 140mm；

D_1——电动机从动轮直径，mm，120、130、140、150、160、170、180、190、200。

取 180mm；

d——前罗拉直径，45mm。

（三）设计握持距

FA306 型预并条机采用三上三下压力棒曲线牵伸，混合纤维的品质长度为35.44mm，则：

前区握持距设计为：35.44 + 10 ≈ 46mm

后区握持距设计为：35.44 + 14 ≈ 50mm

（四）设计其他工艺参数

1. 压力棒工艺

选用 15mm（绿）直径的压力棒调节环。

2. 罗拉加压

导向辊×前上罗拉×二上罗拉×后上罗拉×压力棒：118 × 362 × 392 × 362 × 58.8（N）。

3. 喇叭头孔径

使用压缩喇叭头时，C 取 0.63。则

$$喇叭头孔径 = C \times \sqrt{G_{混二并}} = 0.63 \times \sqrt{17.06} = 2.60（\text{mm}）$$

采用 2.6mm 孔径。

六、混三并的工艺设计

（一）设计混合条的定量及牵伸

初步设计混三并混合条的定量为 16g/5m。

设 FA326A 型并条机的牵伸效率为98%（工厂可以根据实际牵伸与机械牵伸计算获得，多数情况在96% ~99%），并合根数选择 6 根。

第一步：估算实际牵伸。

$$E_{实际估} = \frac{G_{混二并} \times 6}{G_{混三并估}} = \frac{17.06 \times 6}{16} = 6.40$$

第二步：估算机械牵伸。

$$E_{机械估} = \frac{E_{实际估}}{牵伸效率} = \frac{6.40}{0.98} = 6.53$$

并条机的总牵伸倍数是指导条罗拉与紧压罗拉之间的牵伸倍数。由 FA326A 型并条机的传动图（图 5 -35），求得其总牵伸倍数 E。

$$E_{机械} = \frac{20 \times Z_5 \times Z_7 \times Z_4 \times 42 \times 59.8}{20 \times Z_6 \times 27 \times Z_3 \times (1-0.25) \times 24 \times 60} = 0.08613 \times \frac{Z_5 \times Z_7 \times Z_4}{Z_6 \times Z_3}$$

$$= 0.08613 \times \frac{76 \times 77 \times 70}{74 \times 73} = 6.53$$

式中：Z_3——60 ~73，取 73 齿；

Z_4——63 ~73、80 ~90，取 70 齿；

Z_5——74、75、76，取 76 齿；

Z_6——72、74，取 74 齿；

Z_7——76、77、78，取 77 齿。

第三步：计算修正后的实际牵伸倍数、混合条定量及线密度。

$$E_{实际} = E_{机械} \times 牵伸效率 = 6.53 \times 0.98 = 6.40$$

$$G_{混三并} = \frac{G_{混二并} \times 6}{E_{实际}} = \frac{17.06 \times 6}{6.40} = 15.99(g/5m)$$

$$G_{混三并湿} = G_{混三并} \times (1+7.68\%) = 15.99 \times (1+7.68\%) = 17.22(g/5m)$$

$$Tt_{混三并} = G_{混三并} \times (1+8.98\%) \times 200 = 15.99 \times (1+8.98\%) \times 200$$
$$= 3485.18(tex)$$

第四步：计算部分牵伸。

（1）前罗拉与后罗拉间的牵伸：

$$e_{前罗拉~后罗拉} = \frac{33 \times Z_4 \times 42 \times 41 \times Z_9 \times 45}{20 \times Z_3 \times (1-0.25) \times 24 \times 53 \times 29 \times 35}$$

$$= 0.132 \times \frac{Z_4 \times Z_9}{Z_3} = 0.132 \times \frac{63 \times 49}{69} = 5.91$$

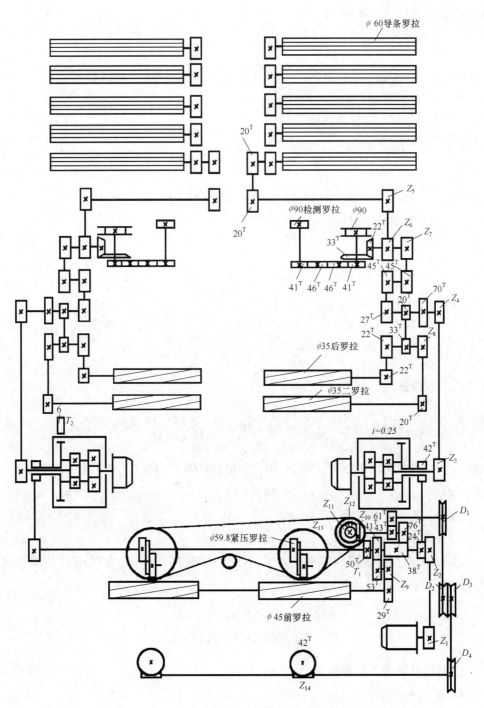

图 5 – 35 FA326A 型并条机的传动图

式中：Z_9——47 ~ 50，取 49 齿。

（2）紧压罗拉与前罗拉间的牵伸：

$$e_{\text{紧压罗拉~前罗拉}} = \frac{29 \times 53 \times 59.8}{Z_9 \times 41 \times 45} = \frac{49.817}{Z_9} = \frac{49.817}{49} = 1.02$$

（3）第二罗拉与后罗拉间的牵伸：

$$e_{\text{第二罗拉~后罗拉}} = \frac{Z_8}{20} = \frac{28}{20} = 1.4$$

式中：Z_8——22、24、25、26、28、30、32、34、36、38，取 28 齿。

（4）后罗拉与检测罗拉间的牵伸：

$$e_{\text{后罗拉~检测罗拉}} = \frac{33 \times Z_7 \times 20 \times 22 \times 35}{22 \times 27 \times 33 \times 22 \times 90} = 0.0131 \times Z_7 = 0.0131 \times 77 = 1.01$$

（5）检测罗拉与导条罗拉：

$$e_{\text{检测罗拉~导条罗拉}} = \frac{90 \times 22 \times Z_5}{60 \times 33 \times Z_6} = \frac{Z_5}{Z_6} = \frac{76}{74} = 1.03$$

（二）设计速度

$$v_{\text{紧压罗拉}} = 58 \times f \times \frac{Z_1 \times \pi \times d}{Z_2 \times 1000} = 58 \times 40 \times \frac{24 \times 3.14 \times 59.8}{44 \times 1000} = 238(\text{m/min})$$

式中：f——变频电动机频率，Hz，24、30、35、40、45、50、55、60、65，取 40Hz；

Z_1/Z_2——24/44、30/34，取 24/44 齿；

d——紧压罗拉直径，59.8mm。

（三）设计握持距

FA326A 型并条机采用的是三上三下压力棒曲线牵伸，混合纤维的品质长度 35.44mm，则握持距设计为：

$$\text{前区握持距} = 35.44 + 10 \approx 46\text{mm}$$

$$\text{后区握持距} = 35.44 + 14 \approx 50\text{mm}$$

（四）设计其他工艺参数

1. 压力棒工艺

选用 15mm（绿）直径的压力棒调节环。

2. 罗拉加压

导向辊×前上罗拉×二上罗拉×后上罗拉×压力棒:118×353×392×353×58.8(N)。

3. 喇叭头孔径

使用压缩喇叭头时,C 取 0.65。则:

$$喇叭头孔径 = C \times \sqrt{G_{混三并}} = 0.65 \times \sqrt{15.99} = 2.60(mm)$$

选用 2.6mm 孔径。

七、并条工艺设计表

并条工艺设计表见表 5-89

表 5-89 并条工艺设计表

混一并工艺

机型	条子定量 (g/5m)		回潮率(%)	总牵伸倍数		线密度(tex)	并合数	牵伸倍数分配				前罗拉速度(m/min)
	干重	湿重		机械	实际			紧压罗拉~前罗拉	前罗拉~二罗拉	二罗拉~后罗拉	后罗拉~导条罗拉	
FA306	17.97	19.35	7.68	5.52	5.41	3916.74	5	1.02	3.87	1.32	1.04	212

罗拉握持距(mm)		罗拉加压(N)	罗拉直径(mm)	喇叭口直径(mm)	压力棒调节环直径(mm)
前~二	二~后	导条×前×二×后×压力棒	前×二×后		
48	50	118×362×392×362×58.8	45×35×35	2.8	15

齿轮的齿数

Z_1	Z_2	Z_3	Z_4	Z_5	Z_6	Z_8
58	40	26	124	65	53	51

混二并工艺

机型	条子定量 (g/5m)		回潮率(%)	总牵伸倍数		线密度(tex)	并合数	牵伸倍数分配				前罗拉速度(m/min)
	干重	湿重		机械	实际			紧压罗拉~前罗拉	前罗拉~二罗拉	二罗拉~后罗拉	后罗拉~导条罗拉	
FA306	17.06	18.37	7.68	6.45	6.32	3718.40	6	1.02	4.60	1.32	1.04	212

罗拉握持距(mm)		罗拉加压(N)	罗拉直径(mm)	喇叭口直径(mm)	压力棒调节环直径(mm)
前~二	二~后	导条×前×二×后×压力棒	前×二×后		
46	50	118×362×392×362×58.8	45×35×35	2.6	15

续表

混二并工艺						
齿轮的齿数						
Z_1	Z_2	Z_3	Z_4	Z_5	Z_6	Z_8
54	44	26	123	65	63	50

混三并工艺

机型	条子定量(g/5m)		回潮率(%)	总牵伸倍数		线密度(tex)	并合数	牵伸倍数分配				紧压罗拉速度(m/min)
	干重	湿重		机械	实际			紧压罗拉~前罗拉	前罗拉~后罗拉	后罗拉~检测罗拉	检测罗拉~导条罗拉	
FA326A	15.99	17.22	7.68	6.53	6.40	3485.18	6	1.02	5.91	1.01	1.03	238

罗拉握持距(mm)		罗拉加压(N)	罗拉直径(mm)	喇叭口直径(mm)	压力棒调节环直径(mm)
前~二	二~后	导条×前×二×后×压力棒	前×二×后		
46	50	118×353×392×353×58.8	45×35×35	2.6	15

齿轮的齿数								
Z_1	Z_2	Z_3	Z_4	Z_5	Z_6	Z_7	Z_8	Z_9
24	44	73	70	76	74	77	28	49

八、熟条质量控制措施

(一)熟条质量指标

熟条质量主要有条干不匀率、重量不匀率、重量偏差、条子的内在质量(条子中纤维的分离度、伸直度、短绒含量等)等指标,其中前三项为工厂常规检验项目,最后一项为机械、工艺实验研究以及其他科学研究时的附加检验指标。熟条质量的部分参考指标见表5-90。

表5-90 熟条质量的部分参考指标

品　种	回潮率(%)	萨氏条干均匀度(%)(不大于)	条干不匀率(%)	重量不匀率(%)(不大于)
细特纱	6~7	18	3.5~3.6	0.9
中、粗特纱	6.3~7.3	21	4.1~4.3	1

(二)控制熟条重量不匀率的措施

控制熟条重量不匀率的措施见表5-91。

表 5 - 91　控制熟条重量不匀率的措施

质量问题	影 响 因 素	控 制 措 施
熟条重量不符标准	1. 牵伸变换齿轮调错或牵伸微调操作手柄制动位置搞错(FA306 型、FA306A 型) 2. 喂入棉条搞错 3. 断头自停装置失灵,后罗拉加压失效,喂入棉条有缺条或多条	1. 加强上机变换齿轮的检查 2. 加强检查,确保喂入棉条线密度准确 3. 加强巡视,保证喂入棉条根数正确,检查牵伸机件并保证其运转良好
粗条	1. 棉条接头包卷过长或过紧(纺化纤时容易产生) 2. 棉条在喂入时有打褶现象 3. 牵伸变换齿轮用错 4. 后罗拉加压失效	1. 加强操作训练 2. 加强巡视,及时处理打褶棉条 3. 加强工艺上机检查 4. 加强设备部件检修
细条	1. 喂入棉条缺根 2. 棉条接头包卷搭头太细或脱开 3. 前罗拉或前胶辊绕薄花 4. 清洁器吸风太大 5. 牵伸变换齿轮用错	1. 加强巡视,保证喂入棉条根数的正确 2. 加强操作训练 3. 加强设备部件检修 4. 适当配置吸风量 5. 加强工艺上机检查

(三)控制熟条条干不匀率的措施

控制熟条条干不匀率的措施见表 5 - 92。

表 5 - 92　控制熟条条干不匀率的措施

影 响 因 素	控 制 措 施
1. 胶辊加压太轻或失效,两端压力差异太大,加压轴偏离胶辊中心 2. 罗拉隔距走动,过小或过大 3. 胶辊偏心或弯曲,表面严重损坏或直径不当,轴承缺油,回转失灵 4. 罗拉跳动及严重弯曲、罗拉联轴节松动,罗拉颈磨灭,罗拉滚动轴承损坏等 5. 严重绕罗拉、绕胶辊,使罗拉弯曲,胶辊中凹,隔距走动 6. 牵伸齿轮爆裂、偏心、缺齿,键与键槽松动或齿轮啮合不良 7. 牵伸部分同步带张力不当或齿形缺损 8. 部分牵伸配置不当,前张力牵伸配置太大 9. 导条张力太大或导条压辊滑溜,棉条在导条台上产生意外伸长 10. 喂入棉条重叠,牵伸不开,导条块开档太小或有部分在导条块外,使棉条失去控制	1. 加强牵伸、加压及喂入部件检修 2. 正确设计工艺,加强工艺上机检查 3. 加强对清洁器、导条块等辅助部件的管理 4. 加强操作训练

影 响 因 素	控 制 措 施
11. 压力棒弯曲变形 12. 压力棒位置过低(上托式过高),对棉网控制力过强,出现牵伸不开的现象 13. 上下清洁器作用不良,飞花卷入棉网 14. 刹车过猛 15. 轴承磨损	

(四)USTER 统计公报关于熟条的统计值(2007 版)

1. 纯棉普梳熟条条干 CV 值

纯棉普梳熟条条干 CV 值见表 5 – 93。

表 5 – 93　纯棉普梳熟条条干 CV 值

熟条定量(g/5m)	5%	25%	50%	75%	95%
29.5	2.07	2.57	2.82	3.10	3.88
27.9	2.12	2.61	2.85	3.12	3.85
26.6	2.17	2.63	2.87	3.13	3.83
25.3	2.22	2.67	2.90	3.15	3.81
24.2	2.26	2.70	2.92	3.16	3.78
23.1	2.30	2.73	2.95	3.18	3.76
22.2	2.34	2.76	2.97	3.19	3.74
21.3	2.39	2.79	2.99	3.21	3.72
20.5	2.43	2.81	3.01	3.22	3.71
19.7	2.48	2.84	3.03	3.23	3.69

2. 纯棉精梳熟条条干 CV 值

纯棉精梳熟条条干 CV 值见表 5 – 94。

表 5 – 94　纯棉精梳熟条条干 CV 值

熟条定量(g/5m)	5%	50%	95%
24.6	1.50	2.08	2.53
22.9	1.58	2.11	2.53
21.4	1.66	2.14	2.53

熟条定量(g/5m)	5%	25%	50%	75%	95%
20.1	1.74	2.17	2.53		
19.0	1.81	2.20	2.53		
18.0	1.87	2.22	2.53		
17.1	1.95	2.25	2.53		
16.2	2.02	2.27	2.53		
15.5	2.09	2.30	2.53		
14.8	2.16	2.32	2.53		

第五节　粗纱工艺设计

目前细纱的牵伸能力达不到把棉条牵伸成所要求细纱的能力,要先利用粗纱机进行一定程度的牵伸,然后再进入细纱工序。因此,粗纱又可以看作是细纱的准备工序。

一、粗纱工艺表

粗纱工艺设计分为粗纱定量及牵伸设计、捻度设计、速度设计、握持距设计、粗纱卷绕密度设计及其他工艺参数的设计。通常先进行粗纱定量及牵伸设计,然后进行捻度设计,再进行速度、握持距、粗纱卷绕密度及其他工艺参数的设计。本部分将以精梳棉/钛远红外纤维/竹浆纤维/甲壳素纤维(40/20/20/20)11.8tex 混纺针织纱的粗纱工艺设计为例,主要设计内容见表5−95。

表5−95　粗纱工艺表

机型	粗纱定量 (g/10m)		回潮率(%)	总牵伸倍数		后区牵伸倍数	线密度(tex)	计算捻度(捻/10cm)	捻系数	罗拉握持距(mm)		
	干重	湿重		机械	实际					前~二	二~三	三~后
TJFA458A												

罗拉加压(N)		罗拉直径(mm)		轴向卷绕密度(圈/10cm)	径向卷绕密度(层/10cm)	转速(r/min)	
前×二×三×后		前×二×三×后				前罗拉	锭子

机型	粗纱定量（g/10m）		回潮率（%）	总牵伸倍数		后区牵伸倍数	线密度（tex）	计算捻度（捻/10cm）	捻系数	罗拉握持距（mm）		
	干重	湿重		机械	实际					前~二	二~三	三~后

集合器口径(宽×高)(mm)			钳口隔距（mm）	齿轮的齿数												
前区	后区	喂入		Z_1	Z_2	Z_3	Z_4	Z_5	Z_6	Z_7	Z_8	Z_9	Z_{10}	Z_{11}	Z_{12}	Z_{14}

二、粗纱机的机构

（一）粗纱工序的任务

将熟条纺成细纱约需 150 倍以上的牵伸，而目前一般细纱机的牵伸能力只有 10~80倍，所以，需要设置粗纱工序。粗纱工序的任务有三项。

1. 牵伸

施加 5~12 倍牵伸，将熟条抽长拉细，并进一步改善纤维的伸直平行度与分离度。

2. 加捻

将牵伸后的须条加上适当的捻度，使粗纱具有一定强力，以承受粗纱卷绕和在细纱机上退绕时的张力，防止意外牵伸或拉断。

3. 卷绕成形

将加捻后的粗纱卷绕在筒管上，制成一定形状和大小的卷装，便于贮存和搬运，适应细纱机的喂入。

（二）TJFA458A 型粗纱机

TJFA458A 型粗纱机如图 5-36 所示，其工艺过程是棉条从机后条筒内引出，由导条辊积极输送，经导条喇叭口喂入牵伸装置。棉条被牵伸至规定线密度后，由前罗拉钳口输出，经锭翼加捻成粗纱，最后卷绕成管纱，如图 5-37 所示。粗纱机由喂入机构、牵伸机构、加捻机构、卷绕成形机构组成。

三、粗纱工艺

应根据熟条定量的大小设计粗纱工艺，同时兼顾细纱机的牵伸能力、细纱线密度的大小和粗纱加工质量的要求，正确设定粗纱的定量和总牵伸倍数，确保粗纱机按设计要求将熟条加工成具有一定线密度的粗纱，正确配置各牵伸齿轮的齿数。通过合

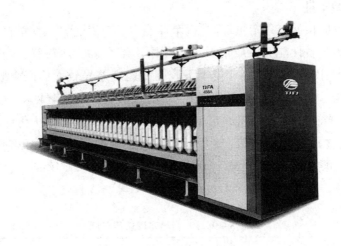

图 5 - 36 TJFA458A 型粗纱机

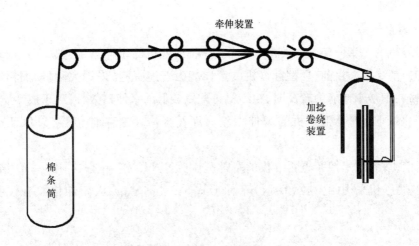

牵伸装置

加捻
卷绕
装置

棉
条
筒

图 5 - 37 TJFA458A 型粗纱机的结构

理的工艺设计,尽可能提高粗纱产品的加工质量,向细纱工序提供优质的半制品,为最终提高成纱质量打好基础。

由于化学纤维长度长、长度整齐度好、摩擦因数大,回弹性好、易产生静电以及对温湿度的影响敏感等特性,故粗纱工艺上宜采用"大隔距、重加压、小张力、小捻系数"的原则。

（一）粗纱定量

粗纱定量应根据熟条定量、细纱机牵伸能力、成纱线密度、纺纱品种、产品质量要求以及粗纱设备性能和供应情况等各项因素综合确定。在双胶圈牵伸中,粗纱定量过重,往往因中上罗拉打滑使上下胶圈间速度差较大而产生胶圈间须条分裂或分层现象。所以,双胶圈牵伸形式不宜纺定量过重的粗纱。一般粗纱定量在2～6g/10m,纺特细特纱时,粗纱定量以2～2.5g/10m为宜。纺化纤时,由于纤维长度长、长度整齐度好和摩擦因数大等原因,使得双胶圈牵伸区的牵伸力较纺纯棉时牵伸力大,粗纱定量应适当减小,一般粗纱定量在2～5g/10m。粗纱定量选用范围见表5-96。

表5-96　　粗纱定量选用范围

纺纱线密度(tex)	>32	20～30	9～19	<9
粗纱干定量(g/10m)	5.5～10	4.1～6.5	2.5～5.5	1.6～4.0

（二）牵伸

1. 总牵伸倍数

粗纱机的总牵伸倍数主要由细纱线密度、细纱机的牵伸倍数、熟条定量、粗纱机的牵伸效能决定。目前,新型细纱机的牵伸能力普遍提高,采用大牵伸,而粗纱趋于重定量,在细纱牵伸能力较高时,粗纱机可配置较低的牵伸倍数,以利于成纱质量。

纺化纤时,由于粗纱机的牵伸力较大而需要减小总牵伸倍数,以保证产品的质量。

目前,双胶圈牵伸装置粗纱机的牵伸范围为4～12倍,一般常用5～10倍,见表5-97。粗纱机采用四罗拉(D型)牵伸形式时,对重定量、大牵伸倍数有较明显的效果。

表5-97　　粗纱机总牵伸配置范围

牵伸形式	三罗拉双胶圈牵伸、四罗拉双胶圈牵伸		
纺纱特数	粗特纱	中特、细特纱	特细特纱
总牵伸	5～8	6～9	7～12

2. 牵伸分配

粗纱机的牵伸分配主要由粗纱机的牵伸形式和总牵伸倍数决定,同时参照熟条定量、粗纱定量和所纺品种等因素合理配置,见表5-98。

表 5 – 98 粗纱机的牵伸分配

部分牵伸	三罗拉双胶圈牵伸	四罗拉双胶圈牵伸
前区	主牵伸区	1.05
中区		主牵伸区
后区	1.15 ~ 1.4	1.2 ~ 1.4

粗纱机的前牵伸区采用双胶圈及弹性钳口,对纤维的运动控制良好,所以牵伸倍数主要由前牵伸区承担;后区牵伸是简单罗拉牵伸,控制纤维能力较差,牵伸倍数以偏小为宜,应使结构紧密的纱条喂入主牵伸区,以利于改善条干。当喂入熟条定量过重时,为防止须条在前区产生分层现象,后区可采用较大的牵伸倍数。四罗拉双胶圈牵伸较三罗拉双胶圈牵伸的后区牵伸倍数可略大一些。四罗拉双胶圈牵伸前部为整理区,由于该区不承担牵伸任务,所以只需 1.05 倍的张力牵伸,以保证纤维在集束区中的有序排列。

一般化纤纯纺、混纺时,后区的牵伸配置与纯棉纱相同,如后区隔距较小时,后区牵伸配置可略大于纯棉纱。

(三)捻系数

粗纱捻系数主要根据所纺品种、纤维长度、线密度、粗纱定量、细纱后区工艺等因素而定,它们对粗纱捻系数的影响见表 5 – 99。

表 5 – 99 影响粗纱捻系数的因素

类 别	影响因素	粗纱捻系数	
		大	小
纤维特性	纤维长度	短	长
	纤维整齐度	低	高
	纤维线密度	粗	细
温湿度	温度	高	低
	粗纱回潮率	大	小
	季节	潮湿	干燥
粗纱工艺	粗纱定量	轻	重
	粗纱机锭速	高	低
	粗纱卷装容量	大卷装	小卷装
粗纱手感	粗纱松紧	松	紧
	粗纱强力	低	高

类　别	影响因素	粗纱捻系数	
		大	小
细纱工艺	细纱后加压重量	重	轻
	细纱后牵伸倍数	大	小
	细纱后隔距	大	小
产品质量	粗节和阴影	粗节少,阴影多	粗节多,阴影少
	强力	低	高
	重量不匀率	低	高
产品种类	梳棉纱或精梳纱	梳棉纱	精梳纱
	针织用纱或起绒用纱	针织用纱	起绒用纱
	织布用纱	经纱	纬纱

细纱后区的工艺参数(后罗拉加压、后区隔距)与粗纱捻度的配置密切相关。配置得当,对于改善成纱质量有好处。针织用纱布面质量应重点防止产生阴影,要求成纱条干减少细节,因此粗纱捻系数要偏大掌握,但以牵伸过程不出硬头为原则。粗纱捻系数与细纱后区工艺参数的相互影响见表5-100。

表5-100　粗纱捻系数与细纱后区工艺参数的相互影响

粗纱捻系数	对细纱后罗拉握持力要求	细纱后区牵伸力	细纱后牵伸力出现峰值时的细纱后牵伸倍数	喂入细纱机前牵伸区的粗纱须条结构	成纱质量		
					强力	重量不匀率	成纱条干
大	较大	较大	较大	较紧密	较高	较大	粗节多,细节少
小	较小	较小	较小	较松散	较低	较小	粗节少,细节多

纺化纤时,由于其长度长、纤维之间的联系力大,须条的强力比纺纯棉时大,故纺化纤的粗纱捻系数一般较纺纯棉时小一些。纺棉型化纤时为纺纯棉的50%～60%,纺中长化纤时约为纺纯棉时的40%～50%。具体数据视原料种类和定量而定。粗纱捻系数由实践得出,表5-101为粗纱捻系数的选用范围。

表5-101　粗纱捻系数的选用范围

粗纱线密度(tex)			200～325	325～400	400～770	770～1000
纯棉	粗纱捻系数	粗梳	105～120	105～115	95～105	90～92
		精梳	90～100	85～95	80～90	75～85
化纤			60～75	55～70	50～65	45～60

(四)锭速

锭速主要与纤维特性、粗纱定量、捻系数、粗纱卷装和粗纱机设备性能等因素有关。纺棉纤维的锭速相对较高;粗纱定量较大的锭速可低于定量较小的锭速;捻系数较大的粗纱采用较大锭速;卷装较小的锭速可高于卷装较大的锭速。化纤纯纺、混纺,由于粗纱捻系数较小,锭速比纺纯棉纱时小,见表 5 – 102。

表 5 – 102　纯棉粗纱锭速选用范围

纺纱特数		粗特纱	中特、细特纱	特细特纱
锭速范围(r/min)	纯棉	800 ~ 1000	900 ~ 1100	1000 ~ 1200
	化纤	560 ~ 800	600 ~ 900	700 ~ 1000

(五)罗拉握持距

粗纱机的罗拉握持距主要根据纤维品质长度 L_p 而定,并参照纤维的整齐度和牵伸区中牵伸力的大小综合考虑,以不使纤维断裂或须条牵伸不开为原则。

主牵伸区握持距的大小对条干均匀度影响很大,一般等于胶圈架长度加自由区长度。

胶圈架长度指胶圈工作状态下,胶圈夹持须条的长度,即上销前缘至小铁辊中心线间的距离,由所纺纤维品种而定,胶圈架长度有 30mm 和 34mm 两种。

自由区长度指胶圈钳口到前罗拉钳口间的距离,在不碰集合器的前提下,以偏小为宜,D 型牵伸中集合器移到了整理区,则自由区长度可较小些。

后区为简单罗拉牵伸,故采用重加压、大隔距的工艺方法。由于有集合器,握持距可大些。当熟条定量较轻或后区牵伸倍数较大时,因牵伸力小,握持距可小些。当纤维整齐度差时,为缩短纤维浮游动程,握持距应小些,反之,应大些。

握持距的大小应根据加压和牵伸倍数来选择,使牵伸力与握持力相适应。总牵伸倍数较大、加压较重时,罗拉握持距应适当小些。整理区握持距可略大于或等于纤维的品质长度。

化纤纯纺或混纺时,依据"大隔距、重加压"的工艺设计原则,由于化纤的长度长、纺纱过程中的牵伸力大,因此,采用较大的罗拉握持距。粗纱机的罗拉隔距一般以主体成分的纤维长度为基础,并适当考虑混合纤维的加权平均长度。不同牵伸形式罗拉握持距的参考范围见表 5 – 103。

表 5 – 103   不同牵伸形式罗拉握持距的参考范围

牵伸形式		罗拉握持距（mm）		
		前罗拉～二罗拉	二罗拉～三罗拉	三罗拉～四罗拉
棉	三罗拉双胶圈牵伸	胶圈架长度 + (14~20)	L_p + (16~20)	—
	四罗拉双胶圈牵伸	35~40	胶圈架长度 + (22~26)	L_p + (16~20)
化纤	三罗拉双胶圈牵伸	胶圈架长度 + (16~22)	L_m + (18~22)	—
	四罗拉双胶圈牵伸	37~42	胶圈架长度 + (24~28)	L_m + (18~22)

（六）粗纱卷绕密度

粗纱卷绕密度影响粗纱卷绕张力和粗纱容量。粗纱轴向卷绕密度配置，必须以纱圈排列整齐，粗纱圈层之间不嵌入、不重叠为原则。粗纱纱圈间距应等于卷绕粗纱的高度，粗纱纱层间距应等于卷绕粗纱的厚度，如图 5 – 38 所示。

粗纱轴向卷绕密度为：

$$H = \frac{100}{\sum h/n} \approx 100/h_1$$

粗纱径向卷绕密度为：

$$R = \frac{100}{\sum \delta/n} \approx 100/\delta_1$$

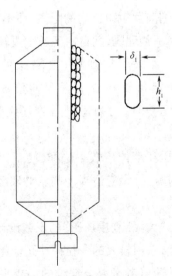

图 5 – 38   粗纱卷装截面示意图

式中：h_1——粗纱始绕高度，mm；

　　δ_1——粗纱始绕厚度，mm；

　　n——卷绕圈数；

　　h——每层粗纱的卷绕高度，mm；

　　δ——每层粗纱的卷绕厚度，mm。

粗纱由于机型及卷绕条件的不同，h_1 和 δ_1 的比值也有差异。根据对多种粗纱机的调查，一般 $h_1 = 3 \sim 7\delta_1$，如果取中值，$h_1 = 5\delta_1$，则：

$$h_1 = \sqrt{\frac{W}{\gamma} \times \frac{5}{7.854}} = 0.798\sqrt{\frac{W}{\gamma}}$$

$$\delta_1 = 0.1596\sqrt{\frac{W}{\gamma}}$$

式中：γ——粗纱密度，g/cm³；

　　W——粗纱定量，g/10m。

则：

$$H = 125.3\sqrt{\frac{\gamma}{W}}$$

$$R = 626.6\sqrt{\frac{\gamma}{W}}$$

由此可见，决定粗纱卷绕密度的主要因素是粗纱定量和密度，而后者主要与纺纱原料有关。纯棉粗纱卷绕密度的推荐值见表 5 - 104，化纤粗纱卷绕密度的推荐值见表 5 - 105。

表 5 - 104　　纯棉粗纱卷绕密度的推荐值（$\gamma = 0.55$g/cm³）

W(g/10m)	3.0	3.5	4.0	4.5	5.0	5.5	6.0	6.5	7.0	7.5	8.0
H(圈/10cm)	57.3	53.1	49.6	46.8	44.4	42.3	40.5	38.9	37.5	36.2	35.1
R(层/10cm)	268	248	232	219	208	198	190	182	176	170	164

表 5 - 105　　化纤粗纱卷绕密度的推荐值

纺纱原料	γ(g/cm³)	W(g/10m)	3.0	3.5	4.0	4.5	5.0	5.5	6.0	6.5	7.0	7.5	8.0
涤纶	0.65	H(圈/10cm)	58.3	54.0	50.5	47.6	45.1	43.0	41.2	39.6	38.2	36.8	35.7
腈纶	0.45		48.5	45.0	42.0	39.6	37.6	35.8	34.3	32.9	32.9	30.7	29.8
涤纶	0.65	R(层/10cm)	291	270	253	238	226	215	206	198	191	184	179
腈纶	0.45		243	225	210	198	188	279	171	165	159	153	149

根据粗纱定量 W 求得 H 和 R,在有锥轮粗纱机上,按其传动计算就可正确设定粗纱机升降、卷绕和成形变换齿轮的齿数;在无锥轮粗纱机上则据此设定卷绕参数。

影响粗纱密度除了粗纱定量、纺纱纤维因素外,尚有卷绕张力、粗纱捻度等因素,见表 5 – 106。

表 5 – 106　影响粗纱密度的相关因素

粗纱密度	粗纱定量	纤维密度	粗纱捻度	锭速	压掌压力	锭翼压掌绕圈数	纺纱张力
大	轻	大	大	高	大	多	大
小	重	小	小	低	小	少	小

(七)罗拉加压

在满足握持力大于牵伸力的前提下,粗纱机的罗拉加压主要根据牵伸形式、罗拉速度、罗拉握持距、须条定量及胶辊的状况而定。罗拉速度慢、握持距大、定量轻、胶辊硬度低、弹性好时,加压轻,反之则重。粗纱机罗拉加压量见表 5 – 107。

表 5 – 107　粗纱机罗拉加压量

牵伸形式	罗拉加压(N/双锭)			
	前罗拉	二罗拉	三罗拉	后罗拉
三罗拉双胶圈牵伸	200 ~ 250	100 ~ 150	—	150 ~ 200
四罗拉双胶圈牵伸	90 ~ 120	150 ~ 200	100 ~ 150	100 ~ 150

(八)胶圈原始钳口隔距

胶圈原始钳口隔距是上、下销弹性钳口的最小距离,其大小依据粗纱定量以不同规格的隔距块来确定,见表 5 – 108。

表 5 – 108　胶圈原始钳口隔距与粗纱定量

粗纱干定量(g/10m)	2.0 ~ 4.0	4.0 ~ 5.0	5.0 ~ 6.0	6.0 ~ 8.0	8.0 ~ 10.0
胶圈原始钳口隔距(mm)	3.0 ~ 4.0	4.0 ~ 5.0	5.0 ~ 6.0	6.0 ~ 7.0	7.0 ~ 8.0

(九)上销弹簧起始压力

上销弹簧起始压力是上销处于原始钳口位置时的片簧压力。上销弹簧起始压力以 7 ~ 10N 为宜,起始压力过大,形成死钳口,上销不能起弹性摆动的调节作用。起始压力过小,上销摆动频繁,甚至"张口",起不到弹性钳口的控制作用。

在弹簧压力适当的条件下,配以较小的原始钳口,对条干均匀有利。但应定期检查弹簧变形情况,如果各锭弹簧压力不一致,将造成锭与锭间的质量差异。如果钳口太小,有时会出硬头。

(十)集合器

粗纱机上使用集合器,主要是为了防止纤维扩散,它也提供了附加的摩擦力界。集合器口径的选择:前区与输出定量相适应,后区与喂入定量相适应。集合器规格可参考表5 – 109、表5 – 110。

表5 – 109　前区集合器规格

粗纱干定量(g/10m)	2.0 ~ 4.0	4.0 ~ 5.0	5.0 ~ 6.0	6.0 ~ 8.0	9.0 ~ 10.0
前区集合器口径 (mm,宽×高)	(5 ~ 6) × (3 ~ 4)	(6 ~ 7) × (3 ~ 4)	(7 ~ 8) × (4 ~ 5)	(8 ~ 9) × (4 ~ 5)	(9 ~ 10) × (4 ~ 5)

表5 – 110　后区集合器、喂入集合器规格

喂入干定量(g/5m)	14 ~ 16	15 ~ 19	18 ~ 21	20 ~ 23	22 ~ 25
后区集合器口径 (mm,宽×高)	5 × 3	6 × 3.5	7 × 4	8 × 4.5	9 × 5
喂入集合器口径 (mm,宽×高)	(5 ~ 7) × (4 ~ 5)	(6 ~ 8) × (4 ~ 5)	(7 ~ 9) × (5 ~ 6)	(8 ~ 10) × (5 ~ 6)	(9 ~ 10) × (5 ~ 6)

四、粗纱工艺设计

(一)设计粗纱定量及牵伸

根据表5 – 96中粗纱定量的选用范围,考虑到TJFA458A型粗纱机的牵伸形式,结合细纱机的牵伸能力,初步设计粗纱的定量为4.5g/10m,实际回潮率为7.3%。

设TJFA458A型粗纱机的牵伸效率为98%(工厂可以根据实际牵伸与机械牵伸计算获得,多数情况在96% ~ 99%)。由本章第四节知,混三并的条子干定量为15.99g/5m。

第一步:估算实际牵伸。

$$E_{实际估} = \frac{G_{混三并} \times 10}{G_{粗纱估} \times 5} = \frac{15.99 \times 10}{4.5 \times 5} = 7.11$$

第二步:估算机械牵伸。

$$E_{机械估} = \frac{E_{实际估}}{牵伸效率} = \frac{7.11}{0.98} = 7.26$$

粗纱机的总牵伸倍数是指导条辊与前罗拉之间的牵伸倍数。由 TJFA458A 型粗纱机的传动图 5 - 39,求得其总牵伸倍数 E。

$$E_{机械} = \frac{Z_{14} \times 77 \times 70 \times Z_6 \times 96 \times 28}{24 \times 63 \times 31 \times Z_7 \times 25 \times 63.5} = 0.19471 \times \frac{Z_{14} \times Z_6}{Z_7}$$

$$= 0.19471 \times \frac{20 \times 69}{37} = 7.26$$

式中:Z_{14}——19、20、21、22,取 20 齿;

Z_6——69、79,取 69 齿;

Z_7——25 ~ 64 齿,取 37 齿。

第三步:计算修正后的粗纱实际牵伸倍数、粗纱定量及线密度。

$$E_{实际} = E_{机械} \times 牵伸效率 = 7.26 \times 0.98 = 7.11$$

$$G_{粗纱} = \frac{G_{并条} \times 10}{E_{实际} \times 5} = \frac{15.99 \times 10}{7.11 \times 5} = 4.50(g/10m)$$

$$G_{粗纱湿} = G_{粗纱} \times (1 + 7.3\%) = 4.50 \times (1 + 7.3\%) = 4.83(g/10m)$$

$$Tt_{粗纱} = G_{粗纱} \times (1 + 8.98\%) \times 100 = 4.50 \times (1 + 8.98\%) \times 100$$

$$= 490.41(tex)$$

第四步:计算部分牵伸。

(1)前罗拉与后罗拉间的牵伸:

$$e_{前罗拉~后罗拉} = \frac{Z_6 \times 96 \times 28}{Z_7 \times 25 \times 28} = 3.84 \times \frac{Z_6}{Z_7} = 3.84 \times \frac{69}{37} = 7.16$$

(2)第三罗拉与后罗拉间的牵伸:

$$e_{第三罗拉~后罗拉} = \frac{31 \times 47 \times \pi \times (25 + 2 \times 1.1)}{Z_8 \times 29 \times \pi \times 28} = \frac{48.8059}{Z_8} = \frac{48.8059}{36} = 1.36$$

式中:Z_8——22、24、25、26、28、30、32、34、36、38,取 36 齿。

(3)导条辊与后罗拉间的牵伸:

$$e_{导条辊~后罗拉} = \frac{Z_{14} \times 77 \times 70 \times 28}{24 \times 63 \times 31 \times 63.5} = 0.0507 \times Z_{14} = 0.0507 \times 20 = 1.01$$

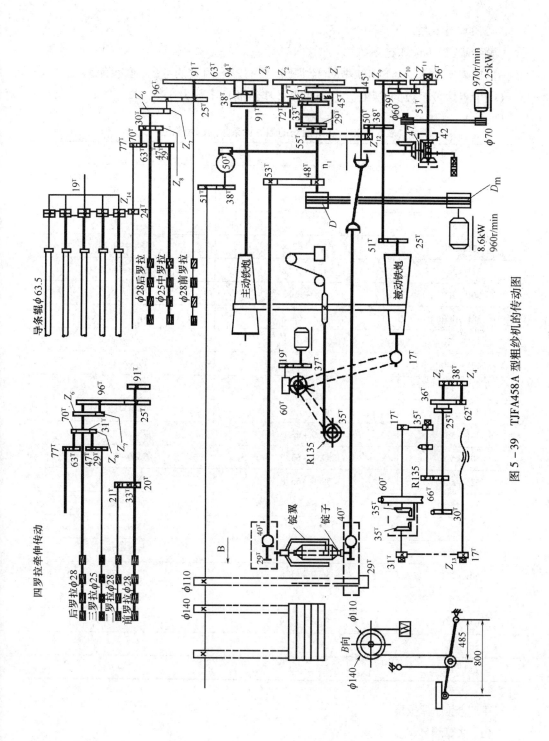

图 5-39 TJFA458A 型粗纱机的传动图

(二)设计捻度

第一步:初步选取捻系数。

根据表5-99、表5-100中对粗纱捻系数的影响因素的考虑,参考表5-101、表5-111中粗纱捻系数的选用范围,初步设计粗纱的捻系数为64。

表5-111 化纤混纺的粗纱捻系数的选用范围

粗纱线密度 (tex)	粗纱捻系数	
	涤/棉(65/35)	涤(低比例)/棉、粘/棉、腈/棉
300 以下	67.8~73.3	86.6~93.0
301~320	66.8~72.2	85.4~91.6
321~340	65.7~67.8	84~90.2
341~360	64.9~70.2	83.0~89.1
361~380	64.1~69.3	82.0~88.1
381~400	63.3~68.5	81.0~87.0
401~420	62.6~67.8	80.0~86.0
421~440	61.8~67.0	79.1~85.0
441~460	61.1~66.2	78.1~84.0
461~480	60.5~65.6	77.4~83.3
481~500	60.0~65.0	76.7~82.5
501~520	59.4~64.5	76.0~81.8
521~540	58.8~63.8	75.3~81.1
541~560	58.3~63.3	74.7~80.4
561~580	57.8~62.7	73.9~79.6
581~600	57.3~62.3	73.3~79.0
601~620	56.9~61.8	72.8~78.4
621~640	56.4~61.3	72.1~77.8
641~660	56.1~60.9	71.7~77.3
661~680	55.7~60.5	71.3~76.9
681 以上	55.2~60.1	70.7~76.2

第二步:计算捻度。

(1)估算粗纱的捻度:

$$T_{tex估} = \frac{\alpha_{t估}}{\sqrt{Tt}} = \frac{64}{\sqrt{490.41}} = 2.89（捻回/10cm）$$

（2）计算修正后的粗纱捻度：根据图5–39，粗纱的捻度应该由下式求出：

$$T_{tex} = \frac{91 \times 91 \times Z_2 \times 48 \times 40 \times 100}{Z_3 \times 72 \times Z_1 \times 53 \times 29 \times \pi \times 28} = 163.414 \times \frac{Z_2}{Z_3 \times Z_1}$$

$$= 163.414 \times \frac{70}{38 \times 103} = 2.92（捻回/10cm）$$

式中：Z_2/Z_1——70/103、91/82、103/70，取70/103；

Z_3——30 ~ 60，取38齿。

第三步：计算粗纱的捻系数。

$$\alpha_t = T_{tex} \times \sqrt{Tt_{粗纱}} = 2.92 \times \sqrt{490.41} = 64.66$$

（三）设计速度

1. 锭子速度

参考表5–102中锭速的范围，锭速设计为：

$$n_{锭翼} = 960 \times \frac{D_m}{D} \times 98\% \times \frac{48 \times 40}{53 \times 29} = 1175.2349 \times \frac{D_m}{D}$$

$$= 1175.2349 \times \frac{145}{200} = 852.05（r/min）$$

式中：D_m——电动机皮带盘节径，120mm、145mm、169mm、194mm，取145mm；

D——主轴皮带盘节径，190mm、200mm、210mm、230mm，取200mm。

2. 前罗拉速度

$$n_{前罗拉} = 960 \times \frac{D_m}{D} \times 98\% \times \frac{Z_1 \times 72 \times Z_3}{Z_2 \times 91 \times 91} = 8.1799 \times \frac{D_m \times Z_1 \times Z_3}{D \times Z_2}$$

$$= 8.1799 \times \frac{145 \times 103 \times 38}{200 \times 70} = 331.60（r/min）$$

（四）设计握持距

TJFA458A型粗纱机采用的是四罗拉双胶圈牵伸，根据表5–103，并知道混合纤维的品质长度为35.44mm，其中化纤的主体长度为38mm，胶圈架长度采用35.2mm，则：

前罗拉与二罗拉之间为整理区，其握持距可略大于或等于纤维的品质长度，因此设计为39mm；第二罗拉与三罗拉之间为主牵伸区，其握持距一般等于胶圈架长度加自由区长度,由于牵伸倍数较大,因此握持距设计为:35.2 + 24 ≈ 60mm;第三罗拉与后罗拉之间为简单罗拉牵伸,通常采用重加压、大隔距的工艺,其握持距设计为:38 + 21 = 59mm。

(五)设计粗纱卷绕密度

粗纱的密度为 $\gamma = 0.55 \times 40\% + 0.65 \times 60\% = 0.61 \mathrm{g/cm^3}$,粗纱的定量为 4.50 g/10m,根据经验公式,粗纱轴向卷绕密度 H 为:

$$H = 125.3 \times \sqrt{\frac{\gamma}{W}} = 125.3 \times \sqrt{\frac{0.61}{4.50}} = 46.13(圈/10cm)$$

粗纱径向卷绕密度 R 为:

$$R = 626.6 \times \sqrt{\frac{\gamma}{W}} = 626.6 \times \sqrt{\frac{0.61}{4.50}} = 230.70(层/10cm)$$

根据图 5 - 39,粗纱轴向卷绕密度 H 应该由下式求出:

$$H = \frac{被动铁炮一转时筒管的卷绕圈数}{被动铁炮一转时升降龙筋的升降高度}$$

$$= \frac{\dfrac{25 \times 38 \times Z_{12} \times 493 \times 61 \times 40}{51 \times 50 \times 55 \times 1485 \times 45 \times 29}}{\dfrac{25 \times Z_9 \times 39 \times Z_{11} \times 42 \times 1 \times 38}{51 \times Z_{10} \times 51 \times 56 \times 47 \times 50 \times 51} \times \dfrac{1}{2} \times \pi \times 110 \times \dfrac{800}{485} \times \dfrac{1}{10}}$$

$$= 1.6558 \times \frac{Z_{12} \times Z_{10}}{Z_9 \times Z_{11}} = 1.6558 \times \frac{37 \times 45}{22 \times 27} = 4.641(圈/cm)$$

$$= 46.41 \ 圈/10cm$$

式中:Z_{12}——卷绕变换齿轮,36、37、38,取 37 齿;

Z_{10}/Z_9——升降阶段变换齿轮,39/28、45/22,取 45/22;

Z_{11}——升降变换齿轮,21 ~ 30,取 27 齿。

粗纱径向卷绕密度 R 应该由下式求出:

$$R = \frac{铁炮皮带移动范围(mm) \times 100}{铁炮皮带每次移动量(mm) \times \dfrac{满管直径 - 筒管直径}{2}}$$

$$= \frac{700 \times 100}{\dfrac{1 \times 1 \times 36 \times Z_4 \times 30}{2 \times 25 \times 62 \times Z_5 \times 57} \times \pi \times (270 + 2.5) \times \dfrac{152 - 45}{2}}$$

$$= 250.18 \times \frac{Z_5}{Z_4} = 250.18 \times \frac{36}{39} = 230.94(层/10cm)$$

式中:Z_4——成形变换齿轮1,19~41齿,取39齿;

　　Z_5——成形变换齿轮2,19~46齿,取36齿。

(六)设计其他工艺参数

1. 罗拉加压

根据设计的罗拉速度、握持距、定量,选择罗拉的加压为:

前罗拉×二罗拉×三罗拉×后罗拉:140×240×200×200(N/双锭)。

2. 胶圈原始钳口隔距

由于粗纱的定量为4.50g/10m,根据表5-108,选择胶圈原始钳口隔距为4.5mm。

3. 上销弹簧起始压力

上销弹簧起始压力选择9N。

4. 集合器

由于粗纱的定量为4.50g/10m,熟条的定量为15.99g/5m,参考表5-109、表5-110,粗纱机的前区集合器口径(宽×高)选择7mm×4mm,后区集合器口径(宽×高)选择6mm×3.5mm,喂入集合器口径(宽×高)选择7mm×5mm。

五、粗纱工艺设计表

粗纱工艺设计表见表5-112。

表5-112　粗纱工艺设计表

机　型	粗纱定量 (g/10m)		回潮率 (%)	总牵伸倍数		后区牵 伸倍数	线密 度(tex)	计算捻度 (捻/10cm)	捻系数	罗拉握持距(mm)		
	干重	湿重	(%)	机械	实际					前~二	二~三	三~后
TJFA458A	4.50	4.83	7.3	7.26	7.11	1.36	490.31	2.92	64.66	39	60	59

罗拉加压(N)	罗拉直径(mm)	轴向卷绕密度 (圈/10cm)	径向卷绕密度 (层/10cm)	转速(r/min)	
前×二×三×后	前×二×三×后			前罗拉	锭子
140×240×200×200	28×28×25×28	46.41	230.94	331.60	852.05

集合器口径(宽×高)(mm)			钳口隔距 (mm)	齿轮的齿数												
前区	后区	喂入		Z_1	Z_2	Z_3	Z_4	Z_5	Z_6	Z_7	Z_8	Z_9	Z_{10}	Z_{11}	Z_{12}	Z_{14}
7×4	6×3.5	7×5	4.5	103	70	38	39	36	69	37	36	22	45	27	37	20

六、粗纱质量的控制措施

(一)粗纱质量的控制指标

粗纱质量对成纱质量至关重要,但各企业的考核指标并不统一。表5-113为粗纱质量控制指标示例。

表5-113 粗纱质量控制指标

纺纱类别		回潮率(%)	萨氏条干不匀率(%)	乌斯特条干不匀率(%)	重量不匀率(%)	粗纱伸长率(%)	捻度(捻/10cm)
纯棉纱	粗	6.8~7.4	40	6.1~8.7	1.1	1.5~2.5	以设计捻度为标准
	中	6.7~7.3	35	6.5~9.1	1.1	1.5~2.5	
	细	6.6~7.2	30	6.9~9.5	1.1	1.5~2.5	
精梳纱		6.6~7.2	25	4.5~6.8	1.3	1.5~2.5	

(二)控制粗纱重量不匀率的措施

粗纱重量不匀率的产生原因及控制措施见表5-114。

表5-114 控制粗纱重量不匀率的措施

产生原因	控制措施
1. 牵伸变化齿轮调错	1. 加强上机牵伸变换齿轮的检查
2. 喂入熟条定量搞错,不符合规定	2. 控制前道熟条重量,加强检查,确保喂入熟条准确
3. 粗纱筒管标色搞错	3. 加强管理,正确使用筒管标色

(三)控制粗纱条干不匀率的措施

1. 粗纱条干不匀率的产生原因

(1)摇架加压的弹簧失效、断裂,固定螺钉松动,调节螺钉走动。

(2)摇架脚抓握持不良,胶圈销歪斜,胶辊与罗拉不平行。

(3)上下胶圈过紧或过松,胶圈走偏、龟裂或无胶圈纺纱。

(4)上下销钳口隔距过小或过大。

(5)罗拉隔距过小或过大。

(6)部分牵伸配置不当,或粗纱伸长率太大。

(7)胶辊严重中凹,表面严重损坏,胶辊轴承缺油、损坏。

(8)严重的缠罗拉、胶辊,使罗拉弯曲、隔距走动,并影响同档加压的相邻锭子的粗纱条干。

（9）牵伸齿轮爆裂、偏心、缺齿、键与键槽松动、键磨损或齿轮啮合不良。

（10）上下胶圈偏移太大,隔距块碰下胶圈。

（11）喂入棉条条干严重不匀,打褶或附有飞花。

（12）粗纱捻度过大或过小。

（13）锭翼严重摇头。

（14）集合器不符要求、破损、轧煞或跳动。

（15）车间相对湿度过低,粗纱回潮率在6%以下。

（16）棉条跑出胶辊控制范围。

2. 控制粗纱条干不匀率的措施

（1）加强牵伸、加压、集合、喂入部件检修。

（2）正确设计工艺,做好工艺上机检查。

（3）正确加捻。

（4）防止意外牵伸。

（5）控制前道熟条质量。

（6）注意控制车间温湿度。

（四）控制粗纱捻度的措施

当实测捻度与工艺设计的捻度差异较大时,可适当调整捻度变换齿轮的齿数。

（五）控制粗纱伸长率的措施

1. 粗纱伸长率对细纱的影响

（1）粗纱机台与台之间或一落纱内小、中、大纱间的伸长率差异过大,将影响细纱重量不匀率。

（2）粗纱伸长率过大易恶化粗纱条干不匀率。

（3）粗纱伸长率过大或过小都会增加粗纱机的断头率。

2. 控制粗纱伸长率的措施

影响粗纱伸长率的因素及控制措施见表5－115。

表5－115　影响粗纱伸长率的因素及控制措施

影响粗纱伸长率因素	后　果	控制措施
锥轮皮带起始位置不当	使粗纱小纱伸长率偏大或偏小	调整锥轮皮带起始位置
张力变换齿轮配置不当	使粗纱大纱伸长率偏大或偏小	调整张力变换齿轮齿数
锥轮曲线设计不当	调整锥轮皮带起始位置或调整张力变换齿轮都无法使粗纱小、中、大纱的伸长率校正正常	修正锥轮曲线或加装粗纱张力补偿机构

影响粗纱伸长率因素	后　果	控制粗纱伸长率的措施
粗纱机不一致系数大于0.05%	在粗纱卷绕过程中产生附加速度,使粗纱伸长率差异增大	改造差动机构轮系或有关传动轮系
粗纱轴向卷绕密度过密或过稀	引起粗纱径向卷绕直径的变化,使粗纱伸长率明显变化	调整升降变换齿轮齿数
前、后排粗纱伸长率差异过大	使粗纱前、后排伸长率差异超过控制指标	锭翼顶端刻槽加装假捻器,适当增加粗纱捻系数,或通过前、后排锭翼顶端和压掌处的不同绕纱圈数进行调整。悬锭粗纱机加高后排锭翼,使前、后排导纱角一致
温度偏高,湿度偏大	增加了粗纱在锭翼及压掌处的摩擦阻力,使伸长率增大	适当增加粗纱捻系数
粗纱捻系数增加	纱条密度增加,纱条纤维间抱合力增加,径向卷绕密度略有增加,有利于降低粗纱伸长率	将锥轮皮带起始位置略向主动锥轮大端移动
粗纱锭速增加	加剧前罗拉至锭翼顶端的纱条抖动,使伸长率增大	适当增加粗纱捻系数
锭翼通道毛糙	粗纱通过时,摩擦阻力增加,使伸长率增大	加强锭翼保养检修,使通道光洁
粗纱筒管直径差异大	造成一落纱中各锭粗纱的伸长率大小不一致,使成纱重量不匀率恶化	控制筒管直径差异不超过±1.5mm,并经常进行检查

第六节　细纱工艺设计

细纱是纺纱的最后一道工序,即细纱机将喂入的粗纱施以一定的牵伸,抽长拉细到所需要的线密度,并加上适当的捻度,使之成为具有一定的强度、弹性和光泽等物理机械性能的细纱,同时将细纱按一定的要求卷绕成形,以便于再加工。

一、细纱工艺表

细纱工艺设计分为细纱定量及牵伸设计、捻度设计、速度设计、卷绕圈距设计、钢领板级升距设计、钢领与钢丝圈设计、中心距设计及其他工艺参数的设计。通常先进行细纱定量及牵伸设计,然后进行捻度设计,再进行速度、卷绕圈距、钢领板级升距、钢领与钢丝圈、中心距及其他工艺参数的设计。本部分将以精梳棉/钛远红外纤维/竹浆纤维/甲壳素纤维(40/20/20/20)11.8tex 混纺针织纱的细纱工艺设计为例,主要设计内容见表5 –116。

表5 –116 细纱工艺表

机型	细纱定量(g/100m)		实际回潮率(%)	公定回潮率(%)	总牵伸倍数		后区牵伸倍数	线密度(tex)	计算捻度(捻/10cm)	捻系数	捻缩率(%)	捻向
	干重	湿重			机械	实际						
FA506												

罗拉中心距(mm)		罗拉加压(N)	罗拉直径(mm)	钢领			钢丝圈型号	转速(r/min)	
前~中	中~后	前×中×后	前×中×后	型号	直径(mm)			前罗拉	锭子

前区集合器口径(mm)	钳口隔距(mm)	卷绕圈距(mm)	钢领板级升距(mm)	齿轮的齿数													
				Z_A	Z_B	Z_C	Z_D	Z_E	Z_F	Z_G	Z_H	Z_J	Z_K	Z_M	Z_N	Z_n	n

二、细纱机的机构

(一)细纱工序的任务

细纱工序是将粗纱纺制成具有一定线密度、符合国家(或用户)质量标准的细纱。细纱工序的主要任务是牵伸、加捻和卷绕成形。

1. 牵伸

将喂入粗纱均匀地抽长拉细到所设计的线密度。

2. 加捻

给牵伸后的须条加上适当的捻度,使细纱具有一定的强力、弹性、光泽和手感等物理机械性能。

3. 卷绕成形

把纺成的细纱按照一定的成形要求卷绕在筒管上,以便于运输、贮存和后道工序的继续加工。

棉纺厂以细纱机总锭数表示生产规模,细纱的产量决定棉纺厂各道工序机台的数量。因此,细纱工序在棉纺厂中占有非常重要的地位。

（二）FA506型细纱机

FA506型细纱机为双面多锭结构,如图5-40所示。其工艺流程是粗纱从吊锭

图5-40　FA506型细纱机

上的粗纱管退绕后,经过导纱杆和慢速往复横动的导纱喇叭口,进入牵伸装置。牵伸后的须条从前罗拉输出后,经导纱钩穿过钢丝圈,卷绕到紧套在锭子上的纱管上,如图5-41所示。生产中筒管高速卷绕,使纱条产生张力,带动钢丝圈沿钢领高速回转,钢丝圈每转一圈,前钳口到钢丝圈之间的须条上便得到一个捻回。由于钢丝圈受钢领的摩擦阻力作用,使得钢丝圈的回转速度小于筒管,两者的转速之差就是卷绕速度。依靠成形机构的控制,钢领板按照一定的规律做升降运动,使细纱卷绕成符合一定形状要求的管纱。

环锭细纱机主要由喂入机构、牵伸机构、加捻机构、卷绕成形机构及自动控制机构组成。

三、细纱工艺

目前,细纱机在向大牵伸方向发展,为了加大细纱机的牵伸倍数,可采用不同的牵伸机构,改善牵伸过程中对须条的控制,合理确定牵伸工艺,获得理想的效果。细纱捻度直接影响成纱的强力、捻缩、伸长、光泽、毛羽和手感,而且捻度与细纱机的产量和用电等经济指标的关系很大,因此,必须全面考虑,合理选择捻系数。在加强机械保全保养工作的基础上,保证最大限度地提高车速,选择合适的钢领、钢丝圈、筒管直径和长度等指标。加大细纱管纱卷装,可以有效地提高劳动生产率。确定管纱卷

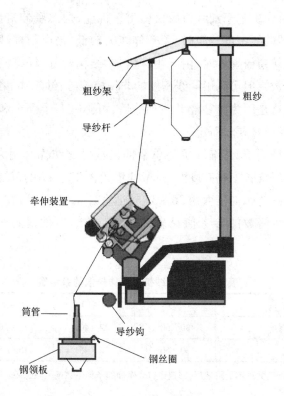

粗纱架

粗纱

导纱杆

牵伸装置

筒管

导纱钩

钢丝圈

钢领板

图 5-41 FA506 型细纱机的结构

装时,应考虑最大限度地增加卷绕密度,但必须使络筒时发生的脱圈现象降低到最低限度,否则会降低劳动生产率。

由于化学纤维长度长、长度整齐度好、摩擦因数大、回弹性好、易产生静电以及受温湿度的影响敏感等特性,故细纱工艺上宜采用"大隔距、重加压、小附加摩擦力界"的原则。

(一)细纱定量

根据所纺细纱的线密度 Tt,细纱定量应该是:

$$G_{细纱} = \frac{Tt}{(1 + W_K) \times 10}$$

(二)牵伸工艺

1. 总牵伸倍数

在保证和提高产品质量的前提下,提高细纱机的牵伸倍数,可获得较好的经济效益。目前大牵伸细纱机的牵伸倍数一般在 30~60。

　　总牵伸倍数首先决定于细纱机的机械工艺性能,但总牵伸倍数也因其他因素而变化。当所纺棉纱的线密度较粗时,总牵伸能力较低;当所纺棉纱的线密度较细时,总牵伸能力较高;纺精梳棉纱时,由于粗纱均匀、结构较好、纤维伸直度好、所含短绒率也较低,牵伸倍数一般可高于同线密度的非精梳棉纱;纱织物和线织物用纱的牵伸倍数也有所不同,这是因为单纱经并线加捻后,可弥补若干条干和单强方面的缺陷,但也必须根据产品质量要求而定。

　　涤纶纯纺、涤棉混纺时,细纱机的总牵伸倍数可比纺棉时稍大,一般在 30～50。纺中长纤维时,因纤维长度整齐度好,总牵伸倍数在 27～45 的范围内,成纱质量差异不大。纺中特纱时,总牵伸倍数用 30～35 较适宜。

　　细纱机总牵伸倍数的参考值见表 5－117,纺纱条件对总牵伸倍数的影响见表5－118。

表 5－117　细纱机总牵伸倍数的参考值

线密度(tex)	<9	9～19	20～30	>32
双短胶圈牵伸	30～50	22～40	15～30	10～20
长短胶圈牵伸	30～60	22～45	15～35	12～25

　　注　纺精梳纱,牵伸倍数可偏上限选用,固定钳口式牵伸的牵伸倍数偏下限选用。纺化纤时,牵伸倍数偏上限选用。

表 5－118　纺纱条件对总牵伸倍数的影响

总牵伸	纤维及其性质				粗纱性能			细纱工艺与机械			
	长度	线密度	长度均匀度	短绒	纤维伸直度、分离度	条干均匀度	捻系数	线密度	罗拉加压	前区控制能力	机械状态
可偏高	较长	较细	较好	较少	较好	较好	较高	较细	较重	较强	良好
可偏低	较短	较粗	较差	较多	较差	较差	较低	较粗	较轻	较弱	较差

　　总牵伸倍数过高,产品质量将恶化,突出地反映在棉纱上是条干不匀率和单强不匀率高,其细纱机的断头率也增高。但总牵伸倍数过小,对产品质量未必有利,反而会增加前纺的负担,造成经济上的损失。

　　2. 后牵伸区工艺

　　细纱机的后区牵伸与前区牵伸有着密切的关系。大牵伸细纱机提高前区牵伸倍数的主要目的是合理布置胶圈工作区的摩擦力界,使其有效地控制纤维运动,提高条干均匀度。但是,只关注前区的摩擦力界布置,而喂入纱条的结构不均匀、纤维间没有足够的紧密程度,也难以发挥前区胶圈牵伸的作用。因为喂入纱条结构不匀、纤维松散,通过前区时,纱条可能发生局部分裂,纤维运动不规则,难以纺成均匀的细纱。因此,后区牵伸的主要作用是为前区做准备,以充分发挥胶圈控制纤维运动的作用,达到既能提高前区牵伸,又能保证成纱质量的目的。

纺化纤时,根据化纤在牵伸过程中牵伸力大的特点,后牵伸区工艺除增大后罗拉压力外,中后罗拉隔距应适当放大,粗纱捻系数应适当减小。后牵伸区的牵伸倍数一般为 1.14～1.5,但常用 1.35 倍,甚至更小。

提高细纱机的牵伸倍数,有两类工艺路线可选择。一是保持后区较小的牵伸倍数,主要提高前区牵伸倍数;二是增大后区牵伸倍数。后牵伸区的工艺参数见表 5－119。

表 5－119　后牵伸区工艺参数

工艺类型	纯　棉　纺		化纤纯纺及混纺	
	机织纱工艺	针织纱工艺	棉型化纤	中长化纤
后牵伸倍数	1.20～1.40	1.04～1.30	1.14～1.50	1.20～1.60
粗纱捻系数(线密度制)	90～105	105～120	56～86	48～68

理论与实践都证明,在牵伸区中利用粗纱捻回产生附加摩擦力界控制纤维运动是有效的,对提高成纱均匀度有利。实践经验得出,在后罗拉加压足够的条件下,为了充分利用粗纱捻回控制纤维运动,宜适当增加粗纱捻系数 α_t。适当利用粗纱捻回对牵伸工艺是有利的。

(三)捻系数

细纱捻系数的选择主要取决于产品的用途,其大小与产品的手感和弹性有着密切的关系。选择捻系数时,须根据成品对细纱品质的要求,综合考虑,全面平衡。细纱用途不同,其捻系数也应有所不同,影响捻系数的因素见表 5－120。

表 5－120　影响捻系数的因素

细纱捻系数	原料性能			细纱线密度	细纱类别			细纱品质			细纱产量	细纱机用电
	长度	线密度	强力					强力	弹性	手感		
略大	短	粗	小	细	普梳	经纱	汗布纱	高	好	清爽	低	高
略小	长	细	大	粗	精梳	纬纱	棉毛纱	低	差	柔软	高	低

涤棉混纺织物应具有滑、挺、爽的特点,且要求耐磨性好,因而细纱捻系数一般较棉纱高。如果选用过小的捻系数,织物的风格就不够突出,且穿着过程中容易摩擦起

球并产生毛茸,一般细纱捻系数在 360 ~ 390,当要求织物的手感较柔软时,可适当降低捻系数。此外,涤棉混纺时,细纱实际捻度与计算捻度差异较大,有试验表明捻度损失率平均在 10% 左右,这是由于涤纶的初始模量较大、抗扭刚性较大、加捻效率较低所造成的。

其他品种的化纤纯纺或混纺时的细纱捻系数,应根据其用途选择。维棉混纺时,细纱捻系数一般比纺纯棉低 5% ~ 10%,这是由于维纶易发脆,若捻系数偏大,强力会降低。

中长纤维的细纱捻系数一般在 263 ~ 310。股线与单纱捻系数的比值选择合适,可获得较好的产品风格和内在质量,一般股线与单纱捻系数的比值为 1.4 ~ 1.7。纺化纤时,细纱捻系数需经过试验对比来确定。常用细纱品种的捻系数值见表 5 - 121。

表 5 - 121 常用细纱品种的捻系数值

细纱品种	线密度(tex)	捻系数范围
普梳织布用纱	8.4 ~ 11.16	经纱 340 ~ 400,纬纱 310 ~ 360
	11.7 ~ 30.7	经纱 300 ~ 390,纬纱 300 ~ 350
	32.4 ~ 194	经纱 320 ~ 380,纬纱 290 ~ 340
精梳织布用纱	4.0 ~ 5.3	经纱 340 ~ 400,纬纱 310 ~ 360
	5.3 ~ 16	经纱 330 ~ 390,纬纱 300 ~ 350
	16.2 ~ 36.4	经纱 320 ~ 380,纬纱 290 ~ 340
普梳针织、起绒用纱	10 ~ 9.7	不大于 330
	32.8 ~ 83.3	不大于 310
	98 ~ 197	不大于 310
精梳针织、起绒用纱	13.7 ~ 36	不大于 310
腈纶纯纺纱	12 ~ 15	260 ~ 320
	16 ~ 30	250 ~ 310
	32 ~ 60	240 ~ 300
棉/腈(40/60)混纺针织纱	14 ~ 15	300 ~ 350
	16 ~ 30	280 ~ 330
	32 ~ 60	260 ~ 310
涤纶纯纺纱	7.4 ~ 14.8	330 ~ 380
	15 ~ 30	320 ~ 370
涤/棉低比例混纺纱	7.4 ~ 14.8	经纱不低于 340,纬纱不低于 320
	15 ~ 30	经纱不低于 330,纬纱不低于 310

续表

细纱品种	线密度(tex)	捻系数范围
粘胶纤维纯纺纱	12 ~ 15	270 ~ 320
	16 ~ 30	260 ~ 310
	32 ~ 60	250 ~ 300
涤/粘(65/35)混纺纱	12 ~ 15	300 ~ 350
	16 ~ 30	290 ~ 340
	32 ~ 60	280 ~ 330
涤/粘 中长(65/35)混纺纱	14 ~ 19.7	270 ~ 330
	20 ~ 37	260 ~ 320
维纶纯纺纱	11 ~ 20	280 ~ 330
	21 ~ 34	270 ~ 320
维/棉(50/50)混纺纱	11 ~ 20	290 ~ 360
	21 ~ 34	280 ~ 350
莫代尔纯纺纱	12 ~ 15	270 ~ 320
	16 ~ 30	260 ~ 310
	32 ~ 60	250 ~ 300
富纤纯纺纱	8.4 ~ 32.5	270 ~ 320
棉/涤长丝包芯纱	14.8 ~ 19.7	不低于310

为了保证不同线密度成纱所应有的品质和满足最后产品的需要,成纱捻系数已有国家标准。在实际生产中,适当提高细纱捻系数,可减少断头,但是细纱捻系数过高,会影响其产量。因此,在保证产品质量和正常生产的前提下,细纱捻系数选择应偏小掌握。

加捻会引起捻缩,加捻量不同会导致不同的捻缩率。在一定的范围内,加大捻系数,捻缩率也会相应加大。

$$捻缩率 = \frac{前罗拉输出须条长度 - 加捻成纱长度}{前罗拉输出须条长度} \times 100\%$$

影响捻缩率的因素很多,主要有捻系数、纺纱线密度、纤维性质。捻缩率与捻系数的关系见表 5 - 122。

表 5 – 122　不同捻缩率与捻系数的关系

捻系数	285	295	304	309	314	323	333	342	352	357	361	371
捻缩率(%)	1.84	1.87	1.90	1.92	1.94	2.00	2.08	2.16	2.26	2.31	2.37	2.49
捻系数	380	390	399	404	409	418	428	437	447	451	450	466
捻缩率(%)	2.61	2.74	2.90	2.98	3.08	3.17	3.54	3.96	4.55	4.90	5.04	6.70

(四)锭速

锭子是加捻机构中的重要机件之一。随着细纱机单位产量的提高,锭速一般在 14000 ~ 17000r/min,国外最高锭速可达 30000r/min 左右。因此,对锭子要求振动小、运转平稳、功率小、磨损小、结构简单。

纺纯涤纶纱及涤棉混纺纱时,因捻系数较高,断头率又比纯棉纱低,故锭速可比同线密度的纯棉纱高些;中长化纤因纤维较长,其锭速可低于纯棉或涤棉混纺纱的锭速。

细纱机锭速与纺纱线密度、纤维特性、钢领直径、钢领板升降动程、捻系数等参数有关。不同纺纱特数的锭速参考值见表 5 – 123。

表 5 – 123　不同纺纱特数的锭速参考值

纺纱特数	粗特纱	中特纱	细特纱、特细特纱	中长化纤纱
锭速(r/min)	10000 ~ 14000	14000 ~ 16000	14300 ~ 16500	10000 ~ 13000

(五)卷绕圈距

卷绕圈距 Δ 如图 5 – 42 所示。

Δ 是指卷绕层的圈距,其大小与绕纱密度及退绕时的脱圈有关,一般 Δ 为细纱直径 d 的 4 倍,根据捻度和捻系数关系式:

$$T_{\text{tex}} = \frac{\alpha_{\text{t}}}{\sqrt{\text{Tt}}}$$

式中:T_{tex}——细纱捻度;

　　α_{t}——细纱捻系数;

　　Tt——细纱线密度。

当纱条的密度为 0.8g/cm³ 时,细纱直径为:

$$d \approx 0.04 \sqrt{\text{Tt}}$$

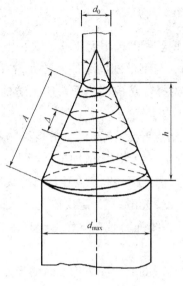

图 5 – 42 卷绕圈距

于是有：

$$\Delta = 0.16\sqrt{Tt}$$

(六)钢领板级升距

钢领板每升降一次,级升轮 Z_n(也称成形轮或撑头牙)间歇地被撑过几齿,钢领板卷绕链轮也间歇地卷取链条,使钢领板产生一次级升距 m_2。

$$m_2 = \frac{\sqrt{Tt}}{120\rho\sin(\gamma/2)}$$

式中:ρ——管纱绕纱密度,在一般卷绕张力条件下为 $0.55\mathrm{g/cm^3}$;

$\gamma/2$——成形半锥角。

卷绕的其他相关参数见图 5 – 42、表 5 – 124。

表 5 – 124 细纱机卷绕部分的参数

钢领直径 D(mm)	45	42	38	35	32
管纱直径 d_m(mm)	42	39	35	32	29
筒管直径 d_0(mm)	18	18	18	18	13
成形半锥角 $\gamma/2$(°)	14.62	12.86	10.47	8.65	9.87
钢领板动程 h(mm)	46	46	46	46	46

（七）钢领与钢丝圈

化纤的纯纺与混纺,在钢丝圈的选用上应考虑以下几方面的问题。

(1)化纤弹性好,易伸长,与钢丝圈的摩擦因数大,在同样条件下气圈凸形大,张力小,钢丝圈的重量应偏重选择。纺棉型化纤一般比纺棉重2~3号,纺中长化纤一般比纺棉重6~8号。

(2)大多数化纤属于低熔点纤维,在高温下的熔结物不仅影响纱线质量,而且会阻碍钢丝圈的正常运动而产生突变张力,增加细纱断头。因此,在钢丝圈的圈形、截面设计及材料选用方面,必须保证钢丝圈在高速运行时具有良好的散热条件。

(3)钢丝圈上的纱线通道要光滑,且一定要避免钢丝圈的磨损缺口与纱线通道交叉,否则会使纱线发毛,破坏纱线强力且在钢领旁出现落白粉现象,染色后会出现规律性的色差。

实践表明,BU型、FU型钢丝圈能适应涤棉混纺的高速运转。第一,钢丝圈采用了宽薄的瓦楞形截面,纱线通道光滑,有利于钢丝圈的散热;因钢领与钢丝圈的内表面呈弧形,钢丝圈磨损缺口能保证与纱线通道错开而不交叉。第二,钢丝圈圈形设计合理,重心低,与钢领接触位置高,散热好;接触弧段曲率半径大,走熟期短,抗楔性能较好。

1. 平面钢领与钢丝圈型号的选配

如果钢丝圈重心位置高,则纱线通道通畅、钢丝圈拎头轻,但因磨损位置低,钢丝圈易飞,并且可能碰钢领外壁而引起纺纱张力突变。

如果钢丝圈重心位置低,则其运转稳定,但纱线通道小而拎头重。不同型号钢领和钢丝圈的配套与适纺纱线密度的关系见表5-125。

表5-125 平面钢领与钢丝圈的选配

| 钢 领 | | 钢 丝 圈 | | 适纺品种及线密度 |
型 号	边 宽(mm)	型 号	线速度(m/s)	(tex)
PG1/2	2.6	CO	36	18~31 棉纱
		OSS	36	5.8~19.4 棉纱
		RSS、BR	38	9.7~19.4 棉纱
PG1/2	2.6	W261、WSS、7196、7506	38	9.7~19.4 棉纱
		2.6Elf	40	15 以下棉纱
PG1	3.2	6802	37	19.4~48.6 棉纱
		6903、7201、9803	38	11~30 棉纱
		FO	36	18.2~41.6 棉纱

| 钢领 | | 钢丝圈 | | 适纺品种及线密度 |
型号	边宽(mm)	型号	线速度(m/s)	(tex)
PG1	3.2	BFO	37	13～29 棉纱
		FU、W321	38	13～29 棉纱
		BU	38	13～29 棉纱
		3.2Elgc	42	13～29 棉纱
PG2	4.0	G、O、GO、W401	32	32 以上棉纱
NY—4521		52	40～44	13～29 棉纱
PG1/2	2.6	RSS、BR	38	9.7～19.4 涤/棉纱
		W261、WSS、7196、7506	38	9.7～19.4 涤/棉纱
		2.6Elf	40	15 以下涤/棉纱
PG1	3.2	6802U	38	13～32.4 涤/棉纱、混纺纱
		B6802	38	13～29 混纺纱
		BFO	37	13～29 混纺纱
		FU、W321	38	13～29 混纺纱
		BK	32	腈纶纱
		3.2Elgc	42	13～29 涤/棉纱、腈纶纱

2. 锥面钢领与钢丝圈型号的选配

锥面钢领与钢丝圈型号的选配见表 5－126。

表 5－126　锥面钢领与钢丝圈型号的选配

| 钢领 | | 钢丝圈 | | 适纺品种及线密度(tex) |
型号	边宽(mm)	型号	线速度(m/s)	
ZM—6	2.6	ZB	38～40	21～30 棉纱
		ZB—8	40～44	14～18 棉纱
ZM—20	2.6	ZBZ	40～44	28～39 棉纱
ZM—6	2.6	ZB—1	40～44	13～14.6 涤/棉纱
		924	40～44	13～19.6 涤/棉纱

3. 钢丝圈号数的选择

纺纱时,钢丝圈号数应根据细纱线密度、钢领直径、导纱钩至锭子端的距离、管纱长度、成纱强力、锭子速度、钢领状态、钢领和钢丝圈的接触状态、气候干湿等条件来选择。

（1）成纱线密度愈小，所用钢丝圈愈轻。

（2）钢领直径大，锭子速度快，钢丝圈宜稍轻。

（3）新钢领较毛，摩擦力大，钢丝圈宜减轻2～5号。

（4）锥边钢领和钢丝圈是两点接触，钢丝圈宜减轻1～2号。

（5）成纱强力高，管纱长，导纱钩至锭子端的距离大，钢丝圈可加重。

（6）气候干燥，湿度低，钢丝圈和钢领的摩擦因数小，钢丝圈宜稍重。

总之，除了纺制富有弹性的棉纱外，只要在细纱可以承受的张力范围内，一般选用稍重的钢丝圈，以保持气圈的稳定性，特别是对减少小纱断头有显著效果。当然钢丝圈过重，反而会增加断头。大纱时的气圈张力可以通过调节导纱钩动程来解决。纯棉纱钢丝圈号数选用范围见表5－127。

表5－127　纯棉纱钢丝圈号数选用范围

钢领型号	线密度（tex）	钢丝圈号数	钢领型号	线密度（tex）	钢丝圈号数
PG1/2	7.5	16/0～18/0	PG1	21	6/0～9/0
	10	12/0～15/0		24	4/0～7/0
	14	9/0～12/0		25	3/0～6/0
	15	8/0～11/0		28	2/0～5/0
	16	6/0～10/0		29	1/0～4/0
	18	5/0～7/0	PG2	32	2～2/0
	19	4/0～6/0		36	2～4
PG1	16	10/0～14/0		48	4～8
	18	8/0～11/0		58	6～10
	19	7/0～10/0		96	16～20

化纤纱和混纺纱用钢丝圈的选用与纺纯棉纱相比，当纺相同粗细的细纱时，应遵循以下规律：

（1）涤纶纯纺纱钢丝圈应重4～8号；涤/棉混纺纱钢丝圈应重2～3号；涤/粘混纺纱钢丝圈应重3～4号。

（2）维纶纯纺纱和维/棉混纺纱钢丝圈应重1号左右。

（3）腈纶纯纺纱钢丝圈应重2号左右。

（4）锦纶纯纺和锦/棉混纺纱钢丝圈应重2号左右。

（5）氯纶纯纺、混纺时，钢领易生锈，宜在表面涂一层薄清漆，钢丝圈重量应减轻

2号。

（6）丙纶纯纺纱宜采用大通道钢丝圈。

（7）粘纤纯纺纱钢丝圈应重1～3号，粘/棉混纺纱钢丝圈应重1～2号，粘/腈混纺纱钢丝圈可参照相同粗细粘纤纯纺纱选用；粘纤与强力醋酯纤维混纺时，钢丝圈应比相同粗细粘纤纱重2～3号；锦/粘混纺纱钢丝圈应比相同粗细粘纤纱重1～2号；涤、粘、强力醋酯纤维混纺纱钢丝圈应比相同粗细粘纤纱重2～3号。

（8）中长化纤纱钢丝圈应比相同粗细棉型化纤纱重2～3号，比纯棉纱重6～8号。

4. 钢丝圈轻重的掌握

钢丝圈轻重的掌握见表5－128。

表5－128　钢丝圈轻重的掌握

纺纱条件变化因素	钢领走熟	钢领衰退	钢领直径减小	升降动程增大	单纱强力增高
钢丝圈重量	加重	加重	加重	加重	可偏重

（八）罗拉中心距

1. 前区罗拉中心距

前牵伸区是细纱机的主要牵伸区，在此区内，为适应高倍牵伸的需要，应尽量改善对各类纤维运动的控制，并使牵伸过程中的牵引力和纤维运动摩擦阻力配置得当。

在前区牵伸装置中，上、下胶圈间形成曲线牵伸通道，收小该钳口隔距，并采用重加压和缩短胶圈钳口至前罗拉钳口之间的距离的方法，可大大改善在牵伸过程中对各类纤维运动的控制，从而使前区牵伸装置具有较高的牵伸能力。纺化纤时，因化纤长度长、整齐度好，所以隔距应偏大。

一般地说，双胶圈牵伸装置细纱机的前区罗拉隔距不必随纤维长度、纺纱线密度等参数的变化而调节。因此，在不少型号的细纱机上，前区罗拉隔距是固定的，即不可调节的，但这并不是说所有固定的前区罗拉隔距都是合理的。前区罗拉隔距应根据胶圈架长度（包括销子最前端在内）和胶圈钳口至前罗拉钳口之间的距离来决定，由于罗拉隔距与罗拉中心距是正相关的，因此，通常用前罗拉中心距来表示前罗拉隔距的大小，即前区罗拉中心距为胶圈架长度（包括销子最前端在内）与胶圈钳口至前罗拉钳口之间距离之和。

胶圈架长度通常根据原棉长度来选择，以不小于纤维长度为适合。胶圈钳口至前罗拉钳口之间的距离，随销子和胶圈架的结构、前区集合器的形式以及前罗拉和胶辊直径等而异,缩小此处距离有利于控制游离纤维的运动,有利于改善棉纱条干均匀度。胶圈钳口至前罗拉钳口之间的距离,又称浮游区长度,应当设法缩小。不同胶圈前牵伸区罗拉中心距与浮游区长度的关系见表5-129。

表5-129　前牵伸区罗拉中心距与浮游区长度的关系　　　单位:mm

牵伸形式	纤维及长度	上销(胶圈架)长度	前区罗拉中心距	浮游区长度
双短胶圈	棉,31 以下	25	36~39	11~14
	棉,31 以上	29	40~43	11~14
长短胶圈	棉	33	43~47	11~14
	棉型化纤,38	33	43~47	11~14
	中长化纤,51	40	52~56	12~16
	中长化纤,65	56	70~74	14~18
	中长化纤,76	69	83~89	14~20

2. 后区罗拉中心距

后区为简单罗拉牵伸,故采用重加压、大隔距的工艺方法;由于有集合器,中心距可大些。当粗纱定量较轻或后区牵伸倍数较大时,因牵伸力小,中心距可小些;当纤维整齐度差时,为缩短纤维浮游动程,中心距应小些,反之应大。

中心距的大小应根据加压和牵伸倍数来选择,使牵伸力与握持力相适应。后牵伸区罗拉中心距的参考值见表5-130。

表5-130　后牵伸区罗拉中心距的参考值

工 艺 类 型	机织纱工艺	针织纱工艺	棉型化纤	中长化纤
后区牵伸倍数	1.20~1.40	1.04~1.30		
后区罗拉中心距(mm)	44~56	48~60	50~65	60~86

(九)胶圈钳口隔距

弹性钳口的原始隔距应根据纺纱线密度、胶圈厚度和弹性上销弹簧的压力、纤维长度及其摩擦性能以及其他有关工艺参数确定。固定钳口在胶圈材料和销子形式决定以后,销子开口就成了调整胶圈钳口部分摩擦力界强度的工艺参数。纺不同线密度的纱,销子开口不同,线密度小,开口小;纺同线密度细纱时,因各厂所用纤维长度、喂入定量、胶圈厚薄和性能、罗拉加压等条件的不同,销子开口稍有差异,参见表5-131和表5-132。

表5－131　胶圈钳口隔距参考值

线密度 （tex）	双短胶圈固定钳口隔距（mm）		长短胶圈弹性钳口隔距（mm）	
	机织纱工艺	针织纱工艺	机织纱工艺	针织纱工艺
9 以下	2.5～3.5	3.0～4.0	2.0～2.6	2.0～3.0
9～19	3.0～4.0	3.2～4.2	2.3～3.2	2.5～3.5
20～30	3.5～4.4	4.0～4.6	2.8～3.8	3.0～4.0
32 以上	4.0～5.2	4.4～5.5	3.2～4.2	3.5～4.5

注　在条件许可下，采用较小的上下销钳口隔距，有利于改善成纱质量。

表5－132　纺纱条件对胶圈钳口隔距的影响

钳口 隔距	纤维 性质	粗纱 定量	细纱工艺					
			捻系数	线密度	后牵伸倍数	胶圈钳口形式	罗拉加压	胶圈厚度
宜偏大	细、长	较重	较大	较粗	较小	固定钳口	较轻	较厚
宜偏小	粗、短	较轻	较小	较细	较大	弹性钳口	较重	较薄

纺化纤时，因化纤长度长、整齐度好，有利于牵伸过程中纤维运动的控制，且化纤的牵伸力较大，太强的摩擦力界布置会使加压要求过高。因此，纺化纤时牵伸区中胶圈钳口的隔距比纺棉时略大，纺中长纤维时，下胶圈销的弧形可略平缓。

（十）罗拉加压

为使牵伸顺利进行，罗拉钳口必须具有足够的握持力，以克服牵伸力。如果钳口握持力小于牵伸力，则须条在罗拉钳口下就会打滑，轻则造成产品不匀，重则须条不能被牵伸拉细。罗拉钳口的握持力大小主要决定于罗拉加压、钳口与须条间的动摩擦因数以及被握持须条的粗细和几何形态。

加重胶辊压力，胶辊对纱条的实际压力相应增大，钳口握持力随之增加。但胶辊上加压又不能过重，否则会引起胶辊严重变形，罗拉弯曲、扭振，从而造成规律性条干不匀，甚至出现牵伸部分传动齿轮爆裂等现象。提高牵伸倍数时，由于喂入纱条粗，摩擦力界相应加强，应增大加压。

化纤除了牵伸力较大，需有足够的握持力加强对纤维运动的控制外，加工化纤的胶辊还要比一般纺棉的更为光滑，这样才能防止缠胶辊，保证正常纺纱。因此，胶辊需要较重的加压，以保持足够的握持力。一般胶辊的加压比纺棉时加重20%～30%。罗拉加压参考值见表5－133。

表 5-133　罗拉加压参考值

牵伸形式	原　料	前罗拉加压(N/双锭)	中罗拉加压(N/双锭)	后罗拉加压(N/双锭)	
双短胶圈牵伸	棉	100~150	60~80	80~140	100~140
长短胶圈牵伸		100~150	80~100	80~140	100~140
长短胶圈牵伸	棉型化纤	140~180	100~140	140~180	
	中长化纤	140~220	100~180	140~200	

(十一)前区集合器

使用集合器,主要是为了防止纤维扩散,它也提供了附加摩擦力界。前区集合器口径应与输出定量相适应。前区集合器开口尺寸见表 5-134。

表 5-134　前区集合器开口尺寸

纺纱线密度(tex)		9 以下	9~19	20~30	32 以上
集合器开 口尺寸(mm)	棉	1.0~1.5	1.5~2.0	2.0~2.5	2.5~3.0
	化纤、混纺	1.2~1.8	1.6~2.5	2.0~3.0	2.5~3.5

四、细纱工艺设计

(一)设计细纱定量及牵伸

根据所纺细纱精梳棉/钛远红外纤维/竹浆纤维/甲壳素纤维(40/20/20/20)混纺针织纱的线密度 11.8tex,公定回潮率为 8.98%,实际回潮率为 6.9%,细纱定量应该是:

$$G_{细纱} = \frac{Tt}{(1+8.98\%)\times10} = \frac{11.8}{(1+8.98\%)\times10} = 1.08(g/100m)$$

$$G_{细纱湿} = G_{细纱} \times (1+6.9\%) = 1.08 \times (1+6.9\%) = 1.15(g/100m)$$

设 FA506 型细纱机的牵伸效率为 98%(工厂可以根据实际牵伸与机械牵伸计算获得,多数情况在 94%~98%)。在本章第五节中,粗纱干定量为 4.50g/10m。

第一步:计算实际牵伸。

$$E_{实际} = \frac{G_{粗纱} \times 10}{G_{细纱}} = \frac{4.50 \times 10}{1.08} = 41.67$$

第二步:估算机械牵伸。

$$E_{机械估} = \frac{E_{实际}}{牵伸效率} = \frac{41.67}{0.98} = 42.52$$

细纱机的总牵伸倍数是指前罗拉与后罗拉之间的牵伸倍数。由 FA506 型细纱机的传动图 5 - 43,求得其总牵伸倍数 E。

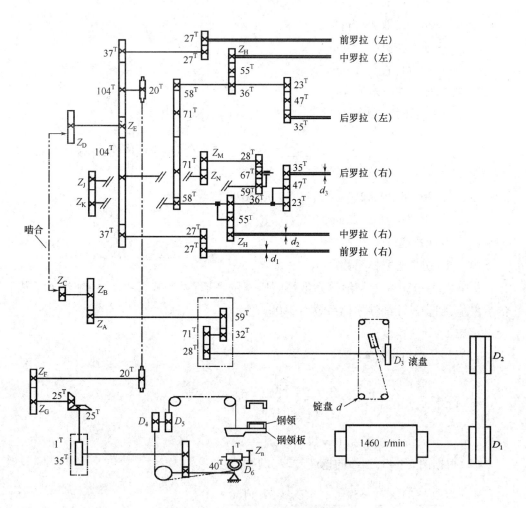

图 5 - 43　FA506 型细纱机的传动图

$$E_{机械} = \frac{35 \times Z_K \times 59 \times Z_M \times 104 \times 27 \times d_1}{23 \times Z_J \times 28 \times Z_N \times 37 \times 27 \times d_3} = 9.0129 \times \frac{Z_K \times Z_M}{Z_J \times Z_N}$$

$$= 9.0129 \times \frac{82 \times 69}{43 \times 28} = 42.35$$

式中:Z_K——39、43、48、53、59、66、73、81～89,取 82 齿;

Z_J——39、43、48、53、59、66、73、81～89,取 43 齿;

Z_M——69、51,取 69 齿;

Z_N——28、46,取 28 齿;

d_1——前罗拉直径,25mm;

d_3——后罗拉直径,25mm。

第三步:计算部分牵伸。

中罗拉与后罗拉间的牵伸(结合表 5 - 119 中后牵伸区工艺):

$$e_{中罗拉～后罗拉} = \frac{35 \times 36 \times d_2}{23 \times Z_H \times d_3} = \frac{35 \times 36 \times 25}{23 \times Z_H \times 25} = \frac{54.7826}{Z_H} = \frac{54.7826}{40} = 1.37$$

式中:Z_H——36、38、40、42、44、46、48、50,取 40 齿;

d_2——中罗拉直径,25mm。

(二)设计捻度

第一步:初步选取捻系数。

根据表 5 - 120 中对细纱捻系数影响因素的考虑,参考表 5 - 121 中细纱捻系数的参考值,初步设计细纱的捻系数为 340。

第二步:计算捻度。

(1)计算细纱的捻度:

$$T_{tex估} = \frac{\alpha_{t估}}{\sqrt{Tt}} = \frac{340}{\sqrt{11.8}} = 98.98(捻/10cm)$$

其中,$\alpha_{t估} = 340$,细纱线密度 Tt = 11.8tex。

(2)根据图 5 - 43,细纱的捻度应该由下式求出:

$$T_{tex} = \frac{(D_3 + \delta) \times 71 \times 59 \times Z_B \times Z_D \times 37 \times 100}{(d + \delta) \times 28 \times 32 \times Z_A \times Z_C \times Z_E \times \pi \times 25}$$

$$= \frac{(250 + 0.8) \times 71 \times 59 \times Z_B \times Z_D \times 37 \times 100}{(22 + 0.8) \times 28 \times 32 \times Z_A \times Z_C \times Z_E \times \pi \times 25} = 2422.74 \times \frac{Z_B \times Z_D}{Z_A \times Z_C \times Z_E}$$

$$= 2422.74 \times \frac{75 \times 77}{45 \times 87 \times 36} = 99.27(捻/10cm)$$

式中:D_3——滚盘直径,250mm;

d——锭盘直径,24mm、22mm、20.5mm,取 22mm;

δ——锭带厚度,0.8mm;

Z_A/Z_B——38/82、45/75、52/68、60/60、68/52、75/45、82/38,取 45/75 齿;

Z_C——80、85、87,取 87 齿;

Z_D——77、80、85,取 77 齿;

Z_E——捻度变换齿轮(与锭盘直径有关),33 齿(ϕ24mm)、36 齿(ϕ22mm)、39 齿(ϕ20.5mm),取 36 齿。

第三步:计算细纱的捻系数。

$$\alpha_t = T_{tex} \times \sqrt{Tt} = 99.27 \times \sqrt{11.8} = 341$$

根据表 5-122 中捻系数与捻缩率的示例,可知在此捻系数情况下的捻缩率为 2.16%,为方便操作,捻向设计为 Z 向。

(三)设计速度

1. 前罗拉速度

$$n_{前罗拉} = 1460 \times \frac{D_1 \times 28 \times 32 \times Z_A \times Z_C \times Z_E \times 27}{D_2 \times 71 \times 59 \times Z_B \times Z_D \times 37 \times 27} \times 98\% = 8.27 \times \frac{D_1 \times Z_A \times Z_C \times Z_E}{D_2 \times Z_B \times Z_D}$$

$$= 8.27 \times \frac{180 \times 45 \times 87 \times 36}{200 \times 75 \times 77} = 181.65(r/min)$$

式中:D_1——电动机皮带盘节径,mm,170、180、190、200、210,取 180mm;

D_2——主轴皮带盘节径,mm,180、190、200、210、220、230、240,取 200mm。

2. 锭子速度

$$n_{锭翼} = 1460 \times \frac{(D_3 + \delta) \times D_1}{(d + \delta) \times D_2} \times 98\% = 1460 \times \frac{(250 + 0.8) \times 180}{(22 + 0.8) \times 200} \times 98\%$$

$$= 14165(r/min)$$

(四)设计卷绕圈距

第一步:预测卷绕圈距。

$$\Delta_{估} = 0.16 \times \sqrt{Tt} = 0.16 \times \sqrt{11.8} = 0.55(mm)$$

第二步:计算卷绕圈距。

如图 5-43 所示,钢领板每升降一次,前罗拉输出长度等于同一时间内管纱绕纱长度。

$$\frac{\pi \times d_1 \times 35 \times 25 \times Z_{\mathrm{G}} \times 20 \times 104 \times 27}{1 \times 25 \times Z_{\mathrm{F}} \times 20 \times 37 \times 27} = \frac{d_{\mathrm{m}} + d_0}{2} \times \pi \times \frac{A}{\Delta} \times \frac{4}{3}$$

$$= \frac{\pi \times (d_{\mathrm{m}}^2 - d_0^2)}{3 \times \Delta \times \sin(\gamma/2)}$$

$$7726.62 \times \frac{Z_{\mathrm{G}}}{Z_{\mathrm{F}}} = \frac{\pi \times (d_{\mathrm{m}}^2 - d_0^2)}{3 \times \Delta \times \sin(\gamma/2)}$$

$$\frac{Z_{\mathrm{G}}}{Z_{\mathrm{F}}} = \frac{0.0001356 \times (d_{\mathrm{m}}^2 - d_0^2)}{\Delta \times \sin(\gamma/2)}$$

$$\frac{Z_{\mathrm{G}}}{Z_{\mathrm{F}}} = \frac{0.0001356 \times (35^2 - 18^2)}{0.55 \times \sin 10.47°}$$

从表 5 - 124 中选取。

式中：d_{m}——管纱直径,35mm;

d_0——筒管直径,18mm;

$\gamma/2$——成形半锥角,10.47°。

因为：$Z_{\mathrm{G}} + Z_{\mathrm{F}} = 122$

所以：$Z_{\mathrm{G}} = 67$；$Z_{\mathrm{F}} = 55$

则：

$$\Delta = \frac{0.0001356 \times (d_{\mathrm{m}}^2 - d_0^2) \times Z_{\mathrm{F}}}{\sin(\gamma/2) \times Z_{\mathrm{G}}} = \frac{0.0001356 \times (35^2 - 18^2) \times 55}{\sin 10.47° \times 67}$$

$$= 0.55(\mathrm{mm})$$

(五)设计钢领板级升距

第一步:预测钢领板级升距。

$$m_{2估} = \frac{\sqrt{\mathrm{Tt}}}{120\rho\sin(\gamma/2)} = \frac{\sqrt{11.8}}{120 \times 0.55 \times \sin 10.47°} = 0.29(\mathrm{mm})$$

式中：ρ——管纱绕纱密度,在一般卷绕张力条件下为 0.55g/cm³。

第二步:计算钢领板级升距。

由 FA506 型细纱机的传动图 5 - 43 可知,钢领板每升降一次,级升距变换棘轮 Z_n 撑过 n 齿,从而获得级升距 m_2。

$$m_2 = \frac{n \times 1 \times D_6}{Z_n \times 40 \times D_4} \times \pi \times D_5 = \frac{n \times 1 \times 140}{Z_n \times 40 \times 130} \times \pi \times 130$$

$$= 10.9956 \times \frac{n}{Z_n} = 10.9956 \times \frac{2}{75} = 0.29 (\text{mm})$$

式中：D_4——上分配轴左端轮直径，130mm；

　　　D_5——钢领板牵吊轮直径，130mm；

　　　D_6——卷绕轮直径，140mm；

　　　n——1～3，取2；

　　　Z_n——43、45、48、50、55、60、65、70、72、75、80，取75齿。

（六）选取钢领与钢丝圈

参考表5-125、表5-126、表5-127、表5-128，选择钢领、钢丝圈如下：

钢领：PG1/2；直径38mm

钢丝圈型号：2.6Elf

钢丝圈号数：12/0

（七）设计中心距

根据FA506型细纱机的牵伸形式（长短胶圈牵伸）、纤维、粗纱及所纺纱的情况，设计罗拉中心距如下：

前区罗拉中心距：46mm

后区罗拉中心距：62mm

（八）设计其他工艺参数

1. 罗拉加压

根据设计的罗拉速度、中心距、定量，选择罗拉的加压为：

前罗拉×中罗拉×后罗拉：160×120×160 N/双锭

2. 胶圈原始钳口隔距

由于细纱的线密度为11.8tex，根据表5-131和表5-132，选择胶圈原始钳口隔距为2.8mm。

3. 前区集合器

由于细纱的线密度为11.8tex，根据表5-134，选择细纱机的前区集合器开口尺寸为2.0mm。

五、细纱工艺设计表

细纱工艺设计表见表 5 - 135。

表 5 - 135 细纱工艺设计表

机型	细纱定量 (g/100m)		实际回潮率(%)	公定回潮率(%)	总牵伸倍数		后区牵伸倍数	线密度 (tex)	计算捻度 (捻/10cm)	捻系数	捻缩率(%)	捻向
	干重	湿重			机械	实际						
FA506	1.08	1.15	6.9	8.98	42.35	41.67	1.37	11.8	99.27	341	2.16	Z

罗拉中心距(mm)		罗拉加压(N)	罗拉直径(mm)	钢领		钢丝圈型号	转速(r/min)	
前~中	中~后	前×中×后	前×中×后	型号	直径(mm)		前罗拉	锭子
46	62	160×120×160	25×25×25	PG1/2	38	2.6Elf 12/0	181.65	14165

前区集合器口径(mm)	钳口隔距(mm)	卷绕圈距(mm)	钢领板级升距(mm)	齿轮的齿数														
				Z_A	Z_B	Z_C	Z_D	Z_E	Z_F	Z_G	Z_H	Z_J	Z_K	Z_M	Z_N	Z_n	n
2.0	2.8	0.55	0.29	45	75	87	77	36	55	67	40	43	82	69	28	75	2

六、细纱质量的控制措施

(一)细纱质量的控制指标

依据 GB/T 398—2008,棉本色纱线标准如下。

1. 梳棉纱的技术要求

梳棉纱的技术要求见表 5 - 136。

表 5 - 136 梳棉纱的技术要求

线密度 (tex)	等别	单纱断裂强力变异系数(%) 不大于	百米重量变异系数(%) 不大于	单纱断裂强度 (cN/tex) 不大于	百米重量偏差(%) 不大于	条干均匀度变异系数(%) 不大于	1g内棉结粒数(粒/g) 不多于	1g内棉结杂质总粒数(粒/g) 不多于	实际捻系数		10万米纱疵(个/10^5m) 不多于
									经纱	纬纱	
8~10	优	10.0	2.2	15.6	±2.0	16.5	25	45	340 ? 430	310 ? 380	10
	一	13.0	3.5	13.6	±2.5	19.0	55	95			30
	二	16.0	4.5	10.6	±3.5	22.0	95	145			—
11~13	优	9.5	2.2	15.8	±2.0	15.0	30	55			10
	一	12.5	3.5	13.8	±2.5	18.5	65	105			30
	二	15.5	4.5	10.6	±3.5	21.5	105	155			—

续表

线密度（tex）	等别	单纱断裂强力变异系数（%）不大于	百米重量变异系数（%）不大于	单纱断裂强度（cN/tex）	百米重量偏差（%）不大于	条干均匀度变异系数（%）不大于	1g内棉结粒数（粒/g）不多于	1g内棉杂质总粒数（粒/g）不多于	实际捻系数		10万米纱疵（个/10⁵m）不多于
									经纱	纬纱	
14~15	优	9.5	2.2	16.0	±2.0	16.0	30	55			10
	一	12.5	3.5	14.0	±2.5	18.5	65	105			30
	二	15.5	4.5	11.0	±3.5	21.5	105	155			—
16~20	优	9.0	2.2	16.2	±2.0	15.5	30	55	330 ﹤ 420	300 ﹤ 370	10
	一	12.0	3.5	14.2	±2.5	18.0	65	105			30
	二	15.0	4.5	11.2	±3.5	21.0	105	155			—
21~30	优	8.5	2.2	16.4	±2.0	14.5	30	55			10
	一	11.5	3.5	14.4	±2.5	17.0	65	105			30
	二	14.5	4.5	11.4	±3.5	20.0	105	155			—
32~34	优	8.0	2.2	16.2	±2.0	14.0	35	65			10
	一	11.0	3.5	14.2	±2.5	16.5	75	125			30
	二	14.5	4.5	11.2	±3.5	19.5	115	185			—
36~60	优	7.5	2.2	16.0	±2.0	13.5	35	65	320 ﹤ 410	290 ﹤ 360	10
	一	10.5	3.5	14.0	±2.5	16.0	75	125			30
	二	14.0	4.5	11.0	±3.5	19.0	115	185			—
64~80	优	7.0	2.2	15.8	±2.0	13.0	35	65			10
	一	10.0	3.5	13.8	±2.5	15.5	75	125			30
	二	13.5	4.5	10.8	±3.5	18.5	115	185			—
88~192	优	6.5	2.2	15.6	±2.0	12.5	35	65			10
	一	9.5	3.5	13.6	±2.5	15.0	75	125			30
	二	13.0	4.5	10.6	±3.5	18.0	115	185			—

2. 精梳棉纱的技术要求

精梳棉纱的技术要求见表 5－137

表 5－137　精梳棉纱的技术要求

线密度（tex）	等别	单纱断裂强力变异系数（%）不大于	百米重量变异系数（%）不大于	单纱断裂强度（cN/tex）	百米重量偏差（%）不大于	条干均匀度变异系数（%）不大于	1g内棉结粒数（粒/g）不多于	1g内棉结杂质总粒数（粒/g）不多于	实际捻系数 经纱	实际捻系数 纬纱	10万米纱疵（个/10⁵m）不多于
4~4.5	优	12.0	2.0	17.6	±2.0	16.5	20	25			5
	一	14.5	3.0	15.6	±2.5	19.0	45	55	340	310	20
	二	17.5	4.0	12.6	±3.5	22.0	70	85	~	~	—
5~5.5	优	11.5	2.0	17.6	±2.0	16.5	20	25			5
	一	14.0	3.0	15.6	±2.5	19.0	45	55	430	360	20
	二	17.0	4.0	12.6	±3.5	22.0	70	85			—
6~6.5	优	11.0	2.0	17.8	±2.0	15.5	20	25			5
	一	13.5	3.0	15.8	±2.5	18.0	45	55			20
	二	16.5	4.0	12.8	±3.5	21.0	70	85			—
7~7.5	优	10.5	2.0	17.8	±2.0	15.0	20	25			5
	一	13.0	3.0	15.8	±2.5	17.5	45	55			20
	二	16.0	4.0	12.8	±3.5	20.5	70	85			—
8~10	优	9.5	2.0	18.0	±2.0	14.5	20	25	330	300	5
	一	12.5	3.0	16.0	±2.5	17.0	45	55	~	~	20
	二	15.5	4.0	13.0	±3.5	19.5	70	85	400	350	—
11~13	优	8.5	2.0	18.0	±2.0	14.0	15	20			5
	一	11.5	3.0	16.0	±2.5	16.0	35	45			20
	二	14.5	4.0	13.0	±3.5	18.5	55	75			—
14~15	优	8.5	2.0	15.8	±2.0	13.5	15	20			5
	一	11.0	3.0	14.4	±2.5	15.5	35	45			20
	二	14.0	4.0	12.4	±3.5	18.0	55	75			—
16~20	优	7.5	2.0	15.8	±2.0	13.0	15	20			5
	一	10.5	3.0	14.4	±2.5	15.0	35	45	320	290	20
	二	13.5	4.0	12.4	±3.5	17.5	55	75	~	~	—
21~30	优	7.0	2.0	16.0	±2.0	12.5	15	20	390	340	5
	一	10.0	3.0	14.6	±2.5	14.5	35	45			20
	二	13.0	4.0	12.6	±3.5	17.0	55	75			—

续表

线密度 （tex）	等别	单纱断裂 强力变异 系数（%） 不大于	百米重量 变异系 数（%） 不大于	单纱断 裂强度 （cN/tex）	百米重量 偏差（%） 不大于	条干均匀 度变异系 数（%） 不大于	1g内棉 结粒数 （粒/g） 不多于	1g内棉结 杂质总粒 数（粒/g） 不多于	实际捻系数		10万米 纱疵 （个/10⁵m） 不多于
									经纱	纬纱	
32~36	优	6.5	2.0	16.0	±2.0	12.0	15	20	320 ～ 390	290 ～ 340	5
	一	9.5	3.0	14.6	±2.5	14.0	35	45			20
	二	12.5	4.0	12.6	±3.5	16.5	55	75			

3. 梳棉股线的技术要求

梳棉股线的技术要求见表5-138

表5-138 梳棉股线的技术要求

线密度 （tex）	等别	单纱断裂 强力变异 系数（%） 不大于	百米重量 变异系数 （%）不大于	单纱断 裂强度 （cN/tex）	百米重 量偏差 （%）不 大于	条干均匀 度变异系 数（%） 不大于	1g内棉 结粒数 （粒/g） 不多于	1g内棉结杂质 总粒数（粒/g） 不多于	
								经纱	纬纱
8×2~10×2	优	8.0	1.5	17.8	±2.0	20	30		
	一	11.0	2.5	15.6	±2.5	40	70		
	二	14.0	3.5	12.2	±3.5	65	95		
11×2~20×2	优	7.5	1.5	18.2	±2.0	20	40		
	一	10.5	2.5	15.8	±2.5	40	75		
	二	13.5	3.5	12.4	±3.5	70	105		
21×2~30×2	优	7.0	1.5	18.8	±2.0	20	40	400 ～ 530	360 ～ 470
	一	10.0	2.5	16.6	±2.5	40	75		
	二	13.0	3.5	13.2	±3.5	70	105		
32×2~60×2	优	6.5	1.5	18.6	±2.0	20	40		
	一	9.5	2.5	16.4	±2.5	40	75		
	二	12.5	3.5	13.0	±3.5	70	105		
64×2~80×2	优	6.0	1.5	18.2	±2.0	20	40		
	一	9.0	2.5	15.8	±2.5	40	75		
	二	12.0	3.5	12.4	±3.5	70	105		

续表

线密度 （tex）	等别	单纱断裂 强力变异 系数（%） 不大于	百米重量 变异系数 （%）不大于	单纱断 裂强度 （cN/tex）	百米重 量偏差 （%）不 大于	条干均匀 度变异系 数（%） 不大于	1g内棉 结粒数 （粒/g） 不多于	1g内棉结杂质 总粒数（粒/g） 不多于	
								经纱	纬纱
8×3~10×3	优	5.5	1.5	20.2	±2.0	12	30		
	一	8.5	2.5	16.0	±2.5	30	65		
	二	11.5	3.5	13.8	±3.5	55	90		
11×3~20×3	优	5.0	1.5	20.6	±2.0	15	35	400 ~ 530	360 ~ 470
	一	8.0	2.5	17.8	±2.5	35	70		
	二	11.0	3.5	14.0	±3.5	65	100		
21×3~30×3	优	4.5	1.5	21.4	±2.0	15	35		
	一	7.5	2.5	18.8	±2.5	35	70		
	二	11.0	3.5	16.8	±3.5	65	100		

4. 精梳棉股线的技术要求

精梳棉股线的技术要求见表 5 –139。

表 5 –139　精梳棉股线的技术要求

线密度 （tex）	等别	单纱断裂 强力变异 系数（%） 不大于	百米重量 变异系数 （%）不大于	单纱断 裂强度 （cN/tex）	百米重 量偏差 （%）不 大于	条干均匀 度变异系 数（%） 不大于	1g内棉 结粒数 （粒/g） 不多于	1g内棉结杂质 总粒数（粒/g） 不多于	
								经纱	纬纱
4×2~4.5×2	优	9.0	1.5	21.0	±2.0	15	20		
	一	11.5	2.5	18.6	±2.5	30	35	360 ~ 480	320 ~ 440
	二	14.0	3.5	15.0	±3.5	50	55		
5×2~5.5×2	优	8.5	1.5	21.0	±2.0	15	20		
	一	11.0	2.5	18.6	±2.5	30	35		
	二	13.5	3.5	15.0	±3.5	50	55		
6×2~7.5×2	优	8.0	1.5	21.4	±2.0	15	20	380 ~ 500	340 ~ 460
	一	10.5	2.5	19.0	±2.5	30	35		
	二	13.0	3.5	15.4	±3.5	50	55		

续表

线密度 （tex）	等别	单纱断裂 强力变异 系数（%） 不大于	百米重量 变异系数 （%）不大于	单纱断 裂强度 （cN/tex）	百米重 量偏差 （%）不 大于	条干均匀 度变异系 数（%） 不大于	1g内棉 结粒数 （粒/g） 不多于	1g内棉结杂质 总粒数（粒/g） 不多于	
								经纱	纬纱
8×2~10×2	优	7.5	1.5	21.6	±2.0	15	20		
	一	10.0	2.5	19.2	±2.5	30	35		
	二	12.5	3.5	15.6	±3.5	50	55		
11×2~20×2	优	7.0	1.5	18.2	±2.0	12	15	380 ~ 500	340 ~ 460
	一	9.5	2.5	16.6	±2.5	22	30		
	二	12.0	3.5	14.2	±3.5	40	50		
21×2~24×2	优	6.5	1.5	18.4	±2.0	12	15		
	一	9.0	2.5	16.8	±2.5	22	30		
	二	11.5	3.5	14.4	±3.5	40	50		
4×3~5.5×3	优	6.5	1.5	22.8	±2.0	10	13	360~ 480	310~ 430
	一	9.0	2.5	20.2	±2.5	25	30		
	二	11.5	3.5	16.4	±3.5	40	50		
6×3~7.5×3	优	6.0	1.5	23.0	±2.0	10	13		
	一	8.5	2.5	20.4	±2.5	25	30		
	二	11.0	3.5	16.6	±3.5	40	50		
8×3~10×3	优	5.5	1.5	23.4	±2.0	10	13	380 ~ 500	320 ~ 440
	一	8.0	2.5	20.8	±2.5	25	30		
	二	10.5	3.5	16.8	±3.5	40	50		
11×3~20×3	优	5.0	1.5	22.0	±2.0	6	8		
	一	7.5	2.5	19.8	±2.5	20	25		
	二	10.0	3.5	16.4	±3.5	30	40		
21×3~24×3	优	4.5	1.5	20.8	±2.0	6	8		
	一	7.0	2.5	19.0	±2.5	20	25		
	二	9.5	3.5	16.4	±3.5	30	40		

（二）控制成纱线密度，降低重量偏差和重量变异系数

（1）纱线的线密度和重量变异系数、重量偏差是重要的质量指标，它直接关系到企业与用户的利益,因此必须十分重视和认真控制。我国现行棉型纱线的产品标准规定百米重量偏差均不大于 ±2.5%,转杯纺不大于 ±2.8%。百米重量变异系数则随分等而定。

(2)降低纱线的重量变异系数和重量偏差,在细纱机上重点要加强牵伸机构与粗纱喂入的设备和工艺管理,如摇架加压的调整与统一、胶辊胶圈的保养及粗纱捻度的配置适当等,在操作上要做好粗纱的对口供应,消除粗纱飘头搭附到相邻粗纱上造成双根喂入,防止粗纱退绕中产生意外伸长等现象。

(3)降低纱线的重量变异系数和重量偏差,控制好前纺各道工序半制品的重量不匀与重量偏差是基础保证。尤其是熟条的重量不匀与重量偏差经过粗纱工序不能得到改善,会直接影响成品纱的质量,因此必须严格控制熟条的指标。在较新型的前纺设备上,清棉、梳棉、并条各道工序都采用了自调匀整装置,大大改善了不同片段的质量不匀,有效地提高了成品纱的质量。

(三)控制成纱条干不匀率的措施

控制成纱条干不匀率的措施见表 5 - 140。

表 5 - 140　控制成纱条干不匀率的措施

质量问题	产　生　原　因	控　制　措　施
普遍出现或一个品种出现条干不匀	1. 相对湿度偏小或偏大,或波动大 2. 粗纱回潮率偏低 3. 配棉不良或成分波动大,纤维的长度、线密度差异过大,原棉中短绒含量高,混用的回花率不适当,混和不良 4. 粗纱大面积条干不匀 5. 粗纱捻系数选择不当 6. 细纱总牵伸过大,后区牵伸大,胶圈钳口或罗拉隔距不适当,罗拉加压不足 7. 胶辊选用不当,集棉器选用不当	1. 注意控制车间温湿度 2. 稳定配棉成分,按规定进行接批 3. 控制粗纱的产品质量 4. 正确设计细纱工艺,并做好工艺上机检查
一个区域或邻近机台出现条干不匀	1. 区域温湿度控制不良,相对湿度偏高或偏低 2. 前纺固定供应机台的条干不匀率波动 3. 部分机台工艺参数(罗拉隔距、隔距块、后区牵伸、集棉器、加压等)配置不当 4. 区域内的胶辊、胶圈质量不好	1. 注意控制车间温湿度 2. 控制前纺产品的质量 3. 正确设计细纱工艺,并做好工艺上机检查 4. 更换胶辊、胶圈

质量问题	产生原因	控制措施
个别机台出现条干不匀	1. 罗拉偏心、弯曲或罗拉扭振 2. 牵伸传动齿轮磨灭过多、啮合不良，键糟磨灭或缺损空隙大 3. 牵伸传动轴与轴承磨灭过大 4. 细纱机前罗拉嵌有硬性杂质 5. 细纱机加压过重造成开关车时罗拉扭振 6. 翻改品种后，工艺参数漏改或用错 7. 停车过久，车上粗纱发热	1. 加强细纱机的保养、保全，特别是牵伸、加压部件的检修，注重日常设备的检查工作 2. 加强揩车，保证机件表面的清洁 3. 正确设计细纱工艺，注重工艺上机检查 4. 正确处理长时间停车后的细纱机开车
机台上局部或个别锭子出现条干不匀	1. 喂入部分工作不正常，导纱杆毛糙或生锈，粗纱交叉导入，粗纱吊锭阻滞或损坏，导纱喇叭破损或飞花阻塞 2. 导纱动程跑偏，个别喇叭头歪斜 3. 后罗拉沟糟嵌花或硬性杂质，边缘毛糙，偏心 4. 后罗拉绕花衣或粗纱头 5. 后加压失效，胶辊未放妥，后胶辊有大小头 6. 胶辊运转不良，胶辊偏心，表面有压痕，胶辊失去弹性，胶辊轴芯弯曲，胶辊轴承滚珠磨灭，同档胶辊有大有小，胶辊轴芯与铁壳间隙过大，胶辊呈椭圆状，胶辊加压后变形，胶辊中凹 7. 胶圈运转失常，胶圈弹性不匀，胶圈内粘花 8. 胶圈表面粘油，胶圈老化，不光洁 9. 集棉器不良，集棉器翻身，集棉器裂损，集棉器内嵌有籽壳等硬性杂质、粘花、嵌号码纸 10. 绕胶辊或绕前罗拉 11. 前罗拉沟糟嵌花衣或杂质 12. 摇架自调中心作用呆滞，胶辊歪斜 13. 前加压部分失效 14. 飞花、油花、绒辊花或纱条通道粘聚的短纤维带进纱	1. 加强细纱机的保养、保全，特别是牵伸、加压、集合、喂入部件的检修，并注重日常设备检查工作 2. 正确设计细纱工艺，注重工艺上机检查 3. 加强值车工的培训及管理

质量问题	产生原因	控制措施
机台上局部或个别锭子出现条干不匀	15. 细纱机钳口高低不当或配置不当 16. 纱尾脱离后胶辊控制	
	17. 粗纱多根喂入或烂粗纱喂入 18. 粗纱包卷或细纱接头不良	

（四）控制成纱断裂强力和断裂伸长率的措施

1. 纤维材料特性对纱线断裂强力和断裂伸长率的影响

（1）纤维的断裂强力和断裂伸长率与纱线的断裂强力和断裂伸长率的关系。纺纱所用纤维材料的物理机械性能与成纱的强力及伸长率有直接关系。所用纤维材料的强力和伸长率高，则纺成的纱线强力和伸长率也高。反之亦然。一般情况下，所用纤维的断裂强度高，成纱的断裂强度变异系数小。此外，纱线断裂时并非所有的纤维都断裂，而是其中部分纤维断裂，部分纤维滑脱，因此纱线的断裂强力并非是所有纤维断裂强力之和，而总是低于纤维强力之和。实验表明，成纱断裂强度一般相当于所用原料断裂强度的50%。

（2）纤维平均长度及短纤维含量与纱线断裂强力和断裂伸长率的关系。在相同工艺条件下，纺纱所用的纤维长度与长度整齐度会影响纱线的断裂强力和断裂伸长率。纤维长度愈长，纤维在纱条中相互搭接的长度愈长，受外力作用时纤维相互滑移的摩擦阻力就大。因此，纱的强力高，伸长率也大。若纤维的平均长度相同，短纤维的含量较高者其成纱强力就相对较低。可以设想，如用相同的棉纤维，分别用普梳和精梳两种工艺纺相同线密度的纱，则精梳纱强力必然比普梳纱高。因为通过精梳工艺梳去了部分短纤维。但实际经验表明，也不是精梳的落棉量愈多，成纱强力一定愈高。因此，就成纱强力而言，精纱落棉量应有一个优选范围。

（3）纤维的细度和棉纤维的成熟度与纱线的断裂强力和断裂伸长率的关系。纤维愈细，则相同线密度的纱条内所含有的纤维根数就愈多，这对成纱的条干均匀度和强力均有利。对于棉纤维来说，纤维的成熟度与细度有密切的关系。相同品种的棉纤维，如成熟度差，则细度细，强力就低，因此棉纤维对成纱强力的影响，必须同时考虑细度与成熟度。通常采用马克隆值评价棉纤维的细度，用成熟度比表示棉纤维的成熟度。

（4）混纺纱中化学纤维成分与纱线断裂强力和断裂伸长率的关系。一般来讲,化学纤维的断裂强度和断裂伸长率比相同细度的天然纤维要高。因此,天然纤维与化学纤维混纺纱的断裂强力与断裂伸长率比天然纤维均有提高。这与化学纤维的成分含量有关。通常化学纤维含量较低时,其增强的作用不易显现。一般化学纤维含量达到40%以上时,化学纤维的特性才能明显地影响成纱的特性,使混纺纱的断裂强力与断裂伸长率较明显地提高。但它们之间并不呈简单的线性关系。

(5)纤维各种特性对成纱断裂强力和断裂伸长率影响的程度。纤维的各种主要特性对成纱的断裂强力及断裂伸长率的影响程度是不同的,而且纺纱的工艺条件不同,其影响程度也不尽相同。例如纤维的长度对环锭纱强力的影响比较显著,因为环锭纱内纤维的排列比较平直,纤维长,则相互间搭接就比较长,相互间滑移的摩擦阻力就大,体现出纱的强力好。

总体讲,纤维的马克隆值、纤维断裂强力、纤维长度和长度整齐度,是影响纱线强力的主要因素。纤维的断裂伸长率与成纱的断裂伸长率关系比较密切。

以上分析了纤维材料的特性与成纱强力和伸长率的关系,在实际生产中,因原料价值占生产成本的比重很大,因此必须兼顾产品质量与成本这两方面的因素,合理选用原料。

2. 纱线条干均匀度对断裂强力和断裂伸长率的影响

一般来讲,纱线的条干均匀度好,即质量变异系数低,则纱线的断裂强度就高。纱线的条干均匀度在正常水平时,其断裂强度受所用原料断裂强度的影响就比较明显,即纤维的断裂强度较高,则纺成纱的断裂强度也较高。但当条干均匀度降低时,纱线的断裂强力受条干水平的影响比较明显,即使所用纤维的断裂强力较高,但成纱的断裂强力仍会变差。

条干均匀度对纱线断裂伸长率的影响不显著,而对断裂伸长率变异系数有一定的影响。

纱线条干上存在粗节与细节,影响捻度分布的不匀,捻度会向细节处集中,因而粗节处成为少捻的强力弱环,这是短纤维纱的一般情况。但进一步分析表明,对于棉型短纤维纱(纤维较短)这种现象比较明显,而对毛型短纤维纱(纤维较长),其粗节和细节长度也较长,直径变化较平缓,因而捻度向细节处集中的现象就不明显,加之纤维愈长,纱条内纤维之间搭接的长度也长,因此,粗细节之间的捻度差异比较小,但细节处截面内纤维根数较少,所以弱环多产生在细节处。这是所用纤维原料不同,纱线断裂点位置也不一样的原因。

关于条干不匀的片段长度,对环锭纺纱而言,常将相当于前罗拉至钢丝圈的距离(随成形大小、空管到满管而变)200～800mm 称短片段不匀,把 2m 或 2m 以上称长片段不匀。实测结果表明:短片段条干不匀对成纱断裂强度和断裂强力变异系数的影响比较明显,而对断裂伸长率和断裂伸长变异系数的影响不明显。而长片段的条干不匀对断裂强力和断裂伸长率的影响不明显,对其变异系数的影响相对比较明显。

3. 纱线捻度和捻度变异系数对断裂强力和断裂伸长率的影响

在一定范围内,纱线的捻度增加,则断裂强力与断裂伸长率均增大。继续增加捻度,则断裂强力到达一定值后即逐渐下降,而断裂伸长率可继续增大,此临界值的捻度称临界捻度。不同线密度的纱线有不同的临界捻度,其相应的捻系数称临界捻系数。在临界捻度以下,纱线要在保持一定条干均匀度水平的前提下,增加捻度才有利于提高纱线的断裂强力。

捻度变异系数对断裂强力变异系数有明显的影响,即使纱线的条干均匀度比较好,若捻度变异系数大,纱线的断裂强力变异系数也较大。捻度变异系数对断裂伸长率及断裂伸长率变异系数没有明显影响。

合股线断裂强度与捻度变化的关系和单纱断裂强度与捻度变化的关系相似,在低于临界捻度的情况下,捻度增加,断裂强度随之增加,超过临界捻度断裂强度则下降。

4. 纱疵对纱线断裂强力和断裂伸长率的影响

在纺纱过程中,由于工艺、设备、操作、管理等原因产生周期性或非周期性的纱疵,都会对纱的断裂强力与断裂伸长率造成影响,并可能形成后加工中的断头。如纺纱张力过大,会损失纱的伸长特性;纱的成形或接头不良会产生纱条上的强力弱环。其他各种机械、工艺方面的因素会产生或长或短的粗细节,甚至严重的条干恶化,这些纱疵都会损失纱线的断裂强力和断裂伸长率。除了针对性地采取技术措施,及时进行修复或改进外,正确使用电子清纱器可以在络筒过程中清除影响质量的纱疵,从而有效地提高纱线的断裂强力与断裂伸长率。

(五)控制捻度,降低捻度不匀

1. 确定好纱线的捻度

纱线捻度的多少,直接影响纱线的物理机械性能和最终产品的风格。因此,必须根据产品的用途和纤维材料的特性设计纱线的捻度。如机织用纱捻度可以较高,而针织用纱的捻度应较低。强力要求高的纱,捻度应偏高,手感要求柔软的纱,捻度应偏低。此外,捻度的高低与细纱机的产量直接相关,捻度增加,则机器的单产降低。故应以满足用户或后工序的工艺需要为基础,兼顾生产效率,以确定纱线产品的捻度。

2. 设计捻度应小于临界捻度

捻度增大,纱芯外纤维的螺旋倾角增大,纤维上所受张力增大,纤维间摩擦力增加,纱体更紧密,纱的强力提高。当捻度增大到一定程度时,强力得到充分的利用,强力达到最高值时的捻度通常称为临界捻度。捻度超过此极限,受外力拉伸时,纱线外层纤维因张力过大而易产生断裂,使纱的强力反而降低。

3. 降低捻度不匀

捻度在纱线上分布不匀会影响纱线的强力与强力不匀率,提高纱线质量,必须降低捻度不匀率。产生捻度不匀的原因是多方面的,如加捻机构转速不稳定会直接导致捻度不匀。对环锭细纱机而言,锭子的转速应该稳定一致,即要使锭带的张力差异小、所用锭带的材质好,要降低锭盘、锭带与锭子之间的传动滑溜。其他因素,如锭子的润滑情况、筒管的质量,也都会影响锭与锭间的捻度不匀。

产生捻度不匀的另一个重要方面是纱条不匀和纱疵的存在,因为捻度有向纱条较细处集中的趋势,所以条干均匀度差或纱疵多的纱线,其捻度变异系数也高。因此,要降低捻度不匀,就必须控制纱的条干变异系数。

4. 控制捻度,降低捻度变异系数

在实际生产中,要重视设备管理,加强日常保养工作,优选有关机器配件,做好车间温湿度管理及操作培训等工作,都是控制捻度、降低捻度变异系数的基础性工作。

按工艺设计的捻度变换齿轮工艺上机,当实测捻度与之差异较大时,可适当调整捻度变换齿轮的齿数。

（六）控制纱疵的措施

产生纱疵的原因是多方面的,必须从技术上、设备上、管理上全方位地采取措施,才能有效地控制和减少纱疵。

1. 加强原料管理

要严格原料的检验,合理配用和回用原料。

2. 合理工艺设计

根据原料条件配置合理的工艺,使其在前纺工序中充分发挥除杂、开松和混和作用,减少对纤维的损伤。各道牵伸装置要充分有效地控制纤维束的运动。

3. 加强设备管理,积极采用新技术、新设备

纺纱机械失常是产生纱疵的主要原因之一,必须加强设备的维修保养工作,使设备状态正常,是减少纱疵的根本保证。要积极采用新技术,如采用自调匀整装置、牵伸部分的吸风清洁装置和有效的除尘系统,采用密封的油浴润滑车头、密封的设备外罩和可靠的自停装置,采用新型传动系统、PLC控制、智能化的工艺设计、在线质量检测和自动报警装置等设备。这些新技术、新设备的应用都有利于减免纱疵的产生。

4. 加强操作管理

纺纱生产离不开人的操作,许多纱疵是由人为失误产生的。因此,加强操作培训,严格执行操作规程与规章制度,认真做好环境与机台的清洁,是减少纱疵的基础工作。

5. 加强车间温、湿度管理

车间温、湿度稳定,直接影响生产运作的顺利进行,也是减少纱疵产生的重要因素。

6. 用好电子清纱器

纺纱过程中可能产生的竹节、粗节、细节和双纱等纱疵可以通过电子清纱器清除。新型电子清纱器还可以清除异性纤维和色纱等纱疵。应利用纱疵分级仪正确设定清纱器参数,提高其清纱效率,这是控制和减少纱疵的有效手段。此外,通过使用捻接器,使结头纱疵得以减少。

(七)控制纱线毛羽的措施

纺纱过程中产生毛羽的因素很多,涉及纺纱原料、工艺参数、设备状态、车间温湿度及操作管理等方面。根据纱线产品的质量要求,应从多方面入手,考虑综合经济效益,有效地控制和减少纱线毛羽。

1. 纺纱原料

纤维材料的长度分布、细度、强力、扭转刚度与挠曲刚度、卷曲度、摩擦因数、导电性等因素都会影响成纱毛羽的多少。

(1)若纤维长度短或短绒率高,则相同线密度的纱线内纤维的头尾端增多,易于产生毛羽。选用纤维长度适当、整齐度好、短绒率低的纤维材料,有利于减少纱线的毛羽。

(2)纤维愈细,则线密度相同的纱条断面内的纤维根数就愈多,露出头尾的机会也就增加。但通常纤维的扭转刚度与挠曲刚度愈强,纤维端伸出纱体的可能性就愈大,纱的毛羽就多,而较细的纤维往往刚度较低。因此,通常采用细而长的纤维纺出纱的毛羽少,采用粗而短的纤维纺出纱的毛羽必多。

(3)纤维的强度差,在纺纱加工过程中容易断裂而变成短纤维,纺出纱的毛羽增多。

（4）对于纯棉纱而言，采用成熟度好的原棉，其纤维强度好，长度较长，且纤维粗细较均匀，易获得毛羽少、表面光洁的纱。棉与化学纤维混纺，化学纤维的卷曲度、摩擦因数、导电性等性能会影响成纱的毛羽。化学纤维的卷曲度适当、摩擦因数大和导电性好，成纱毛羽较少。

（5）混棉时回花用量的多少，也影响成纱毛羽的多少，减少回花用量有利于减少毛羽。

2. 纺纱工艺参数

纱线的线密度愈粗，断面内的纤维根数相对愈多，毛羽也愈多，且毛羽的变异系数也较大。相同线密度的纱，捻度低，则纤维端易于伸出纱的主体外，相对的毛羽较多，适当增加纱的捻度，有利于减少毛羽。

（1）前纺工序。前纺清梳工序采用强梳理、少打击的工艺，减少对纤维的损伤，有利于减少纱的毛羽。精梳、并条、粗纱工序提高半制品的纤维平行度、伸直度，减少弯钩、短绒率，适当增大粗纱的捻度，均有利于减少成纱的毛羽。

（2）细纱工序。环锭细纱工序牵伸倍数提高，则毛羽增多；锭速提高，毛羽也相应增多。钢领板升降动程大小也对毛羽有影响。实践证明，钢领板的升降动程从60mm增大到85mm，卷装顶部纱的毛羽指数及毛羽的标准差都呈逐步增大的趋势，而卷装下部纱的毛羽指数及毛羽的标准差却呈逐步减小的趋势，形成了相互交叉的两根趋势线。

（3）新型纺纱。转杯纺与喷气纺等新型纺纱产品，由于成纱结构及纺纱工艺、适纺品种不同，纱的毛羽情况各异。一般转杯纺常采用较短的纤维纺较粗的线密度，纱的表面为包绕纤维，纱的结构较蓬松，但3mm以上毛羽少。转杯速度提高，毛羽量的变化不显著。喷气纺比较适合纺纤维整齐度较好的涤棉混纺纱等产品，其适纺线密度较细。

喷气纺和涡流纺可以纺纯棉纱，但纱的断面内纤维根数也不宜少于80根。喷气纺纱的表面纤维部分形成包绕纤维，部分呈类似真捻的结构，3mm以上的毛羽很少。

3. 纺纱机械状态

各道工序的纺纱机械状态都会在一定程度上影响最后成纱的毛羽。加强对纤维运动的控制，减少对纤维的损伤，改善对纱条的摩擦，都是减少成纱毛羽的手段。

作为最后纺成纱的细纱机与纱线毛羽的形成有着重要的关系。如牵伸部分集合器尺寸、加压与隔距的调节、胶辊与胶圈的材质等都会直接影响毛羽的产生。钢丝圈与钢领的选配及制造质量、走熟期与衰退期的掌握、筒管与锭子的机械状态,与纱条接触的导纱钩、隔纱板或气圈环等是否光洁,都会影响成纱的毛羽。此外,从机械结构和工艺上积极控制前罗拉吐出纤维须条的扩散,能有效减少成纱毛羽。

4. 车间温湿度与清整洁工作

若纺纱车间相对湿度偏低,则成纱的毛羽增多。如细纱车间的相对湿度低于 50%,纱的毛羽会急剧增加。纺纱机台的清洁工作,尤其是牵伸装置与纱的通道等位置的飞花清洁工作,包括自动吸风装置的作用都会影响成纱的毛羽和纱疵。因此,加强温湿度管理、车间操作管理、设备管理等基础工作,都有利于减少成纱毛羽。

5. 控制毛羽的稳定

对于纱线毛羽的控制,要注意不同锭位、不同卷装之间的差异,要减少卷装内毛羽周期性的变化,不仅要使纱线毛羽量减少,而且要力求稳定。

七、USTER 统计值

(1)FZ/T 10013.1 棉本色纱断裂强力的温度和回潮率修正系数(表 5 – 141)。

(2)环锭纺普梳纯棉针织管纱 USTER 统计值(表 5 – 142)。

(3)环锭纺普梳纯棉机织管纱 USTER 统计值(表 5 – 143)。

(4)环锭纺精梳纯棉针织管纱 USTER 统计值(表 5 – 144)。

(5)环锭纺精梳纯棉机织管纱 USTER 统计值(表 5 – 145)。

(6)紧密纺纯棉精梳管纱 USTER 统计值(表 5 – 146)。

(7)各品种 10 万米纱疵数 USTER 统计值(表 5 – 147)。

表5-141　FZ/T 10013.1　棉本色纱断裂强力的温度和回潮率修正系数

温度(℃)	回潮率(%)																	
	6.7	6.6	6.5	6.4	6.3	6.2	6.1	6.0	5.9	5.8	5.7	5.6	5.5	5.4	5.3	5.2	5.1	5.0
11	1.036	1.042	1.048	1.053	1.059	1.065	1.072	1.078	1.085	1.091	1.098	1.105	1.113	1.120	1.128	1.135	1.143	1.151
12	1.038	1.044	1.050	1.056	1.062	1.068	1.074	1.081	1.087	1.094	1.101	1.108	1.115	1.123	1.130	1.138	1.146	1.154
13	1.041	1.047	1.052	1.058	1.064	1.070	1.077	1.083	1.090	1.097	1.104	1.111	1.118	1.126	1.133	1.141	1.149	1.157
14	1.044	1.049	1.055	1.061	1.067	1.073	1.080	1.086	1.093	1.100	1.107	1.114	1.121	1.129	1.136	1.144	1.152	1.161
15	1.047	1.052	1.058	1.064	1.070	1.077	1.083	1.089	1.096	1.103	1.110	1.117	1.125	1.132	1.140	1.148	1.156	1.164
16	1.050	1.056	1.062	1.068	1.074	1.080	1.086	1.093	1.100	1.107	1.114	1.121	1.128	1.136	1.144	1.152	1.160	1.168
17	1.053	1.059	1.065	1.071	1.077	1.084	1.090	1.097	1.104	1.111	1.118	1.125	1.132	1.140	1.148	1.156	1.164	1.173
18	1.057	1.063	1.069	1.075	1.081	1.088	1.094	1.101	1.108	1.115	1.122	1.129	1.137	1.145	1.152	1.161	1.169	1.177
19	1.061	1.067	1.073	1.079	1.085	1.092	1.099	1.105	1.112	1.119	1.126	1.134	1.141	1.149	1.157	1.165	1.174	1.182
20	1.066	1.072	1.078	1.084	1.090	1.097	1.103	1.110	1.117	1.124	1.131	1.139	1.146	1.154	1.162	1.171	1.179	1.188
21	1.070	1.076	1.082	1.089	1.095	1.102	1.108	1.115	1.122	1.129	1.137	1.144	1.152	1.160	1.168	1.176	1.185	1.194
22	1.075	1.081	1.087	1.094	1.100	1.107	1.113	1.120	1.128	1.135	1.142	1.150	1.158	1.166	1.174	1.182	1.191	1.200
23	1.080	1.086	1.093	1.099	1.106	1.112	1.119	1.126	1.133	1.141	1.148	1.156	1.164	1.172	1.180	1.188	1.197	1.206
24	1.086	1.092	1.098	1.105	1.111	1.118	1.125	1.132	1.139	1.147	1.154	1.162	1.170	1.178	1.187	1.195	1.204	1.213
25	1.092	1.098	1.104	1.111	1.117	1.124	1.131	1.138	1.146	1.153	1.161	1.169	1.177	1.185	1.194	1.202	1.211	1.220
26	1.098	1.104	1.111	1.117	1.124	1.131	1.138	1.145	1.153	1.160	1.168	1.176	1.184	1.192	1.201	1.210	1.216	1.228
27	1.104	1.111	1.117	1.124	1.131	1.138	1.145	1.152	1.160	1.167	1.175	1.183	1.192	1.200	1.209	1.218	1.227	1.236
28	1.111	1.118	1.124	1.131	1.138	1.145	1.152	1.160	1.167	1.175	1.183	1.191	1.200	1.208	1.217	1.226	1.235	1.245
29	1.118	1.125	1.132	1.138	1.145	1.153	1.160	1.168	1.175	1.183	1.191	1.199	1.208	1.217	1.226	1.235	1.244	1.254
30	1.126	1.133	1.139	1.446	1.153	1.161	1.168	1.176	1.184	1.192	1.200	1.208	1.217	1.226	1.235	1.244	1.253	1.263
31	1.134	1.141	1.148	1.155	1.162	1.169	1.177	1.184	1.192	1.201	1.209	1.217	1.226	1.235	1.244	1.254	1.263	1.273
32	1.142	1.149	1.156	1.163	1.171	1.178	1.186	1.194	1.202	1.210	1.218	1.227	1.236	1.245	1.254	1.264	1.274	1.284
33	1.151	1.158	1.165	1.172	1.180	1.187	1.195	1.203	1.211	1.220	1.228	1.237	1.246	1.255	1.265	1.275	1.285	1.295
34	1.160	1.167	1.174	1.182	1.189	1.197	1.205	1.213	1.221	1.230	1.239	1.248	1.257	1.266	1.276	1.286	1.296	1.307
35	1.170	1.177	1.184	1.192	1.200	1.207	1.215	1.224	1.232	1.241	1.250	1.259	1.268	1.278	1.288	1.298	1.308	1.319

续表

温度(℃) \ 回潮率(%)	6.8	6.9	7.0	7.1	7.2	7.3	7.4	7.5	7.6	7.7	7.8	7.9	8.0	8.1	8.2	8.3	8.4	8.5
11	1.031	1.025	1.020	1.015	1.010	1.005	1.000	0.996	0.991	0.987	0.983	0.978	0.974	0.970	0.966	0.962	0.958	0.955
12	1.033	1.028	1.022	1.017	1.012	1.007	1.003	0.998	0.993	0.989	0.985	0.980	0.976	0.972	0.968	0.964	0.960	0.957
13	1.035	1.030	1.025	1.020	1.015	1.010	1.005	1.000	0.995	0.991	0.987	0.982	0.978	0.974	0.970	0.966	0.962	0.959
14	1.038	1.033	1.027	1.022	1.017	1.012	1.007	1.003	0.998	0.994	0.989	0.985	0.981	0.977	0.972	0.968	0.964	0.961
15	1.041	1.036	1.030	1.025	1.020	1.015	1.010	1.005	1.001	0.996	0.992	0.987	0.983	0.979	0.975	0.971	0.967	0.964
16	1.044	1.039	1.034	1.028	1.023	1.018	1.013	1.008	1.004	0.999	0.995	0.990	0.986	0.982	0.978	0.974	0.970	0.966
17	1.048	1.042	1.037	1.032	1.027	1.022	1.016	1.011	1.007	1.002	0.998	0.994	0.989	0.985	0.981	0.977	0.973	0.969
18	1.052	1.046	1.041	1.035	1.030	1.025	1.020	1.015	1.010	1.006	1.001	0.997	0.993	0.988	0.984	0.980	0.976	0.972
19	1.056	1.050	1.044	1.039	1.034	1.029	1.024	1.019	1.014	1.010	1.005	1.000	0.996	0.992	0.988	0.984	0.980	0.976
20	1.060	1.054	1.049	1.043	1.038	1.033	1.028	1.023	1.018	1.013	1.009	1.004	1.000	0.996	0.992	0.988	0.984	0.980
21	1.064	1.059	1.053	1.048	1.042	1.037	1.032	1.027	1.022	1.017	1.013	1.009	1.004	1.000	0.996	0.992	0.988	0.984
22	1.069	1.064	1.058	1.052	1.047	1.042	1.037	1.032	1.027	1.022	1.017	1.013	1.008	1.004	1.000	0.996	0.992	0.988
23	1.074	1.069	1.063	1.057	1.052	1.047	1.042	1.037	1.032	1.027	1.022	1.017	1.013	1.009	1.004	1.000	0.996	0.992
24	1.080	1.074	1.068	1.063	1.057	1.052	1.047	1.042	1.037	1.032	1.027	1.022	1.018	1.014	1.009	1.005	1.001	0.997
25	1.086	1.080	1.074	1.068	1.063	1.057	1.052	1.047	1.042	1.037	1.032	1.028	1.023	1.019	1.014	1.010	1.006	1.002
26	1.092	1.086	1.080	1.074	1.069	1.063	1.058	1.053	1.048	1.043	1.038	1.033	1.028	1.024	1.019	1.015	1.011	1.007
27	1.098	1.092	1.086	1.080	1.075	1.069	1.064	1.059	1.054	1.049	1.044	1.039	1.034	1.030	1.025	1.021	1.016	1.012
28	1.105	1.099	1.093	1.087	1.081	1.076	1.070	1.065	1.060	1.055	1.050	1.045	1.040	1.035	1.031	1.027	1.022	1.018
29	1.112	1.106	1.100	1.094	1.088	1.082	1.077	1.072	1.066	1.061	1.056	1.051	1.046	1.042	1.037	1.033	1.028	1.024
30	1.120	1.113	1.107	1.101	1.095	1.090	1.084	1.079	1.073	1.068	1.063	1.058	1.053	1.048	1.044	1.039	1.035	1.030
31	1.128	1.121	1.115	1.109	1.103	1.097	1.091	1.086	1.080	1.075	1.070	1.065	1.060	1.055	1.050	1.046	1.041	1.037
32	1.136	1.129	1.123	1.117	1.111	1.105	1.099	1.093	1.088	1.083	1.077	1.072	1.067	1.062	1.058	1.053	1.049	1.044
33	1.144	1.138	1.131	1.125	1.119	1.113	1.107	1.102	1.096	1.091	1.085	1.080	1.075	1.070	1.065	1.060	1.056	1.051
34	1.153	1.147	1.140	1.134	1.128	1.122	1.116	1.110	1.104	1.099	1.093	1.088	1.083	1.078	1.073	1.068	1.064	1.059
35	1.163	1.156	1.150	1.143	1.137	1.131	1.125	1.119	1.113	1.107	1.102	1.097	1.091	1.086	1.081	1.076	1.072	1.067

续表

温度(℃) \ 回潮率(%)	8.6	8.7	8.8	8.9	9.0	9.1	9.2	9.3	9.4	9.5	9.6	9.7	9.8	9.9	10.0	10.1	10.2	10.3
11	0.951	0.947	0.944	0.941	0.937	0.934	0.931	0.928	0.925	0.922	0.919	0.916	0.914	0.911	0.909	0.906	0.904	0.901
12	0.953	0.949	0.946	0.943	0.939	0.936	0.933	0.930	0.927	0.924	0.921	0.918	0.915	0.913	0.910	0.908	0.905	0.903
13	0.955	0.951	0.948	0.945	0.941	0.938	0.935	0.932	0.929	0.926	0.923	0.920	0.917	0.915	0.912	0.910	0.907	0.905
14	0.957	0.953	0.950	0.947	0.943	0.940	0.937	0.934	0.931	0.928	0.925	0.922	0.919	0.917	0.914	0.912	0.909	0.907
15	0.960	0.956	0.952	0.949	0.946	0.943	0.939	0.936	0.933	0.930	0.927	0.924	0.921	0.919	0.916	0.914	0.911	0.909
16	0.963	0.959	0.955	0.952	0.949	0.945	0.942	0.939	0.936	0.933	0.930	0.927	0.924	0.922	0.919	0.916	0.914	0.912
17	0.966	0.962	0.958	0.955	0.952	0.948	0.945	0.942	0.939	0.936	0.933	0.930	0.927	0.924	0.922	0.919	0.917	0.914
18	0.969	0.965	0.961	0.958	0.955	0.951	0.948	0.945	0.942	0.939	0.936	0.933	0.930	0.927	0.925	0.922	0.919	0.917
19	0.972	0.968	0.964	0.961	0.958	0.954	0.951	0.948	0.945	0.942	0.939	0.936	0.933	0.930	0.928	0.925	0.922	0.920
20	0.976	0.972	0.968	0.965	0.961	0.958	0.954	0.951	0.948	0.945	0.942	0.939	0.936	0.933	0.931	0.928	0.926	0.923
21	0.980	0.976	0.972	0.969	0.965	0.962	0.958	0.955	0.952	0.949	0.946	0.943	0.940	0.937	0.934	0.932	0.929	0.927
22	0.984	0.980	0.976	0.973	0.969	0.966	0.962	0.959	0.956	0.953	0.950	0.947	0.944	0.941	0.938	0.936	0.933	0.931
23	0.988	0.984	0.980	0.977	0.973	0.970	0.966	0.963	0.960	0.957	0.954	0.951	0.948	0.945	0.942	0.940	0.937	0.934
24	0.993	0.989	0.985	0.981	0.978	0.974	0.970	0.967	0.964	0.961	0.958	0.955	0.952	0.949	0.946	0.944	0.941	0.938
25	0.998	0.994	0.990	0.986	0.983	0.979	0.975	0.972	0.969	0.966	0.962	0.959	0.956	0.953	0.951	0.948	0.945	0.942
26	1.003	0.999	0.995	0.991	0.988	0.984	0.980	0.977	0.974	0.971	0.967	0.964	0.961	0.958	0.956	0.953	0.950	0.947
27	1.008	1.004	1.000	0.996	0.993	0.989	0.985	0.982	0.979	0.976	0.972	0.969	0.966	0.963	0.961	0.958	0.955	0.952
28	1.014	1.010	1.006	1.002	0.998	0.994	0.991	0.989	0.984	0.981	0.977	0.974	0.971	0.968	0.966	0.963	0.960	0.957
29	1.020	1.016	1.012	1.008	1.004	1.000	0.997	0.993	0.990	0.987	0.983	0.980	0.977	0.974	0.971	0.968	0.965	0.962
30	1.026	1.022	1.018	1.014	1.010	1.006	1.003	0.999	0.996	0.993	0.989	0.986	0.983	0.980	0.977	0.974	0.971	0.968
31	1.033	1.028	1.024	1.020	1.017	1.013	1.009	1.005	1.002	0.999	0.995	0.992	0.989	0.986	0.983	0.980	0.977	0.971
32	1.040	1.035	1.031	1.027	1.023	1.020	1.016	1.012	1.009	1.005	1.002	0.999	0.995	0.992	0.989	0.986	0.983	0.980
33	1.047	1.042	1.038	1.034	1.030	1.027	1.023	1.019	1.016	1.012	1.009	1.005	1.002	0.999	0.995	0.992	0.990	0.987
34	1.055	1.050	1.046	1.042	1.038	1.034	1.030	1.026	1.023	1.019	1.016	1.012	1.009	1.006	1.002	0.999	0.996	0.993
35	1.063	1.058	1.054	1.050	1.046	1.042	1.038	1.034	1.030	1.027	1.023	1.020	1.016	1.013	1.010	1.006	1.003	1.001

续表

温度(℃) \ 回潮率(%)	10.4	10.5	10.6	10.7	10.8	10.9	11.0	11.1	11.2	11.3	11.4	11.5	11.6	11.7	11.8	11.9	12.0
11	0.899	0.896	0.894	0.892	0.890	0.888	0.886	0.884	0.882	0.880	0.879	0.877	0.875	0.874	0.872	0.871	0.870
12	0.901	0.898	0.896	0.894	0.892	0.890	0.888	0.886	0.884	0.882	0.880	0.879	0.877	0.876	0.874	0.873	0.871
13	0.902	0.900	0.898	0.896	0.894	0.892	0.890	0.888	0.886	0.884	0.882	0.881	0.879	0.877	0.876	0.875	0.873
14	0.904	0.902	0.900	0.898	0.896	0.894	0.892	0.890	0.888	0.886	0.884	0.883	0.881	0.879	0.878	0.876	0.875
15	0.906	0.904	0.902	0.900	0.898	0.896	0.894	0.892	0.890	0.888	0.886	0.885	0.883	0.881	0.880	0.878	0.877
16	0.909	0.907	0.904	0.902	0.900	0.898	0.896	0.894	0.892	0.890	0.888	0.887	0.885	0.884	0.882	0.880	0.879
17	0.912	0.910	0.907	0.905	0.903	0.901	0.899	0.897	0.895	0.893	0.891	0.889	0.888	0.886	0.884	0.883	0.881
18	0.915	0.912	0.910	0.908	0.906	0.904	0.902	0.900	0.898	0.896	0.894	0.892	0.891	0.889	0.887	0.886	0.884
19	0.918	0.915	0.913	0.911	0.909	0.907	0.905	0.903	0.901	0.899	0.897	0.895	0.894	0.892	0.890	0.889	0.887
20	0.921	0.918	0.916	0.914	0.912	0.910	0.908	0.906	0.904	0.902	0.900	0.898	0.897	0.895	0.893	0.892	0.890
21	0.924	0.922	0.919	0.917	0.915	0.913	0.911	0.909	0.907	0.905	0.903	0.902	0.900	0.898	0.896	0.895	0.893
22	0.928	0.926	0.923	0.921	0.919	0.916	0.914	0.912	0.910	0.908	0.906	0.915	0.903	0.901	0.900	0.898	0.897
23	0.932	0.929	0.927	0.925	0.923	0.920	0.918	0.916	0.914	0.912	0.910	0.909	0.907	0.905	0.904	0.902	0.901
24	0.936	0.933	0.931	0.929	0.927	0.924	0.922	0.920	0.918	0.916	0.914	0.913	0.911	0.909	0.908	0.906	0.904
25	0.940	0.938	0.935	0.933	0.931	0.928	0.926	0.924	1.922	0.920	0.919	0.917	0.915	0.913	0.912	0.910	0.908
26	0.945	0.942	0.940	0.937	0.935	0.933	0.931	0.929	0.926	0.924	0.923	0.921	0.919	0.917	0.916	0.914	0.912
27	0.950	0.947	0.945	0.942	0.940	0.938	0.936	0.934	0.931	0.929	0.928	0.926	0.924	0.922	0.920	0.919	0.917
28	0.955	0.952	0.950	0.947	0.945	0.943	0.941	0.939	0.936	0.934	0.932	0.931	0.929	0.927	0.925	0.924	0.922
29	0.960	0.957	0.955	0.952	0.950	0.948	0.946	0.944	0.941	0.939	0.937	0.936	0.934	0.932	0.930	0.929	0.927
30	0.965	0.963	0.960	0.958	0.955	0.953	0.951	0.949	0.946	0.944	0.942	0.941	0.939	0.937	0.935	0.934	0.932
31	0.971	0.969	0.966	0.964	0.961	0.959	0.957	0.955	0.952	0.950	0.948	0.946	0.944	0.942	0.941	0.939	0.938
32	0.978	0.975	0.972	0.970	0.967	0.965	0.963	0.961	0.958	0.956	0.954	0.952	0.950	0.948	0.947	0.945	0.943
33	0.984	0.981	0.978	0.976	0.974	0.971	0.969	0.967	0.964	0.962	0.960	0.958	0.956	0.954	0.953	0.951	0.949
34	0.991	0.988	0.985	0.983	0.980	0.978	0.975	0.973	0.971	0.969	0.967	0.965	0.962	0.960	0.959	0.957	0.955
35	0.998	0.995	0.992	0.990	0.987	0.985	0.982	0.980	0.978	0.975	0.973	0.971	0.969	0.967	0.965	0.964	0.962

表 5-142　环锭纺普梳纯棉针织管纱 USTER 统计值

细度		条干变异系数(%)					毛羽值					断裂强度(cN/tex)(CRE 5 m/min)					断裂强度变异系数(%)				
英支	tex	5%	25%	50%	75%	95%	5%	25%	50%	75%	95%	5%	25%	50%	75%	95%	5%	25%	50%	75%	95%
6	98.4	9.37	10.54	11.54	12.63	14.39	6.74	7.61	8.84	9.99	11.78	21.67	19.44	17.21	15.30	13.72	4.2	4.7	5.5	6.4	7.4
7	84.4	9.69	10.85	11.85	12.94	14.66	6.48	7.31	8.49	9.61	11.32	21.72	19.46	17.26	15.36	13.78	4.3	4.9	5.7	6.6	7.6
8	73.8	9.97	11.13	12.12	13.22	14.90	6.26	7.06	8.19	9.30	10.93	21.77	19.49	17.30	15.41	13.83	4.5	5.1	5.9	6.8	7.8
9	65.6	10.20	11.38	12.37	13.47	15.12	6.07	6.85	7.94	9.02	10.60	21.81	19.51	17.34	15.46	13.87	4.7	5.2	6.0	6.9	7.9
10	59.1	10.45	11.61	12.60	13.69	15.31	5.91	6.67	7.72	8.79	10.31	21.84	19.53	17.38	15.50	13.91	4.8	5.4	6.2	7.1	8.1
12	49.2	10.87	12.02	13.00	14.10	15.66	5.64	6.36	7.36	8.39	9.83	21.90	19.56	17.44	15.58	13.97	5.1	5.7	6.5	7.3	8.3
13	45.4	11.05	12.20	13.18	14.28	15.81	5.53	6.23	7.20	8.23	9.62	21.93	19.57	17.47	15.61	14.00	5.2	5.8	6.6	7.5	8.4
14	42.2	11.23	12.37	13.35	14.45	15.95	5.43	6.11	7.06	8.07	9.44	21.95	19.58	17.49	15.64	14.03	5.3	5.9	6.7	7.6	8.5
16	36.9	11.56	12.69	13.66	14.76	16.22	5.24	5.90	6.82	7.81	9.11	22.00	19.61	17.54	15.69	14.08	5.5	6.1	6.9	7.8	8.7
18	32.8	11.85	12.98	13.93	15.03	16.45	5.09	5.73	6.61	7.58	8.84	22.04	19.63	17.58	15.74	14.12	5.7	6.3	7.1	8.0	8.9
20	29.5	12.12	13.24	14.19	15.29	16.66	4.95	5.57	6.42	7.38	8.59	22.07	19.64	17.62	15.79	14.16	5.9	6.5	7.3	8.1	9.1
21	28.1	12.25	13.36	14.31	15.41	16.76	4.81	5.50	6.34	7.29	8.49	22.09	19.65	17.63	15.81	14.18	5.9	6.5	7.4	8.2	9.2
22	26.8	12.37	13.48	14.42	15.52	16.86	4.83	5.44	6.26	7.20	8.38	22.10	19.66	17.65	15.82	14.20	6.0	6.6	7.4	8.3	9.2
23	25.7	12.49	13.59	14.53	15.63	16.95	4.78	5.37	6.19	7.12	8.29	22.12	19.67	17.66	15.84	14.21	6.1	6.7	7.5	8.4	9.3
24	24.6	12.60	13.70	14.64	15.74	17.04	4.73	5.32	6.12	7.05	8.19	22.13	19.67	17.68	15.86	14.23	6.2	6.8	7.6	8.5	9.4
25	23.6	12.71	13.81	14.74	15.84	17.12	4.68	5.26	6.05	6.98	8.11	22.15	19.68	17.69	15.88	14.24	6.2	6.8	7.7	8.5	9.5
26	22.7	12.82	13.91	14.84	15.94	17.20	4.63	5.21	5.99	6.91	8.02	22.16	19.69	17.71	15.89	14.26	6.3	6.9	7.7	8.6	9.5
27	21.9	12.92	14.01	14.94	16.04	17.28	4.59	5.16	5.93	6.84	7.94	22.17	19.69	17.72	15.91	14.27	6.4	7.0	7.8	8.7	9.6
28	21.1	13.02	14.11	15.03	16.13	17.36	4.55	5.11	5.87	6.78	7.87	22.19	19.70	17.73	15.92	14.29	6.4	7.1	7.9	8.7	9.6
29	20.4	13.12	14.20	15.13	16.22	17.44	4.50	5.06	5.82	6.72	7.80	22.20	19.71	17.74	15.94	14.30	6.5	7.1	7.9	8.8	9.7
30	19.7	13.21	14.30	15.21	16.31	17.51	4.47	5.02	5.77	6.66	7.73	22.21	19.71	17.76	15.95	14.31	6.6	7.2	8.0	8.9	9.8
32	18.5	13.40	14.47	15.38	16.47	17.65	4.39	4.93	5.67	6.56	7.60	22.23	19.72	17.78	15.98	14.34	6.7	7.3	8.1	9.0	9.9
34	17.4	13.57	14.64	15.55	16.63	17.78	4.33	4.86	5.58	6.46	7.48	22.25	19.73	17.80	16.01	14.36	6.8	7.4	8.2	9.1	10.0
36	16.4	13.74	14.80	15.70	16.79	17.90	4.26	4.79	5.49	6.36	7.37	22.27	19.74	17.82	16.03	14.38	6.9	7.5	8.3	9.2	10.1
38	15.5	13.90	14.95	15.85	16.93	18.02	4.20	4.72	5.42	6.28	7.26	22.29	19.75	17.84	16.05	14.40	7.0	7.6	8.4	9.3	10.2
40	14.8	14.05	15.10	15.99	17.07	18.13	4.15	4.66	5.34	6.20	7.17	22.31	19.76	17.86	16.07	14.42	7.1	7.7	8.5	9.4	10.3
42	14.1	14.20	15.24	16.12	17.20	18.24	4.10	4.60	5.27	6.12	7.08	22.32	19.77	17.87	16.09	14.44	7.2	7.8	8.6	9.5	10.3
44	13.4	14.34	15.37	16.25	17.33	18.34	4.05	4.54	5.21	6.05	6.99	22.34	19.78	17.89	16.11	14.46	7.3	7.9	8.7	9.6	10.4
45	13.1	14.41	15.44	16.31	17.39	18.39	4.03	4.52	5.18	6.02	6.95	22.35	19.78	17.90	16.12	14.46	7.4	8.0	8.8	9.6	10.5
47	12.6	14.54	15.56	16.44	17.51	18.49	3.98	4.47	5.12	5.95	6.87	22.36	19.79	17.91	16.14	14.48	7.5	8.1	8.9	9.7	10.6

表 5-143　环锭纺普梳纯棉机织管纱 USTER 统计值

细度		条干变异系数(%)					毛羽值					断裂强度(cN/tex)(CRE 5 m/min)					断裂强度变异系数(%)				
英支	tex	5%	25%	50%	75%	95%	5%	25%	50%	75%	95%	5%	25%	50%	75%	95%	5%	25%	50%	75%	95%
6	98.4	9.64	10.98	12.57	13.82	15.47	6.79	7.61	8.60	9.58	10.90	21.19	19.44	17.52	15.79	14.55	5.1	5.9	6.6	8.1	10.3
7	84.4	10.01	11.34	12.90	14.13	15.74	6.57	7.36	8.30	9.26	10.51	21.22	19.46	17.55	15.83	14.59	5.4	6.1	6.8	8.3	10.3
8	73.8	10.34	11.65	13.18	14.40	15.98	6.38	7.15	8.05	8.99	10.18	21.25	19.49	17.58	15.87	14.62	5.5	6.3	7.0	8.4	10.4
9	65.6	10.65	11.94	13.44	14.65	16.19	6.22	6.97	7.84	8.76	9.91	21.28	19.51	17.61	15.90	14.64	5.7	6.5	7.1	8.6	10.4
10	59.1	10.93	12.21	13.68	14.87	16.39	6.09	6.81	7.66	8.56	9.66	21.30	19.53	17.64	15.93	14.67	5.9	6.6	7.3	8.7	10.5
12	49.2	11.43	12.67	14.10	15.27	16.73	5.85	6.55	7.34	8.22	9.26	21.35	19.56	17.68	15.98	14.71	6.2	6.9	7.6	8.9	10.6
13	45.4	11.66	12.89	14.29	15.44	16.88	5.75	6.44	7.21	8.07	9.09	21.36	19.57	17.70	16.00	14.72	6.3	7.0	7.7	9.0	10.6
14	42.2	11.87	13.08	14.46	15.61	17.02	5.66	6.33	7.09	7.94	8.93	21.38	19.58	17.71	16.02	14.74	6.4	7.2	7.8	9.1	10.6
16	36.9	12.27	13.45	14.79	15.91	17.28	5.50	6.15	6.88	7.71	8.66	21.41	19.61	17.74	16.06	14.77	6.7	7.4	8.1	9.2	10.7
18	32.8	12.63	13.78	15.08	16.18	17.52	5.37	6.00	6.70	7.51	8.42	21.44	19.63	17.77	16.09	14.80	6.9	7.6	8.3	9.4	10.7
20	29.5	12.96	14.09	15.34	16.43	17.73	5.25	5.86	6.54	7.34	8.21	21.46	19.64	17.80	16.12	14.82	7.1	7.8	8.4	9.5	10.8
21	28.1	13.11	14.23	15.47	16.54	17.82	5.19	5.80	6.47	7.26	8.12	21.48	19.65	17.81	16.14	14.83	7.2	7.9	8.5	9.6	10.8
22	26.8	13.27	14.37	15.58	16.66	17.92	5.14	5.74	6.40	7.19	8.03	21.49	19.66	17.82	16.15	14.84	7.3	8.0	8.6	9.6	10.8
23	25.7	13.41	14.50	15.70	16.76	18.01	5.09	5.69	6.33	7.12	7.95	21.50	19.67	17.83	16.16	14.85	7.4	8.0	8.7	9.7	10.9
24	24.6	13.55	14.63	15.81	16.86	18.10	5.05	5.63	6.27	7.05	7.87	21.51	19.67	17.84	16.17	14.86	7.4	8.1	8.8	9.7	10.9
25	23.6	13.69	14.75	15.92	16.96	18.18	5.00	5.58	6.21	6.99	7.80	21.52	19.68	17.85	16.18	14.87	7.5	8.2	8.8	9.8	10.9
26	22.7	13.82	14.87	16.02	17.06	18.26	4.96	5.54	6.16	6.93	7.72	21.53	19.69	17.86	16.20	14.88	7.6	8.3	8.9	9.8	10.9
27	21.9	13.95	14.99	16.12	17.15	18.34	4.92	5.49	6.11	6.87	7.66	21.53	19.69	17.87	16.21	14.89	7.7	8.4	9.0	9.8	10.9
28	21.1	14.08	15.10	16.22	17.24	18.41	4.88	5.45	6.06	6.82	7.59	21.54	19.70	17.87	16.22	14.90	7.8	8.4	9.0	9.9	10.9
29	20.4	14.20	15.21	16.31	17.33	18.49	4.85	5.41	6.01	6.76	7.53	21.55	19.71	17.88	16.23	14.90	7.8	8.5	9.1	9.9	11.0
30	19.7	14.32	15.32	16.41	17.41	18.56	4.81	5.37	5.96	6.71	7.47	21.56	19.71	17.89	16.24	14.91	7.9	8.6	9.2	10.0	11.0
32	18.5	14.55	15.52	16.58	17.58	18.69	4.75	5.29	5.87	6.62	7.36	21.57	19.72	17.91	16.25	14.93	8.0	8.7	9.3	10.1	11.0
34	17.4	14.76	15.72	16.75	17.73	18.82	4.68	5.22	5.79	6.53	7.25	21.59	19.73	17.92	16.27	14.94	8.2	8.8	9.4	10.1	11.0
36	16.4	14.97	15.91	16.91	17.88	18.94	4.63	5.16	5.72	6.45	7.16	21.60	19.74	17.93	16.29	14.95	8.3	8.9	9.4	10.2	11.1
38	15.5	15.17	16.09	17.06	18.02	19.06	4.57	5.10	5.65	6.37	7.07	21.61	19.75	17.95	16.30	14.97	8.4	9.0	9.6	10.3	11.1
40	14.8	15.37	16.26	17.20	18.15	19.17	4.52	5.04	5.58	6.30	6.98	21.63	19.76	17.96	16.32	14.98	8.5	9.1	9.7	10.3	11.1
42	14.1	15.55	16.42	17.34	18.28	19.28	4.48	4.99	5.52	6.23	6.90	21.64	19.77	17.97	16.33	14.99	8.7	9.3	9.8	10.4	11.1
44	13.4	15.73	16.58	17.48	18.40	19.38	4.43	4.94	5.46	6.17	6.83	21.65	19.78	17.98	16.34	15.00	8.8	9.4	9.9	10.5	11.1
45	13.1	15.82	16.66	17.54	18.46	19.43	4.41	4.91	5.44	6.14	6.79	21.65	19.78	17.99	16.35	15.01	8.8	9.4	10.0	10.5	11.2
47	12.6	15.99	16.81	17.67	18.57	19.53	4.37	4.87	5.38	6.08	6.72	21.67	19.79	18.00	16.36	15.02	8.9	9.5	10.1	10.6	11.2

表 5 - 144　环锭纺精梳纯棉针织管纱 USTER 统计值

| 细度 | | 条干变异系数（%） | | | | | 毛羽值 | | | | | 断裂强度（cN/tex）（CRE 5 m/min） | | | | | 断裂强度变异系数（%） | | | | |
英支	tex	5%	25%	50%	75%	95%	5%	25%	50%	75%	95%	5%	25%	50%	75%	95%	5%	25%	50%	75%	95%
18	32.8	9.84	10.53	11.38	12.18	13.09	4.91	5.26	5.58	6.00	6.43	20.08	18.49	17.05	15.99	15.07	6.0	6.3	6.8	7.4	8.1
20	29.5	10.01	10.70	11.56	12.37	13.28	4.77	5.12	5.44	5.87	6.32	20.23	18.52	17.08	15.95	15.00	6.0	6.3	6.9	7.5	8.3
21	28.1	10.08	10.78	11.64	12.46	13.37	4.70	5.06	5.38	5.81	6.26	20.30	18.56	17.10	15.93	14.96	6.0	6.4	6.9	7.5	8.5
23	25.7	10.22	10.93	11.80	12.63	13.54	4.58	4.94	5.27	5.69	6.17	20.43	18.64	17.12	15.89	14.90	6.0	6.5	7.0	7.6	8.7
24	24.6	10.29	11.00	11.88	12.71	13.62	4.52	4.89	5.22	5.64	6.12	20.49	18.68	17.13	15.87	14.87	6.0	6.5	7.1	7.7	8.8
25	23.6	10.36	11.06	11.95	12.79	13.70	4.47	4.84	5.17	5.59	6.08	20.55	18.72	17.14	15.85	14.84	6.1	6.5	7.1	7.7	8.9
26	22.7	10.42	11.13	12.02	12.86	13.77	4.42	4.79	5.12	5.54	6.04	20.60	18.75	17.15	15.84	14.81	6.1	6.6	7.1	7.8	9.1
28	21.1	10.54	11.25	12.16	13.01	13.91	4.33	4.70	5.04	5.45	5.96	20.71	18.82	17.17	15.80	14.76	6.1	6.6	7.2	7.9	9.3
29	20.4	10.60	11.31	12.22	13.08	13.98	4.29	4.66	5.00	5.41	5.93	20.76	18.85	17.18	15.79	14.73	6.1	6.7	7.2	7.9	9.4
30	19.7	10.65	11.37	12.29	13.14	14.05	4.25	4.62	4.96	5.37	5.89	20.81	18.88	17.19	15.78	14.71	6.1	6.7	7.3	8.0	9.5
32	18.5	10.76	11.48	12.41	13.27	14.17	4.17	4.54	4.89	5.30	5.83	20.90	18.94	17.21	15.75	14.66	6.1	6.8	7.3	8.0	9.7
34	17.4	10.86	11.59	12.52	13.39	14.29	4.12	4.48	4.82	5.23	5.77	20.99	18.99	17.22	15.72	14.62	6.1	6.8	7.4	8.1	9.9
36	16.4	10.96	11.68	12.63	13.51	14.41	4.04	4.41	4.76	5.16	5.71	21.07	19.05	17.24	15.70	14.58	6.2	6.9	7.5	8.2	10.0
38	15.5	11.05	11.76	12.73	13.62	14.51	3.99	4.35	4.70	5.10	5.66	21.15	19.10	17.25	15.68	14.54	6.2	6.9	7.5	8.3	10.2
40	14.8	11.14	11.87	12.83	13.72	14.62	3.95	4.29	4.64	5.05	5.61	21.23	19.14	17.27	15.65	14.51	6.2	7.0	7.6	8.3	10.4
47	12.6	11.44	12.19	12.99	14.09	15.01	3.33	3.68	4.22	4.74	5.27	24.78	21.97	19.79	17.91	15.91	6.5	7.3	8.0	8.9	10.0
49	12.1	11.54	12.29	13.10	14.14	15.12	3.29	3.63	4.15	4.65	5.16	24.66	21.93	19.80	17.97	16.02	6.6	7.4	8.1	9.0	10.1
52	11.4	11.68	12.43	13.25	14.34	15.27	3.24	3.57	4.05	4.52	5.01	24.48	21.88	19.81	18.05	16.18	6.7	7.5	8.3	9.1	10.2
54	10.9	11.76	12.52	13.35	14.43	15.37	3.21	3.52	3.99	4.44	4.91	24.37	21.85	19.81	18.10	16.29	6.8	7.6	8.4	9.2	10.3
55	10.7	11.81	12.57	13.40	14.48	15.41	3.19	3.50	3.96	4.41	4.87	24.32	21.83	19.82	18.13	16.34	6.9	7.7	8.5	9.3	10.4
59	10.0	11.98	12.74	13.59	14.66	15.60	3.14	3.43	3.84	4.26	4.70	24.11	21.77	19.83	18.23	16.53	7.1	7.9	8.7	9.5	10.5
63	9.4	12.13	12.91	13.77	14.82	15.77	3.08	3.35	3.74	4.14	4.54	23.92	21.72	19.84	18.32	16.71	7.3	8.0	8.8	9.6	10.7
67	8.8	12.29	13.06	13.95	14.98	15.93	3.03	3.29	3.65	4.02	4.40	23.75	21.66	19.85	18.41	16.89	7.4	8.2	9.0	9.8	10.9
70	8.4	12.39	13.18	14.07	15.10	16.05	3.00	3.24	3.58	3.94	4.31	23.62	21.63	19.86	18.47	17.01	7.6	8.3	9.2	9.9	11.0
74	8.0	12.53	13.32	14.23	15.24	16.20	2.95	3.19	3.50	3.84	4.19	23.47	21.58	19.87	18.55	17.17	7.7	8.5	9.3	10.1	11.2
79	7.5	12.70	13.49	14.41	15.42	16.38	2.90	3.12	3.40	3.72	4.05	23.28	21.53	19.88	18.65	17.36	7.9	8.7	9.5	10.3	11.4
85	6.9	12.89	13.69	14.63	15.61	16.58	2.85	3.05	3.30	3.60	3.90	23.08	21.46	19.89	18.76	17.57	8.1	8.9	9.8	10.5	11.6
96	6.2	13.21	14.01	14.99	15.94	16.92	2.76	2.93	3.14	3.40	3.67	22.74	21.36	19.91	18.94	17.93	8.5	9.3	10.2	10.8	11.9
100	5.9	13.31	14.13	15.11	16.06	17.04	2.73	2.90	3.09	3.33	3.60	22.63	21.33	19.92	19.00	18.06	8.7	9.4	10.3	11.0	12.1
106	5.6	13.47	14.29	15.29	16.22	17.20	2.68	2.84	3.01	3.24	3.49	22.47	21.28	19.93	19.08	18.23	8.9	9.6	10.5	11.1	12.2

表 5 – 145　环锭纺精梳纯棉机织管纱 USTER 统计值

细度		条干变异系数（%）					毛 羽 值					断裂强度（cN/tex）（CRE 5 m/min）					断裂强度变异系数（%）				
英支	tex	5%	25%	50%	75%	95%	5%	25%	50%	75%	95%	5%	25%	50%	75%	95%	5%	25%	50%	75%	95%
18	32.8	9.64	10.42	11.35	12.16	13.30	4.83	5.23	5.77	6.31	6.80	21.29	19.36	17.53	16.16	14.89	5.5	6.2	6.8	7.9	9.0
20	29.5	9.95	10.74	11.68	12.52	13.72	4.65	5.05	5.57	6.10	6.63	21.39	19.45	17.62	16.25	14.98	5.7	6.3	7.0	8.0	9.1
21	28.1	10.09	10.90	11.83	12.70	13.92	4.56	4.96	5.48	6.00	6.55	21.43	19.49	17.66	16.29	15.02	5.7	6.4	7.0	8.1	9.1
23	25.7	10.36	11.19	12.13	13.03	14.29	4.41	4.81	5.32	5.82	6.41	21.52	19.57	17.74	16.37	15.09	5.9	6.5	7.2	8.2	9.3
24	24.6	10.49	11.30	12.27	13.18	14.47	4.34	4.75	5.24	5.73	6.34	21.56	19.60	17.77	16.41	15.12	5.9	6.6	7.2	8.3	9.3
25	23.6	10.62	11.47	12.41	13.34	14.65	4.27	4.68	5.17	5.66	6.28	21.59	19.64	17.81	16.44	15.16	6.0	6.6	7.3	8.3	9.4
26	22.7	10.74	11.60	12.54	13.49	14.82	4.21	4.62	5.10	5.58	6.22	21.63	19.67	17.84	16.48	15.19	6.0	6.7	7.4	8.4	9.4
28	21.1	10.98	11.86	12.80	13.77	15.14	4.10	4.51	4.97	5.45	6.11	21.70	19.73	17.90	16.54	15.25	6.2	6.8	7.5	8.5	9.5
29	20.4	11.09	11.98	12.92	13.91	15.30	4.04	4.45	4.92	5.38	6.06	21.73	19.76	17.93	16.57	15.28	6.2	6.9	7.5	8.5	9.6
30	19.7	11.21	12.10	13.04	14.04	15.46	3.99	4.40	4.86	5.32	6.01	21.76	19.79	17.96	16.60	15.31	6.3	6.9	7.6	8.6	9.6
32	18.5	11.42	12.33	13.27	14.30	15.75	3.90	4.31	4.75	5.21	5.92	21.82	19.84	18.02	16.66	15.36	6.4	7.0	7.7	8.7	9.7
34	17.4	11.63	12.56	13.49	14.55	16.03	3.81	4.22	4.66	5.10	5.83	21.88	19.89	18.07	16.72	15.41	6.5	7.1	7.8	8.8	9.8
36	16.4	11.82	12.77	13.71	14.78	16.30	3.73	4.14	4.57	5.01	5.75	21.93	19.94	18.12	16.77	15.46	6.5	7.2	7.9	8.9	9.8
38	15.5	12.01	12.97	13.91	15.01	16.56	3.65	4.07	4.49	4.92	5.68	21.98	19.99	18.17	16.82	15.50	6.6	7.3	8.0	8.9	9.9
40	14.8	12.19	13.17	14.10	15.23	16.82	3.59	4.00	4.41	4.83	5.61	22.03	20.03	18.21	16.86	15.54	6.7	7.4	8.1	9.0	10.0
47	12.6	11.33	12.07	12.80	13.83	15.28	3.02	3.55	4.00	4.41	5.50	26.80	23.91	20.95	17.92	15.69	6.5	7.3	8.1	9.0	10.4
49	12.1	11.49	12.24	12.97	13.99	15.42	2.99	3.51	3.93	4.33	5.36	26.80	23.80	20.93	17.99	15.82	6.7	7.5	8.2	9.1	10.5
52	11.4	11.73	12.47	13.22	14.23	15.62	2.96	3.45	3.85	4.22	5.18	26.31	23.64	20.89	18.09	16.01	6.9	7.8	8.5	9.4	10.8
54	10.9	11.89	12.63	13.37	14.38	15.74	2.94	3.41	3.79	4.16	5.06	26.13	23.55	20.87	18.16	16.13	7.1	7.9	8.7	9.6	11.0
55	10.7	11.96	12.70	13.45	14.45	15.80	2.93	3.39	3.76	4.12	5.01	26.04	23.50	20.86	18.19	16.18	7.2	8.0	8.8	9.7	11.1
59	10.0	12.26	12.99	13.75	14.74	16.04	2.89	3.32	3.66	4.00	4.80	25.71	23.32	20.82	18.31	16.41	7.5	8.3	9.1	10.0	11.4
63	9.4	12.54	13.27	14.03	15.01	16.26	2.86	3.26	3.57	3.89	4.62	25.40	23.15	20.78	18.42	16.62	7.9	8.7	9.5	10.4	11.7
67	8.8	12.81	13.54	14.30	15.27	16.48	2.82	3.20	3.49	3.79	4.45	25.12	23.00	20.74	18.53	16.83	8.2	9.0	9.8	10.7	12.0
70	8.4	13.00	13.73	14.50	15.46	16.63	2.80	3.16	3.43	3.71	4.34	24.92	22.89	20.72	18.61	16.98	8.4	9.2	10.0	11.0	12.2
74	8.0	13.26	13.96	14.76	15.70	16.83	2.77	3.11	3.36	3.63	4.20	24.66	22.75	20.68	18.70	17.16	8.7	9.5	10.3	11.3	12.5
79	7.5	13.56	14.28	15.06	15.99	17.06	2.74	3.05	3.27	3.52	4.04	24.37	22.59	20.64	18.82	17.39	9.1	9.9	10.7	11.6	12.8
85	6.9	13.91	14.62	15.41	16.32	17.33	2.70	2.99	3.18	3.41	3.86	24.05	22.41	20.60	18.95	17.64	9.6	10.3	11.2	12.1	13.2
96	6.2	14.51	15.06	15.85	16.73	17.66	2.64	2.88	3.04	3.24	3.59	23.52	22.11	20.53	19.17	18.07	10.4	11.1	11.9	12.9	13.9
100	5.9	14.71	15.41	16.21	17.07	17.94	2.62	2.85	2.99	3.18	3.51	23.34	22.01	20.50	19.24	18.22	10.6	11.4	12.2	13.1	14.2
106	5.6	15.01	15.71	16.51	17.35	18.16	2.59	2.80	2.92	3.10	3.39	23.10	21.87	20.47	19.34	18.43	11.1	11.8	12.6	13.5	14.5

表 5-146 紧密纺纯棉精梳管纱 USTER 统计值

细度		条干变异系数（%）			毛羽值			断裂强度（cN/tex）（CRE 5 m/min）			断裂强度变异系数（%）		
英支	tex	5%	50%	95%	5%	50%	95%	5%	50%	95%	5%	50%	95%
18	32.8	9.55	10.35	11.37	3.62	4.39	5.47	22.96	19.27	16.42	4.6	5.4	6.4
20	29.5	9.77	10.58	11.60	3.49	4.20	5.20	23.20	19.49	16.60	4.8	5.7	6.7
21	28.1	9.87	10.69	11.71	3.44	4.12	5.08	23.32	19.60	16.68	4.9	5.8	6.8
23	25.7	10.07	10.89	11.92	3.34	3.97	4.86	23.53	19.79	16.84	5.1	6.0	7.1
24	24.6	10.16	10.99	12.01	3.29	3.90	4.77	23.63	19.88	16.91	5.2	6.1	7.2
25	23.6	10.25	11.08	12.11	3.24	3.84	4.67	23.72	19.97	16.98	5.3	6.3	7.3
26	22.7	10.34	11.17	12.20	3.20	3.77	4.59	23.81	20.06	17.05	5.5	6.4	7.5
28	21.1	10.50	11.35	12.38	3.12	3.66	4.43	23.99	20.22	17.18	5.6	6.6	7.7
29	20.4	10.58	11.43	12.46	3.09	3.61	4.36	24.07	20.30	17.24	5.7	6.7	7.8
30	19.7	10.66	11.51	12.54	3.05	3.56	4.29	24.15	20.37	17.30	5.8	6.8	7.9
32	18.5	10.81	11.67	12.70	2.99	3.47	4.16	24.31	20.52	17.41	6.0	7.0	8.1
34	17.4	10.96	11.82	12.85	2.93	3.38	4.04	24.46	20.65	17.52	6.2	7.2	8.3
36	16.4	11.09	11.96	12.99	2.87	3.31	3.93	24.59	20.78	17.62	6.4	7.4	8.5
38	15.5	11.22	12.10	13.12	2.82	3.23	3.83	24.73	20.90	17.72	6.5	7.6	8.7
40	14.8	11.35	12.23	13.25	2.78	3.17	3.74	24.85	21.02	17.81	6.7	7.7	8.9
42	14.1	11.47	12.36	13.38	2.73	3.10	3.65	24.97	21.13	17.90	6.8	7.9	9.1
44	13.4	11.58	12.48	13.51	2.69	3.05	3.57	25.09	21.24	17.98	7.0	8.1	9.3
45	13.1	11.64	12.54	13.56	2.67	3.02	3.53	25.14	21.29	18.02	7.1	8.1	9.4
49	12.1	11.86	12.76	13.78	2.59	2.92	3.39	25.36	21.49	18.18	7.4	8.5	9.7
51	11.6	11.96	12.87	13.89	2.56	2.87	3.33	25.46	21.59	18.25	7.5	8.6	9.9
55	10.7	12.16	13.07	14.09	2.50	2.78	3.21	25.65	21.76	18.40	7.8	8.9	10.2
60	9.8	12.39	13.32	14.33	2.43	2.68	3.08	25.87	21.97	18.56	8.1	9.3	10.6
64	9.2	12.56	13.50	14.51	2.37	2.61	2.99	26.04	22.13	18.68	8.4	9.6	10.9
69	8.6	12.77	13.71	14.72	2.32	2.54	2.88	26.23	22.31	18.82	8.7	9.9	11.2
71	8.3	12.85	13.79	14.80	2.29	2.51	2.84	26.31	22.38	18.88	8.8	10.0	11.4
75	7.9	13.00	13.95	14.95	2.25	2.45	2.77	26.45	22.51	18.98	9.0	10.3	11.7
80	7.4	13.19	14.14	15.14	2.20	2.39	2.69	26.62	22.67	19.11	9.3	10.6	12.0
83	7.1	13.29	14.25	15.25	2.18	2.35	2.64	26.72	22.76	19.18	9.5	10.7	12.2
86	6.9	13.39	14.36	15.35	2.15	2.32	2.59	26.81	22.85	19.25	9.6	10.9	12.3
89	6.6	13.49	14.46	15.45	2.13	2.29	2.55	26.90	22.94	19.32	9.8	11.1	12.5

表 5-147 各品种 10 万米纱疵数 USTER 统计值

疵点分级	环锭纺普梳纯棉针织纱				环锭纺普梳纯棉机织纱				环锭纺精梳纯棉针织纱				环锭纺精梳纯棉机织纱			
	5%	25%	75%	95%	5%	25%	75%	95%	5%	25%	75%	95%	5%	25%	75%	95%
A1	577	1361	5885	10000	185	821	5320	10256	98.5	277	1140	3552	284	622	1842	3831
A2	35.9	86.8	437	1796	11.0	55.1	395	1987	10.2	27.9	121	405	25.2	59.5	205	483
A3	2.6	8.3	35.0	257	1.6	7.0	39.7	200	1.1	4.6	14.1	40.7	2.1	7.1	25.8	59.5
A4	0.9	3.9	10.4	51.1	0.9	3.2	14.5	35.9	1.0	3.0	8.5	18.6	0.2	4.0	13.8	20.6
B1	62.5	200	842	3643	33.3	130	1057	4133	22.8	47.4	140	395	25.8	70.9	270	671
B2	11.2	20.6	78.5	307	5.1	18.6	72.8	331	5.4	10.4	31.6	74.6	5.8	16.8	62.5	148
B3	1.8	5.7	17.7	25.8	1.5	5.0	16.8	36.8	1.0	3.4	10.2	17.3	1.3	4.8	15.2	34.1
B4	1.9	3.8	10.2	18.2	0.9	4.8	12.4	22.2	0.1	3.0	9.2	18.2	0.1	3.2	12.7	22.8
C1	5.4	16.0	61.0	395	3.0	13.1	59.5	315	2.0	5.7	20.1	53.7	3.4	9.2	34.1	80.5
C2	1.4	3.0	11.8	30.1	1.0	3.2	9.7	25.2	1.0	2.2	8.5	16.4	0.2	3.3	15.6	35.0
C3	0	0.1	3.3	8.3	0.1	1.0	3.4	7.3	0	0.1	3.0	6.3	0.1	1.0	5.1	11.2
C4	0.1	1.0	5.3	7.7	0.1	1.0	4.3	7.5	0	0.1	3.1	7.0	0.1	0.1	5.1	7.3
D1	0	0.1	4.8	22.8	0	0.1	4.2	9.1	0	0.1	2.1	4.5	0.1	0.1	4.0	7.0
D2	0	0.1	2.0	5.4	0	0.1	1.3	3.9	0	0.1	1.1	3.1	0	0.1	2.0	3.2
D3	0	0	0.1	2.4	0	0.1	1.1	2.7	0	0	0.1	2.0	0	0	1.1	2.1
D4	0	0.1	1.5	2.5	0	0.1	1.2	5.5	0	0.1	1.1	3.0	0	0.1	1.1	2.3
E	0	0.1	6.0	53.7	0.1	1.0	4.0	10.2	0	0.1	2.1	5.4	0	0.1	3.1	8.1
F	0.1	14.5	51.1	292	1.5	11.5	47.4	548	0.5	3.6	16.4	47.4	1.9	7.3	34.1	101
G	0	0.1	3.2	172	0	0.1	3.0	24.0	0.1	0.1	3.0	17.7	0.1	0.1	3.0	11.0
H1	22.2	84.7	395	1505	6.8	58.0	395	2558	1.0	4.9	181	1170	7.9	42.8	1708	5456
H2	0	0	0.1	2.5	0	0	0.1	2.4	0	0	0.1	1.2	0	0.1	1.9	19.6
I1	0	0.1	0.3	14.1	0	0.1	2.2	19.6	0	0.1	1.1	56.5	0	0.1	385	56.5
I2	0	0	0.1	0.2	0	0	0.1	1.9	0	0.1	0.1	5.1	0	0	4.0	0.1
A3 + B3 + C3 + D2 之和	4.4	14.2	58.0	296.5	3.2	13.1	61.2	248.0	2.1	8.2	28.4	67.4	3.5	13.0	48.1	108.0

第七节 络并捻工艺设计

一、络筒工艺设计

络筒是把细纱管上的纱头和纱尾连接起来,重新卷绕制成容量较大的筒纱,在此过程中用专门的清纱装置清除单纱上的绒毛、尘屑、粗细节等疵点。

(一)络筒工艺表

络筒工艺主要进行速度、张力、卷绕长度及清纱设定值的设计。本部分将以精梳棉/钛远红外纤维/竹浆纤维/甲壳素纤维(40/20/20/20)11.8tex 混纺针织纱的络筒工艺设计为例,主要设计内容见表 5 – 148。

表 5 – 148 络筒工艺设计

机 型	槽筒速度 (m/min)	张力 (cN)	卷绕长度(m)	电子清纱器				
				形式	棉结	短粗节	长粗节	长细节
奥托康纳 338								

(二)络筒机的机构

1. 络纱的任务

(1)制成适当的卷装。络筒就是把细纱管连接起来,卷绕成大容量筒子,以满足后道工序的要求。筒子卷绕结构应满足高速退绕的要求,筒子表面纱线分布应均匀,在适当的卷绕张力下,具有一定的密度,并尽可能增加筒子容量,表面和端面要平整,没有脱圈、滑边、重叠等现象。

(2)减少疵点,提高品质。细纱上还存在疵点、粗节、弱环,它们在织造时会引起断头,影响织物外观。络筒机设有清纱装置,以除去单纱上的绒毛、尘屑、粗细节等疵点。络筒过程中应尽量减少损伤纱线原有的物理机械性能。

2. 奥托康纳 338 型自动络筒机

奥托康纳 338 型自动络筒机如图 5 – 44 所示,其结构如图 5 – 45 所示,纱线从管纱上退绕下来,先经过下部单元的气圈控制器,然后经过前置清纱器、纱线张力装置、后置电子清纱器、上蜡装置,最后到达卷绕单元,经槽筒沟槽有规律地卷绕在筒管上,形成筒纱。

奥托康纳 338 型自动络筒机采用模块化设计,每个络纱锭包括下部、中间和卷绕三个单元。

图5-44 奥托康纳338型自动络筒机

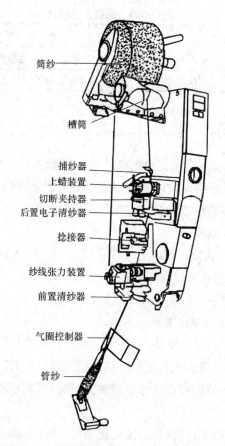

图5-45 奥托康纳338型自动络筒机的结构

下部单元包括防脱圈装置、气圈破裂器、圆形纱库。下部单元的作用是保证管纱供给,并优化纱线的退绕。

中间单元包括下纱头传感器、纱线剪刀、夹纱器、具有拍纱片的夹纱臂、张力器和预清纱器、捻接器、电子清纱器、纱线张力传感器、上蜡装置、捕纱器、大吸嘴和上纱头传感器。中间单元包含所有用于上下纱头捕捉、纱线监测与纱线捻接和张力控制的元件。在达到最大生产率的前提下,可获得最佳的纱线与卷装质量。工艺参数的电脑集中设定和电动机的单独控制极大地方便了操作者的工作。

卷绕单元包括络纱锭控制系统、操作开关和信号灯、绕槽筒监测装置、ATT(扭矩自动传送)槽筒、具有补偿压力调节的筒子架。卷绕单元还控制着整个络纱锭的运行及操作信息的采集。槽筒直接驱动方式改善了对卷绕过程的控制,提高了能量利用率,磨损减少,维护方便。

(三)络筒工艺

设计络筒工艺时,要合理地设置张力,防止过大的张力损伤纱条质量;尽可能地去除杂质(尤其是大杂质);合理选择络筒速度,尽可能减少对纱条的摩擦,降低条干和毛羽质量的恶化。

1. 络筒速度

络筒速度直接影响络筒机的产量。在其他条件相同时,络筒速度高,时间效率一般要下降,使得络筒机的实际产量反而不高。

络筒机的线速度主要取决于以下因素:

(1)纱线粗细。纱线较粗时,卷绕速度可快;纱线较细时,卷绕速度应降低。

(2)纱线强力。纱线强力较低或纱线条干不匀时,络筒速度应低些。

(3)纱线原料。卷绕线速度与纱线原料有关。例如,加工原棉时,卷绕速度可以快些。

(4)管纱卷装的成形特征。卷绕密度高及成形锥度大的管纱,络筒速度应低些;卷绕密度较低及卷绕螺距较大的管纱,可提高络筒速度。

(5)纱线的喂入形式。绞纱、筒纱(筒倒筒)和管纱三种喂入形式的纱,络筒速度应相应由低到高。

(6)络筒机的机型。自动络筒机材质好、设计合理、制造精度高,它所适应的络筒速度一般达 1000m/min 以上,而 1332MD 型络筒机所能达到的络筒速度一般只有600m/min。

由于化学纤维摩擦因数大,回弹性好,易产生静电而导致纱线毛羽增加,因此,同样线密度的化纤纯纺纱络筒速度应较纯棉纱低些。

2. 络筒张力

纱线张力与络筒机张力装置对纱线所施加的压力有关,该压力主要取决于纱线粗细、卷绕速度、纱线强力、纱线原料,见表 5 - 149。

表 5 - 149　有关参数与络筒张力的关系

参　数	线密度		卷绕速度		纱线强力		纱线原料		导纱距离	
	粗	细	高	低	高	低	原棉	化纤	长	短
络筒张力	较大	较小	较小	较大	较大	较小	较大	较小	较小	较大

一般根据卷绕密度调节络筒张力,并应保持筒子成形良好,络筒张力通常为单纱强力的 8% ~ 12%。

3. 清纱设定值

采用电子清纱装置时,可根据后道工序和织物外观质量的要求,将各类纱疵的形态按截面变化率和纱疵所占的长度进行分类,清纱限度设定是通过数字拨盘设定的,具体设定方法与电子清纱装置的型号有关。

纱疵样照一般采用瑞士蔡尔韦格—乌斯特(Zellweger—Uster)纱疵分级样照。该公司生产的克拉斯玛脱(Classimat)Ⅱ型(简称 CMT—Ⅱ)纱疵样照把各类纱疵分成 23 级,如图 5 - 46 所示。

样照中对于短粗节纱疵,疵长在 0.1 ~ 1cm 的称 A 类,在 1 ~ 2cm 的称 B 类,在

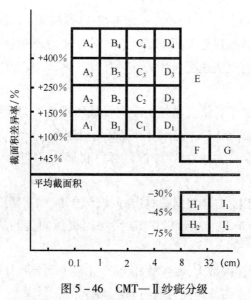

图 5 - 46　CMT—Ⅱ纱疵分级

2~4cm的称C类,在4~8cm的称D类;纱疵横截面增量在+100%~+150%的为第1类,在+150%~+250%为第2类;在+250%~+400%为第3类,在+400%以上的为第4类。这样,短粗节总共分成16级(A_1、A_2、A_3、A_4、B_1、B_2、B_3、B_4、C_1、C_2、C_3、C_4、D_1、D_2、D_3和D_4),对于长粗节,共分成3级。纱疵横截面增量在+100%以上,而疵长大于8cm的称双纱,归入E级;纱疵横截面增量在+45%~+100%,疵长在8~32cm的称长粗节,归入F级;纱疵横截面增量在+45%~+100%,疵长大于32cm的也称长粗节,归入G类。长细节共分成4级。纱疵横截面的减量在-30%~-45%,疵长在8~32cm的定为H_1级;减量相同于H_1而疵长大于32cm的定为I_1级;纱疵横截面减量在-45%~-75%,疵长在8~32cm的定为H_2级;减量相同于H_2,而疵长大于32cm的定为I_2级。

4. 筒子卷绕密度

筒子卷绕密度应按筒子的后道用途、所络筒纱的种类而确定。染色用筒子的卷绕密度较小,为0.35g/cm³左右,其他用途筒子的卷绕密度较大,为0.42g/cm³左右。适宜的卷绕密度,有利于筒子成形良好,且不损伤纱线的弹性。

络筒张力对筒子卷绕密度有直接的影响,张力越大,筒子卷绕密度越大,因此实际生产中,常通过调整络筒张力来改变卷绕密度。

5. 卷绕长度

有些情形下,要求筒子上卷绕的纱线应达到规定的长度。例如在整经工序中,集体换筒的机型要求筒纱长度与整经长度相匹配,这个筒纱长度可通过工艺计算得到。在络筒机上,则要根据工艺规定绕纱长度进行定长。

自动络筒机上采用电子定长装置,定长值的设定极为简便,且定长精度较高。在实际生产中,随纱线的线密度、筒子锥角与防叠参数的不同,实际长度与设定长度不会完全相同,需根据实际情况确定一个修正系数,修正后的络筒长度与设定长度的差异较小,一般不超过2%。

(四)奥托康纳338型自动络筒机的工艺设计

1. 络筒速度的设计

综合考虑络精梳棉/钛远红外纤维/竹浆纤维/甲壳素纤维(40/20/20/20)11.8tex混纺针织纱的影响因素,选择络筒速度为800m/min。

2. 络筒张力的设计

考虑纱线粗细、卷绕速度、纱线强力、纱线原料等参数与络筒张力的关系,且由于奥托康纳338型自动络筒机带有张力自调装置,纱线张力是通过电脑输入而设定。参考表5-149,络筒张力设计为21cN[精梳棉/钛远红外纤维/竹浆纤维/甲壳素纤维

(40/20/20/20)11.8tex 混纺针织纱的预测单纱强力为 212.16cN]。

3. 清纱设定值的设计

根据客户的要求及织物外观质量的要求,电子清纱设定为:

> 形式:USTER
>
> 棉结:横截面 +250%
>
> 短粗节:横截面 +160%,长度 3cm
>
> 长粗节:横截面 +35%,长度 30cm
>
> 长细节:横截面 −30%,长度 20cm

4. 卷绕长度的设计

根据客户的要求及筒子的卷绕情况,设定绕纱长度为 204000m。

(五)奥托康纳 338 型自动络筒机的工艺设计

奥托康纳 338 型自动络筒机的工艺设计见表 5 – 150。

表 5 – 150　络筒工艺设计表

机　型	槽筒速度 (m/min)	张力 (cN)	卷绕长度(m)	电子清纱器				
				形式	棉结	短粗节	长粗节	长细节
奥托康纳 338	800	21	204000	USTER	+250%	+160% ×3cm	+35% ×30cm	−30% ×20cm

二、并纱工艺设计

(一)并纱工艺表

并纱工艺主要进行速度、张力的设计。主要设计内容见表 5 – 151。

表 5 – 151　并纱工艺表

机　型	并合根数	卷绕线速度(m/min)	张力圈重量(g)
FA703			

(二)并纱机的机构

1. 并纱的任务

将两根或两根以上的单纱并合成各根张力均匀的多股纱并卷绕成筒子,供捻线机使用,以提高捻线机效率。

2. FA703 型并纱机

FA703 型并纱机如图 5 – 47 所示,其工艺流程是单纱筒子插在纱筒插杆上,几根单纱分别自单纱筒子上退绕出来,经过导纱钩、张力垫圈装置、断纱自停落针、导纱罗

图 5 - 47 FA703 型并纱机

拉、导纱辊,然后由槽筒的沟槽引导卷绕到筒子的表面上,如图 5 - 48 所示。并纱机的主要机构有张力装置及断头自停装置。

(三)并纱工艺

设计并纱工艺时,要保证各根纱的张力均匀并统一。若一次并合不能完成根数

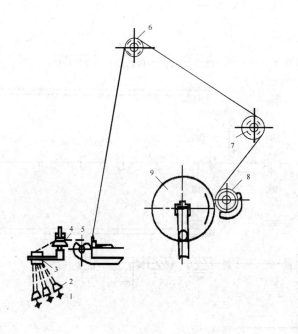

图 5 - 48 FA703 型并纱机的结构

1—插杆 2—筒子 3—导纱钩 4—张力装置

5—落针 6—导纱罗拉 7—导纱辊 8—槽筒 9—筒子

的要求,可以采用多次并合,最终达到要求的根数。

1. 卷绕线速度(v)

并纱机卷绕线速度与并纱的线密度、纱线强力、纺纱原料、单纱筒子的卷绕质量、并纱股数等因素有关,见表 5 - 152。一般并纱机的卷绕线速度为 200 ~ 800m/min。

表 5 - 152　有关参数与并纱卷绕线速度的关系

参　数	线密度		纱线强力		纱线原料		单纱筒子卷绕质量		并纱股数	
	粗	细	高	低	原棉	化纤	优	差	多	少
卷绕线速度	较大	较小	较大	较小	较小	较大	较大	较小	较小	较大

FA703 型并纱机的传动如图 5 - 49 所示。

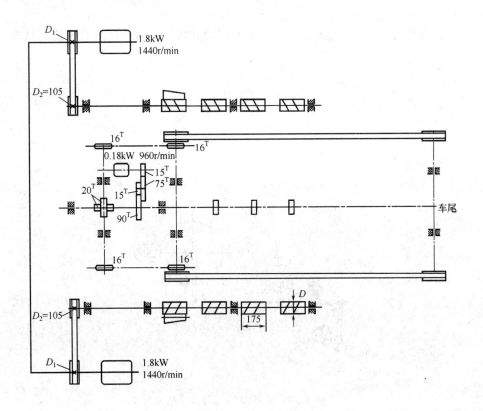

图 5 - 49　FA703 型并纱机的传动图

$$v = 1440 \times \frac{D_1}{D_2} \times 98\% \times \frac{\sqrt{(\pi D \eta)^2 + S^2}}{1000}$$

式中：D_1——电动机胶带轮直径，118mm、135mm、155mm、170mm、190mm；

$\quad\quad D_2$——槽筒胶带轮直径，mm；

$\quad\quad D$——槽筒直径，mm；

$\quad\quad S$——槽筒平均螺距，mm；

$\quad\quad \eta$——滑溜系数，一般为 0.94~0.99。

2. 张力

并纱时应保证各股单纱之间张力均匀一致，并纱筒子成形良好，达到一定的紧密度，并使生产过程顺利。并纱张力与卷绕线速度、纱线强力、纱线原料等因素有关，一般掌握在单纱强力的 10% 左右。通过张力装置来调节并纱张力，一般采用圆盘式张力装置，它通过张力片的重量来调节并纱张力，见表 5 - 153、表 5 - 154。

表 5 - 153　不同粗细单纱选用张力圈重量的参考值

线密度(tex)	12 以下	14~16	18~22	24~32	36~60
张力圈重量(g)	7~10	12~18	15~25	20~30	25~40

表 5 - 154　有关参数与张力圈重量的关系

参　数	线密度		卷绕速度		纱线强力		纱线原料		导纱距离	
	粗	细	高	低	高	低	原棉	化纤	长	短
张力圈重量	较重	较轻	较轻	较重	较重	较轻	较重	较轻	较轻	较重

3. 并合根数

通常根据客户对股线的要求确定并合根数，现在的并纱机通常是 3 根并合，若客户需要 5 根并合，就需要第一次有 3 根并合的筒纱和 2 根并合的筒纱，然后两只筒子再次并纱成为 5 根并合的筒纱。

三、倍捻工艺设计

(一)倍捻工艺表

倍捻工艺主要进行捻度、锭速、线速度的设计。主要设计内容见表 5 - 155。

表5-155 倍捻工艺表

机 型	线密度(tex)	计算捻度(捻/10cm)	计算捻系数	捻向	锭速(r/min)	卷绕线速度(m/min)	超喂率(%)
EJP834—165							
齿 数							
A	B	C	D	E	F	G	

(二)捻线机的机构

1. 捻线的任务

捻线的任务是将两根或两根以上单纱并合在一起,加上一定捻度,加工成股线。单纱经过并合后得到的股线,比同样粗细单纱的强力高、条干均匀、耐磨,表面光滑美观,弹性及手感好。

2. 捻线机

捻线机的种类按加捻方法可分为环锭捻线机与倍捻捻线机两种。目前主要以倍捻机为主。

EJP834—165型倍捻机如图5-50所示,其工艺流程是无捻纱线借助于退绕器(又叫锭翼导纱钩)从喂入筒子上退绕输出,从锭子上端向下穿入空心轴中,在空心轴中,纱线由张力器(纱闸)加上张力,再进入空芯锭子,然后从储纱盘的小孔中引出来,这时无捻纱在空心轴内的纱闸和锭子转子内的小孔之间进行了第一次加捻,即施加了第一个捻回。已经加了一次捻的纱线绕着储纱盘形成气圈,再受到气圈罩的支承

图5-50 EJP834—165型倍捻机

和限制,气圈在顶点处受到导纱钩的限制。纱线在锭子及导纱钩之间的外气圈进行第二次加捻,即施加了第二个捻回。经过加捻的股线通过断纱探测杆、可调罗拉、超喂罗拉、横动导纱器,交叉卷绕到由摩擦辊传动的筒子上,筒子夹在无锭纱架上两个中心对准的圆盘之间,如图 5 - 51 所示。

(三)倍捻机工艺

设计捻线工艺时,要注意:

(1)纱线捻度及其捻比直接关系到股线强力、光泽、手感等物理性能,应按股线的

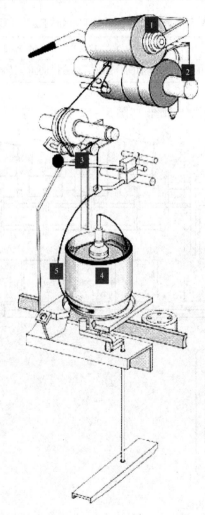

图 5 - 51　EJP834—165 型倍捻机的结构

1—卷取筒子　2—摩擦辊　3—断纱探测杆　4—倍捻装置　5—纱线

用途不同,合理选择。

(2)加工股线时,除特殊需要外,一般用干捻法。干捻法可减少飞花附着油疵纱,可显著减少油、水、电等的用量。但湿捻法股线质量较好。

(3)股线管纱一般都用短动程成形,股线在筒管上呈圆锥形卷绕。

1. 锭子转速

锭子的转速和所加捻纱的品种有关。一般情况下,加捻棉纱线密度与锭速的关系见表5-156。

表5-156　加捻棉纱线密度与锭速的关系

纯棉纱线密度(tex)	7.5×2	9.7×2	12×2	14.5×2	19.5×2	29.5×2
锭子转速(r/min)	10000~11000	10000~11000	8000~10000	8000~10000	7000~9000	7000~9000

EJP834—165型倍捻机传动图,如图5-52所示。锭子转速计算式如下:

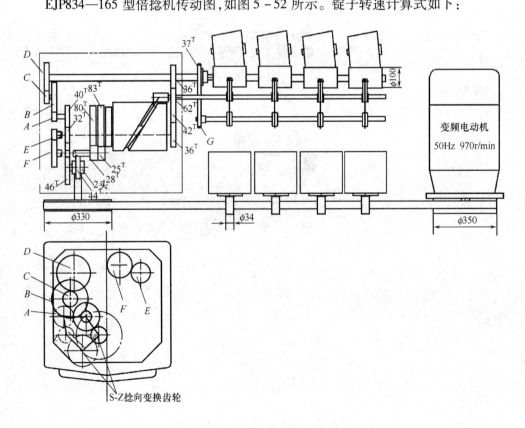

图5-52　EJP834—165型倍捻机传动图

$$n_{锭子} = \frac{970}{50} \times f \times \frac{D}{d} \times 98\%$$

式中：D——电动机胶带轮直径，mm；

　　　d——锭盘直径，mm；

　　　f——电动机变频值，35Hz、40Hz、45Hz、50Hz、55Hz、60Hz。

2. 捻向、捻系数

（1）捻向。单纱采用 Z 捻，股线采用 S 捻。特殊品种的捻向见表 5 – 157。

表 5 – 157　特殊品种的捻向

捻　向	纱　线　品　种				
	缝纫线	绣花线	巴厘纱织物用线	隐条、隐格呢的隐条经线	帘子线
细　纱	S	S	S	S	Z
股　线	Z	Z	S	Z	ZS 或 SZ

（2）纱线捻比值。纱线捻比值为股线捻系数比单纱捻系数，捻比值影响股线的光泽、手感、强度及捻缩(伸)，不同用途股线与单纱的捻比值见表 5 – 158。如有特殊要求，则另行协商确定。

表 5 – 158　不同用途股线与单纱的捻比值

产品用途	质量要求	捻　比　值
织造用经线	紧密，毛羽少，强力高	1.2 ~ 1.4
织造用纬线	光泽好，柔软	1.0 ~ 1.2
巴厘纱织物用线	硬挺，爽滑，同向加捻，经热定型	1.3 ~ 1.5
编织用线	紧密，爽滑，圆度好，捻向 ZSZ	初捻 1.7 ~ 2.4，复捻 0.7 ~ 0.9
针织汗衫用线	紧密，爽滑，光洁	1.3 ~ 1.4
针织棉毛衫、袜子用线	柔软，光洁，结头少	0.8 ~ 1.1
缝纫用线	紧密，光洁，强力高，圆度好，捻向 SZ，结头及纱疵少	双股 1.2 ~ 1.4，三股 1.5 ~ 1.7
刺绣线	光泽好，柔软，结头小而少	0.8 ~ 1.0
帘子线	紧密，弹性好，强力高，捻向 ZZS	初捻 2.4 ~ 2.8，复捻 0.85 左右
绉捻线	紧密，爽滑，伸长大，强捻	2.0 ~ 3.0

股线要获得最大的强力，其捻比理论值为：

双股线：$\alpha_1 = 1.414\alpha_0$

三股线：$\alpha_1 = 1.732\alpha_0$

式中：α_1——股线捻系数；

α_0——单纱捻系数。

实际生产中,考虑到织物服用性能和捻线机的产量,一般采用小于上述理论捻比值的捻值,单纱捻系数较高时,捻比值更应低于理论值;只有采用较低捻度的单纱时,股线捻系数才应接近或略大于上述理论值。

(3)捻缩(伸)率的计算。

$$捻缩(伸)率 = \frac{输出股线计算长度 - 输出股线实际长度}{输出股线计算长度} \times 100\%$$

计算结果中" + "表示捻缩率," - "表示捻伸率。

双股线反向加捻时,捻比值小时股线伸长,捻比值大时股线缩短,捻缩(伸)率一般为 - 1.5% ~ + 2.5%。

双股线同向加捻时,捻缩率与股线捻系数成正比,一般为4%左右。

三股线反向加捻时均为捻缩,捻缩率与股线捻系数成正比,捻缩率在1% ~4%。

由于卷绕交叉角不同,将对股线加捻产生一定的影响,因此机器设定捻度时,需要对所需捻度进行修正。

$$T = T_1 + T_1 \times (\frac{1}{\cos\theta} - 1) \times \frac{1}{2}$$

式中：T——实际需要捻度；

T_1——机器设定捻度；

θ——卷绕交叉角。

确定加捻方向后,可以通过变换 S 或 Z 捻的捻向座和变动电动机的旋转方向来获得所需的捻向。

3. 卷绕交叉角

卷绕交叉角与筒子成形有很大关系。常用的交叉角为 12°14′、14°32′、18°08′、21°24′,一般 12°14′交叉角用于高密度卷绕的高捻线,18°08′交叉角用于标准卷装,21°24′交叉角用于低密度卷绕的低捻线。理论上交叉角由往复频率确定。

从机械的角度看,最大往复频率为 60 次/min,而且根据经验,纱速宜设定在 70m/min 以下,断头率较低。选择参数前,应当计算或从图 5 - 53 查得往复频率,如果往复频率大于 60 次/min 的极限值,应调整锭速或交叉角参数。

4. 超喂率

变换超喂率,可以改变卷绕张力,从而调节了卷绕筒子的密度。一般超喂率大,

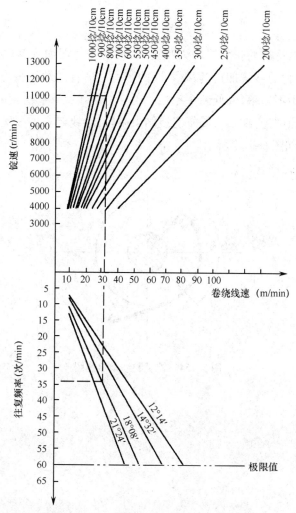

图 5-53 锭速、卷绕线速和导纱器往复频率的关系

筒子的卷绕密度小。但是,纱线在超喂罗拉上打滑时,即使超喂率设定得再大,卷绕张力仍不能有效地下降。因此,还可以通过改变纱线在超喂罗拉上的包角,有效地利用纱线与超喂罗拉的滑溜率来控制卷绕张力。

5. 气圈高度

气圈高度指从锭子加捻盘到导纱杆的高度。降低气圈高度,气圈张力减小,反之则增大。最小高度以气圈不碰储纱罐为限,最大高度以纱线不断头为限,因为气圈碰击锭子的储纱罐,就会造成纱线断头,气圈高度大,气圈张力就会大,就可能导致纱线断头率上升,影响生产效率及纱线质量。所以必须根据纱线品种调整气圈高度,使其达到一定的要求。

6. 张力

一般短纤维倍捻机的张力器均为胶囊式,改变张力器内弹簧的压力可以调节纱线的张力,不同品种的纱线加捻,需要不同的张力。适宜的纱线张力可以改善成品的捻度不匀率和强力不匀率,降低断头率。

张力调整的原则为:在喂入筒子退绕结束阶段,纱线绕在锭子贮纱盘上的贮纱角保持在 90°以上,如图 5 - 54 所示。

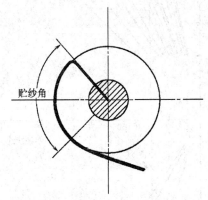

图 5 - 54   锭子贮纱角示意图

第六章　纺纱设备配备计算

本章将以 2 天后交付 2000kg 精梳棉/钛远红外纤维/竹浆纤维/甲壳素纤维（40/20/20/20）11.8tex 混纺针织纱为例进行纺纱设备配备的计算。设备配备表见表 6 – 1。

表 6 – 1　纺纱设备配备表

工序		每台（锭、眼）理论产量（kg/h）	时间效率（%）	每台（锭、眼）定额产量（kg/h）	消耗率(%)	总生产量(kg/h)	定额设备台(眼、锭)数	计划停台率(%)	计算设备台(眼、锭)数	配备数量		
										设备台数	规格	台(锭、头、眼)总数
钛、竹、甲	开清棉											
	梳棉											
棉	开清棉											
	梳棉											
	预并条											
	条并卷											
	精梳											
棉、钛、竹、甲	混一并											
	混二并											
	混三并											
	粗纱											
	细纱											
	络筒											

计算设备配套时需要首先要掌握每台设备的理论生产量的计算方法，然后按照定额生产量、各工序总产量进行设备配台的计算。而且，进行设备配台计算时，需要把具体的量分解到每小时。

一、理论生产量

理论生产量系指单位时间内机器的连续生产量。下面以棉/钛远红外/竹浆/甲壳素(40/20/20/20)11.8tex 混纺针织纱为例,介绍理论生产量的计算。

1. 开清棉

$$G_{L清棉} = \frac{60 \times \pi \times d_{棉卷罗拉} \times n_{棉卷罗拉} \times Tt_{棉卷}}{1000 \times 1000 \times 1000} [(kg/台 \cdot h)]$$

式中:$Tt_{棉卷}$——棉卷线密度,tex;

$d_{棉卷罗拉}$——棉卷罗拉直径,mm;

$n_{棉卷罗拉}$——棉卷罗拉转速,r/min。

棉:$Tt_{棉卷} = 392770$tex;$d_{棉卷罗拉} = 230$mm;$n_{棉卷罗拉} = 12.31$r/min

$$G_{L清棉} = \frac{60 \times 3.14 \times 230 \times 12.31 \times 392770}{1000 \times 1000 \times 1000} = 209.51[kg/(台 \cdot h)]$$

钛/竹/甲:$Tt_{棉卷} = 404410$tex;$d_{棉卷罗拉} = 230$mm;$n_{棉卷罗拉} = 12.31$r/min

$$G_{L清棉} = \frac{60 \times 3.14 \times 230 \times 12.31 \times 404410}{1000 \times 1000 \times 1000} = 215.72[kg/(台 \cdot h)]$$

2. 梳棉

$$G_{L梳棉} = \frac{60 \times \pi \times d_{道夫} \times n_{道夫} \times e_{小压辊 \sim 道夫} \times Tt_{梳棉}}{1000 \times 1000 \times 1000} [kg/(台 \cdot h)]$$

式中:$Tt_{梳棉}$——梳棉条线密度,tex;

$d_{道夫}$——道夫直径,mm;

$n_{道夫}$——道大转速,r/min;

$e_{小压辊 \sim 道夫}$——道夫与小压辊之间的牵伸倍数。

棉:$Tt_{梳棉} = 4326.98$tex;$d_{道夫} = 706$mm;$n_{道夫} = 29.3$r/min;$e_{小压辊 \sim 道夫} = 1.54$

$$G_{L梳棉} = \frac{60 \times 3.14 \times 706 \times 29.3 \times 1.54 \times 4326.98}{1000 \times 1000 \times 1000} = 25.97[kg/(台 \cdot h)]$$

钛/竹/甲:$Tt_{梳棉} = 4251.77$tex;$d_{道夫} = 706$mm;$n_{道夫} = 24.1$r/min;$e_{小压辊 \sim 道夫} = 1.46$

$$G_{L梳棉} = \frac{60 \times 3.14 \times 706 \times 24.1 \times 1.46 \times 4251.77}{1000 \times 1000 \times 1000} = 19.90[kg/(台 \cdot h)]$$

3. 预并条

$$G_{\text{L预并条}} = \frac{60 \times v_{\text{前罗拉}} \times e_{\text{紧压罗} \sim \text{前罗拉}} \times \text{Tt}_{\text{预并条}}}{1000 \times 1000} [\text{kg/(眼} \cdot \text{h)}]$$

式中：$\text{Tt}_{\text{并条}}$——并条线密度，tex；

$v_{\text{前罗拉}}$——前罗拉转速，m/min；

$e_{\text{紧压罗拉} \sim \text{前罗拉}}$——前紧张牵伸，一般不予计算。

棉：$\text{Tt}_{\text{预并条}} = 4363.87\text{tex}$；$v_{\text{前罗拉}} = 350\text{m/min}$；$e_{\text{紧压罗拉} \sim \text{前罗拉}} = 1.02$

$$G_{\text{L预并条}} = \frac{60 \times 350 \times 1.02 \times 4363.87}{1000 \times 1000} = 93.47[\text{kg/(眼} \cdot \text{h)}]$$

4. 条并卷

$$G_{\text{L条并卷}} = \frac{60 \times v_{\text{成卷罗拉}} \times \text{Tt}_{\text{条并卷}}}{1000 \times 1000} [\text{kg/(台} \cdot \text{h)}]$$

式中：$\text{Tt}_{\text{条并卷}}$——条并卷线密度，tex；

$v_{\text{成卷罗拉}}$——成卷罗拉线速度，m/min；

棉：$\text{Tt}_{\text{条并卷}} = 67139.8\text{tex}$；$v_{\text{成卷罗拉}} = 90\text{m/min}$

$$G_{\text{L条并卷}} = \frac{60 \times 90 \times 67139.8}{1000 \times 1000} = 362.55[\text{kg/(台} \cdot \text{h)}]$$

5. 精梳

$$G_{\text{L精梳}} = \frac{60 \times v_{\text{圈条压辊}} \times \text{Tt}_{\text{精梳}}}{1000 \times 1000} [\text{kg/(台} \cdot \text{h)}]$$

式中：$v_{\text{圈条压辊}}$——圈条压辊线速度，m/min；

$\text{Tt}_{\text{精梳}}$——精梳条线密度，tex。

棉：$v_{\text{圈条压辊}} = 128.74\text{m/min}$；$\text{Tt}_{\text{精梳}} = 4218.48\text{tex}$

$$G_{\text{L精梳}} = \frac{60 \times 128.74 \times 4218.48}{1000 \times 1000} = 32.59[\text{kg/(台} \cdot \text{h)}]$$

6. 并条

$$G_{\text{L并条}} = \frac{60 \times v_{\text{前罗拉}} \times e_{\text{紧压罗拉} \sim \text{前罗拉}} \times \text{Tt}_{\text{并条}}}{1000 \times 1000} [\text{kg/(眼} \cdot \text{h)}]$$

式中:$Tt_{并条}$——并条线密度,tex;

$v_{前罗拉}$——前罗拉转速,m/min;

$e_{紧压罗拉~前罗拉}$——前紧张牵伸,一般不予计算;

$Tt_{并条}$——并条线密度,tex;

$v_{紧压罗拉}$——紧压罗拉转速,r/min。

混一并:$Tt_{并条}=3916.74tex;v_{前罗拉}=212m/min;e_{紧压罗拉~前罗拉}=1.02$

$$G_{L混一并}=\frac{60\times212\times1.02\times3916.74}{1000\times1000}=50.82[kg/(眼\cdot h)]$$

混二并:$Tt_{并条}=3718.40tex;v_{前罗拉}=212m/min;e_{紧压罗拉~前罗拉}=1.02$

$$G_{L混二并}=\frac{60\times212\times1.02\times3718.40}{1000\times1000}=48.24[kg/(眼\cdot h)]$$

混三并:$Tt_{并条}=3485.18tex;v_{紧压罗拉}=238m/min$

$$G_{L混三并}=\frac{60\times238\times3485.18}{1000\times1000}=49.77[kg/(眼\cdot h)]$$

7. 粗纱

$$G_{L粗纱}=\frac{60\times\pi\times d_{前罗拉}\times n_{前罗拉}\times Tt_{粗纱}}{1000\times1000\times1000}[kg/(锭\cdot h)]$$

式中:$Tt_{粗纱}$——粗纱线密度,tex;

$d_{前罗拉}$——前罗拉直径,mm;

$n_{前罗拉}$——前罗拉转速,r/min。

$Tt_{粗纱}=490.31tex;d_{前罗拉}=28mm;n_{前罗拉}=331.60r/min$

$$G_{L粗纱}=\frac{60\times3.14\times28\times331.60\times490.31}{1000\times1000\times1000}=0.86[kg/(锭\cdot h)]$$

8. 细纱

$$G_{L细纱}=\frac{60\times\pi\times d_{前罗拉}\times n_{前罗拉}\times(1\pm s)\times Tt_{细纱}}{1000\times1000\times1000}[kg/(锭\cdot h)]$$

式中:$Tt_{细纱}$——细纱线密度,tex;

$d_{前罗拉}$——前罗拉直径,mm;

$n_{前罗拉}$——前罗拉转速,r/min。

s——捻缩率或捻伸率,%。捻缩率用$(1+s)$,捻伸率用$(1-s)$。

$\mathrm{Tt}_{细纱}=11.8\mathrm{tex}$;$d_{前罗拉}=25\mathrm{mm}$;$n_{前罗拉}=181.65\mathrm{r/min}$;$s=2.16\%$

$$G_{\mathrm{L}细纱}=\frac{60\times3.14\times25\times181.65\times(1+2.16\%)\times11.8}{1000\times1000\times1000}=0.01[\mathrm{kg/(锭\cdot h)}]$$

9. 络筒

$$G_{\mathrm{L}络筒}=\frac{60\times v_{络筒}\times\mathrm{Tt}_{络筒}}{1000\times1000}[\mathrm{kg/(锭\cdot h)}]$$

式中:$v_{络筒}$——络筒机线速度,m/min;

　　$\mathrm{Tt}_{络筒}$——络筒纱(或线)的线密度,tex。

$$v_{络筒}=800\mathrm{m/min}$$;$$\mathrm{Tt}_{络筒}=11.8\mathrm{tex}$$

$$G_{\mathrm{L}络筒}=\frac{60\times800\times11.8}{1000\times1000}=0.57[\mathrm{kg/(锭\cdot h)}]$$

10. 并纱

$$G_{\mathrm{L}并纱}=\frac{60\times v_{并纱}\times C\times\mathrm{Tt}_{单纱}}{1000\times1000}[\mathrm{kg/(锭\cdot h)}]$$

式中:$v_{并纱}$——并纱机的线速度,m/min;

　　$\mathrm{Tt}_{单纱}$——单纱线密度,tex;

　　C——并合根数。

11. 倍捻

$$G_{\mathrm{L}倍捻}=\frac{60\times2\times n_{0锭子}\times\mathrm{Tt}_{倍捻}}{10\times T_{\mathrm{tex}}\times1000\times1000}[\mathrm{kg/(锭\cdot h)}]$$

式中:$n_{0锭子}$——锭子转速,r/min;

　　$\mathrm{Tt}_{倍捻}$——倍捻捻线的线密度,tex;

　　T_{tex}——捻度,捻/10cm。

二、定额生产量

(一)时间效率

设备在运转过程中,由于落纱、接头、布置工作地及工人自然需要等因素,会出现停车,使实际运转时间少于理论运转时间,因此实际产量少于理论产量。

设备的时间效率是指在一定生产时间内,设备的定额生产量 q 与理论生产量 G_L 比值的百分率,即:

$$K = \frac{q}{G_L} \times 100\%$$

设备的时间效率 K 是在一定的生产时间内,设备的实际运转时间 t_e 与理论运转时间 t_L 比值的百分率。

$$K = \frac{t_e}{t_L} \times 100\%$$

影响时间效率有卷装容量的大小、自动化程度、工人操作熟练程度、劳动组织的完善程度等因素。一般时间效率可通过测定或统计实际生产资料而获得。

（二）计划停台率

计划停台率是指在一个大平车周期内,由于各种保全保养所造成的停机时间与大平车周期内理论运转时间比值的百分率。

$$\eta = \frac{\sum\limits_{i=1}^{n} c_i n_i}{t} \times 100\%$$

式中: c_i ——某项保全保养工作一次所需要的时间（停车时间）,包括大平车、小平车、检修、揩车、换皮辊等;

　　　 n_i ——大平车周期内该项保全保养工作的次数;

　　　 t ——大平车周期内理论运转时间。

纺纱各工序设备的时间效率和计划停台率见表 6 - 2。

表 6 - 2　各工序设备的时间效率和计划停台率

工　序	时间效率 K(%)	时间效率取值(%)	计划停台率 η(%)	计划停台率取值 η(%)
开清棉	82 ~ 87	85	10 ~ 12	10
梳棉	85 ~ 90	87	5 ~ 7	6
预并条	75 ~ 82	80	4 ~ 6	5
条并卷	70 ~ 80	78	3 ~ 5	4
精梳	85 ~ 90	88	5 ~ 7	5
并条	75 ~ 82	80	4 ~ 6	5

工　序	时间效率 $K(\%)$	时间效率取值(%)	计划停台率 $\eta(\%)$	计划停台率取值 $\eta(\%)$
粗纱	$70 \sim 80$	75	$4 \sim 6$	4
细纱	经纱:$91 \sim 98$,纬纱:$90 \sim 97$	96	$3 \sim 4$	3
络筒	$65 \sim 70$	70	$4 \sim 6$	5
并纱	$85 \sim 95$		$4 \sim 6$	
倍捻	$92 \sim 98$		$3 \sim 4$	

(三)定额生产量

设备的定额生产量 q 是考虑了设备的时间效率 K 后,在一定理论运转时间内的产量。因此,定额生产量必小于理论生产量 G_L,它们之间的关系式是:

$$q = G_L \times K$$

各工序的定额生产量如下:

1. 开清棉

(1)棉纤维:

$$q_{清棉棉} = G_{L清棉棉} \times K_{清棉} = 209.51 \times 85\% = 178.08[\text{kg}/(\text{台} \cdot \text{h})]$$

(2)钛远红外纤维/竹浆纤维/甲壳素纤维:

$$q_{清棉钛/竹/甲} = G_{L清棉钛/竹/甲} \times K_{清棉} = 215.72 \times 85\% = 183.36[\text{kg}/(\text{台} \cdot \text{h})]$$

2. 梳棉

(1)棉纤维:

$$q_{梳棉棉} = G_{L梳棉棉} \times K_{梳棉} = 25.97 \times 87\% = 22.59[\text{kg}/(\text{台} \cdot \text{h})]$$

(2)钛远红外纤维/竹浆纤维/甲壳素纤维:

$$q_{梳棉钛/竹/甲} = G_{L梳棉钛/竹/甲} \times K_{梳棉} = 19.90 \times 87\% = 17.31[\text{kg}/(\text{台} \cdot \text{h})]$$

3. 预并条

$$q_{预并条棉} = G_{L预并条棉} \times K_{预并条} = 93.47 \times 80\% = 74.78[\text{kg}/(\text{眼} \cdot \text{h})]$$

4. 条并卷

$$q_{条并卷} = G_{L条并卷} \times K_{条并卷} = 362.55 \times 78\% = 282.79[\text{kg}/(\text{台} \cdot \text{h})]$$

5. 精梳

$$q_{精梳} = G_{L精梳} \times K_{精梳} = 32.59 \times 88\% = 28.68 [\,kg/(台 \cdot h)\,]$$

6. 并条

(1)混一并：

$$q_{混一并} = G_{L混一并} \times K_{并条} = 50.82 \times 80\% = 40.66 [\,kg/(眼 \cdot h)\,]$$

(2)混二并：

$$q_{混二并} = G_{L混二并} \times K_{并条} = 48.24 \times 80\% = 38.59 [\,kg/(眼 \cdot h)\,]$$

(3)混三并：

$$q_{混三并} = G_{L混三并} \times K_{并条} = 49.77 \times 80\% = 39.82 [\,kg/(眼 \cdot h)\,]$$

7. 粗纱

$$q_{粗纱} = G_{L粗纱} \times K_{粗纱} = 0.86 \times 75\% = 0.65 [\,kg/(锭 \cdot h)\,]$$

8. 细纱

$$q_{细纱} = G_{L细纱} \times K_{细纱} = 0.01 \times 96\% = 0.0096 [\,kg/(锭 \cdot h)\,]$$

9. 络筒

$$q_{络筒} = G_{L络筒} \times K_{络筒} = 0.57 \times 70\% = 0.40 [\,kg/(锭 \cdot h)\,]$$

三、各工序总产量

(一)消耗率

生产过程中,必然要产生回花、落棉、回丝、风耗等落物,形成一定量的消耗,使后一工序的产量小于前一工序的产量,通常用消耗率表示各工序消耗量的多少。

某工序的消耗率是该工序的制成量与细纱生产量比值的百分率,即：

$$本工序消耗率(S_i) = \frac{本工序半制品产量}{细纱产量} \times 100\%$$

或 $$本工序消耗率(S_i) = \frac{Z_i}{Z_x} \times 100\%$$

式中：Z_i ——本工序累计制成率；

Z_x ——细纱累计制成率。

若是两种纤维混纺,则混并前各工序的消耗率,即为选用的消耗率。

$$S'_{ia} = S_{ia} \times K_a$$
$$S'_{ib} = S_{ib} \times K_b$$

式中：S'_{ia}、S'_{ib} ——分别为 A、B 两种原料混并前各工序的消耗率(A、B 两种原料),%；

S_{ia}、S_{ib}——本工序消耗率（A、B 两种原料），%；

K_a、K_b——分别为 A、B 两种纤维公定回潮率下的湿重混纺比。

棉纤维与钛远红外/竹浆/甲壳素的湿重混纺比：

$$\frac{K_{钛远红外/竹浆/甲壳素}}{K_{棉纤维}} = \frac{\dfrac{0.60 \times (1+9.3\%)}{0.60 \times (1+9.3\%) + 0.40 \times (1+8.5\%)}}{\dfrac{0.40 \times (1+8.5\%)}{0.60 \times (1+9.3\%) + 0.40 \times (1+8.5\%)}} = \frac{0.6018}{0.3982}$$

生产精梳棉/钛远红外纤维/竹浆纤维/甲壳素纤维（40/20/20/20）11.8tex 混纺针织纱的消耗率取值见表 6-3。

表 6-3　精梳棉/钛远红外纤维/竹浆纤维/甲壳素纤维（40/20/20/20）11.8tex 混纺针织纱的消耗率

工序	本工序落物率 L_i(%)		本工序制成率 D_i(%)		累计制成率 Z_i(%)		消耗率 S_i(%)	
	钛/竹/甲	棉纤维	钛/竹/甲	棉纤维	钛/竹/甲	棉纤维	钛/竹/甲	棉纤维
开清棉	1.60	3.10	98.40	96.90	98.40	96.90	109.2×0.6018=65.72	137.3×0.3982=54.67
梳棉	4.36	7.07	95.64	92.93	94.11	90.05	104.5×0.6018=62.89	127.6×0.3982=50.81
预并条		0.33		99.67		89.75		127.2×0.3982=50.65
条并卷		0.56		99.44		89.25		126.5×0.3982=50.37
精梳		17.90		82.10		73.27		103.8×0.3982=41.33
混并	1.34		98.66		92.85	72.29	102.4	
粗纱	0.54		99.46		92.35	71.90	101.9	
细纱	1.85		98.15		90.64	70.57	100	
络筒	0.11		99.89		90.54	70.49	99.9	

（二）各工序总生产量

纯纺纱各工序半制品总产量（即需要量）G_i：

$$G_i = Q_i \times S_i$$

式中：Q_i——细纱总生产量，kg/h；

S_i——某工序消耗率。

纺制 2000kg 的棉/钛远红外/竹浆/甲壳素（40/20/20/20）11.8tex 混纺针织纱，客户要求 2 天后交货，换算各工序半制品总产量（即需要量）G_i 为：

1. 络筒总产量

$$G_{i络筒} = \frac{2000}{24 \times 2} = 41.67(\text{kg/h})$$

2. 细纱总产量

$$Q_{i细纱} = \frac{G_{i络筒}}{S_{i络筒}} = \frac{41.67}{99.9\%} = 41.71(\text{kg/h})$$

3. 粗纱总产量

$$G_{i粗纱} = Q_{i细纱} \times S_{i粗纱} = 41.71 \times 101.9\% = 42.50(\text{kg/h})$$

4. 并条总产量

$$G_{i并条} = Q_{i细纱} \times S_{i并条} = 41.71 \times 102.4\% = 42.71(\text{kg/h})$$

5. 精梳总产量

$$G_{i精梳} = Q_{i细纱} \times S_{i精梳} = 41.71 \times 41.33\% = 17.24(\text{kg/h})$$

6. 条并卷总产量

$$G_{i条并卷} = Q_{i细纱} \times S_{i条并卷} = 41.71 \times 50.37\% = 21.01(\text{kg/h})$$

7. 预并总产量

$$G_{i预并} = Q_{i细纱} \times S_{i预并} = 41.71 \times 50.65\% = 21.13(\text{kg/h})$$

8. 梳棉总产量

(1) 钛远红外/竹浆/甲壳素:

$$G_{i梳棉钛/竹/甲} = Q_{i细纱} \times S_{i梳棉钛/竹/甲} = 41.71 \times 62.89\% = 26.23(\text{kg/h})$$

(2) 棉纤维:

$$G_{i梳棉棉} = Q_{i细纱} \times S_{i梳棉棉} = 41.71 \times 50.81\% = 21.19(\text{kg/h})$$

9. 开清棉总产量

(1) 钛远红外/竹浆/甲壳素:

$$G_{i清棉钛/竹/甲} = Q_{i细纱} \times S_{i清棉钛/竹/甲} = 41.71 \times 65.72\% = 27.41(\text{kg/h})$$

(2) 棉纤维:

$$G_{i清棉棉} = Q_{i细纱} \times S_{i清棉棉} = 41.71 \times 54.67\% = 22.80(\text{kg/h})$$

四、设备配备

定额设备数量为 M_d,单位可为台、眼、锭、头。

$$M_d = \frac{G_i}{q}$$

式中: G_i ——某工序半制品总生产量,kg/h;

q ——某工序定额产量(kg/台、kg/眼、kg/锭、kg/头)。

若计算细纱机的定额设备数量 M_d 时,应以细纱总生产量 Q_i 值代替上式中的 G_i 值。

(一)纺纱各工序定额设备数量计算

1. 开清棉定额设备台数

(1)钛远红外/竹浆/甲壳素:

$$M_{d清棉钛/竹/甲} = \frac{G_{i清棉钛/竹/甲}}{q_{清棉钛/竹/甲}} = \frac{27.41}{183.36} = 0.15(台)$$

(2)棉纤维:

$$M_{d清棉棉} = \frac{G_{i清棉棉}}{q_{清棉棉}} = \frac{22.80}{178.08} = 0.13(台)$$

2. 梳棉定额设备台数

(1)钛远红外/竹浆/甲壳素:

$$M_{d梳棉钛/竹/甲} = \frac{G_{i梳棉钛/竹/甲}}{q_{梳棉钛/竹/甲}} = \frac{26.23}{17.31} = 1.52(台)$$

(2)棉纤维:

$$M_{d梳棉棉} = \frac{G_{i梳棉棉}}{q_{梳棉棉}} = \frac{21.19}{22.59} = 0.94(台)$$

3. 预并条定额设备眼数

$$M_{d预并条} = \frac{G_{i预并条}}{q_{预并条}} = \frac{21.13}{74.78} = 0.28(眼)$$

4. 条并卷定额设备台数

$$M_{d条并卷} = \frac{G_{i条并卷}}{q_{条并卷}} = \frac{21.01}{282.79} = 0.07(台)$$

5. 精梳定额设备台数

$$M_{d精梳} = \frac{G_{i精梳}}{q_{精梳}} = \frac{17.24}{28.68} = 0.60(台)$$

6. 混并定额设备眼数

(1)混一并:

$$M_{d混一并} = \frac{G_{i混并}}{q_{混一并}} = \frac{42.71}{40.66} = 1.05(眼)$$

(2)混二并:

$$M_{d混二并} = \frac{G_{i混并}}{q_{混二并}} = \frac{42.71}{38.59} = 1.11(眼)$$

(3)混三并：

$$M_{\text{d混三并}} = \frac{G_{\text{i混并}}}{q_{\text{混三并}}} = \frac{42.71}{39.82} = 1.07（眼）$$

7. 粗纱定额设备锭数

$$M_{\text{d粗纱}} = \frac{G_{\text{i粗纱}}}{q_{\text{粗纱}}} = \frac{42.50}{0.65} = 65.38（锭）$$

8. 细纱定额设备锭数

$$M_{\text{d细纱}} = \frac{G_{\text{i细纱}}}{q_{\text{细纱}}} = \frac{41.71}{0.0096} = 4344.79（锭）$$

9. 络筒定额设备锭数

$$M_{\text{d络筒}} = \frac{G_{\text{i络筒}}}{q_{\text{络筒}}} = \frac{41.67}{0.40} = 104.18（锭）$$

（二）纺纱设备数量的计算

计算机台数为 M_i，单位可为台、眼、锭、头。

$$M_i = \frac{M_d}{1-\eta}$$

式中：η ——设备计划停台率。

配备设备数量是将计算设备的数量转化成整数机台数。配备设备数量通常较计算设备数量略多一些。

生产精梳棉/钛远红外纤维/竹浆纤维/甲壳素纤维（40/20/20/20）11.8tex 混纺针织纱的计划停台率见表 6–3。

1. 开清棉设备数量

(1)钛远红外/竹浆/甲壳素：

$$M_{\text{i清棉钛/竹/甲}} = \frac{M_{\text{d清棉钛/竹/甲}}}{1-\eta_{\text{清棉}}} = \frac{0.15}{1-10\%} = 0.17（台）\qquad 取 0.5 台$$

(2)棉纤维：

$$M_{\text{i清棉棉}} = \frac{M_{\text{d清棉棉}}}{1-\eta_{\text{清棉}}} = \frac{0.13}{1-10\%} = 0.14（台）\qquad 取 0.5 台$$

2. 梳棉设备数量

(1)钛远红外/竹浆/甲壳素：

$$M_{\text{i梳棉钛/竹/甲}} = \frac{M_{\text{d梳棉钛/竹/甲}}}{1-\eta_{\text{梳棉}}} = \frac{1.52}{1-6\%} = 1.62（台）\qquad 取 2 台$$

（2）棉纤维：

$$M_{i梳棉棉} = \frac{M_{d梳棉棉}}{1 - \eta_{梳棉}} = \frac{0.94}{1 - 6\%} = 0.98（台） \qquad 取 1 台$$

3. 预并条设备数量

$$M_{i预并条} = \frac{M_{d预并条}}{1 - \eta_{预并条}} = \frac{0.28}{1 - 5\%} = 0.29（眼） \qquad 取 2 眼/台$$

4. 条并卷设备数量

$$M_{i条并卷} = \frac{M_{d条并卷}}{1 - \eta_{条并卷}} = \frac{0.07}{1 - 4\%} = 0.07（台） \qquad 取 1 台$$

5. 精梳设备数量

$$M_{i精梳} = \frac{M_{d精梳}}{1 - \eta_{精梳}} = \frac{0.60}{1 - 5\%} = 0.63（台） \qquad 取 1 台$$

6. 并条设备数量
（1）混一并：

$$M_{i混一并} = \frac{M_{d混一并}}{1 - \eta_{并条}} = \frac{1.05}{1 - 5\%} = 1.11（眼） \qquad 取 2 眼/台$$

（2）混二并：

$$M_{i混二并} = \frac{M_{d混二并}}{1 - \eta_{并条}} = \frac{1.11}{1 - 5\%} = 1.17（眼） \qquad 取 2 眼/台$$

（3）混三并：

$$M_{i混三并} = \frac{M_{d混三并}}{1 - \eta_{并条}} = \frac{1.07}{1 - 5\%} = 1.13（眼） \qquad 取 2 眼/台$$

7. 粗纱设备数量

$$M_{i粗纱} = \frac{M_{d粗纱}}{1 - \eta_{粗纱}} = \frac{65.38}{1 - 4\%} = 68.10（锭） \qquad 取 1 台（120 锭/台）$$

8. 细纱设备数量

$$M_{i细纱} = \frac{M_{d细纱}}{1 - \eta_{细纱}} = \frac{4344.79}{1 - 3\%} = 4479.16（锭） \qquad 取 11 台（420 锭/台）$$

9. 络筒设备数量

$$M_{i络筒} = \frac{M_{d络筒}}{1 - \eta_{络筒}} = \frac{104.18}{1 - 5\%} = 109.66（锭） \qquad 取 2 台（80 锭/台）$$

五、精梳棉/钛远红外纤维/竹浆纤维/甲壳素纤维（40/20/20/20）11.8tex 混纺针织纱的机器配备表（表6－4）

表6－4　精梳棉/钛远红外纤维/竹浆纤维/甲壳素纤维（40/20/20/20）11.8tex 混纺针织纱机器配备表

工　序		每台（锭、眼）理论产量（kg/h）	时间效率（%）	每台（锭、眼）定额产量（kg/h）	消耗率（%）	总生产量（kg/h）	定额设备台（眼、锭）数	计划停台率（%）	计算设备台（眼、锭）数	配备数量		
										设备台数	规格	台（锭、头、眼）总数
钛、竹、甲	开清棉	215.72	85	183.36	65.72	27.41	0.15	10	0.17	0.5	1	0.5
	梳棉	19.90	87	17.31	62.89	26.23	1.52	6	1.62	2	1	2
棉	开清棉	209.51	85	178.08	54.67	22.80	0.13	10	0.14	0.5	1	0.5
	梳棉	25.97	87	22.59	50.81	21.19	0.94	6	0.98	1	1	1
	预并条	93.47	80	74.78	50.65	21.13	0.28	6	0.29	1	2	2
	条并卷	362.55	78	282.79	50.37	21.01	0.07	4	0.07	1	1	1
	精梳	32.59	88	28.68	41.33	17.24	0.60	5	0.63	1	1	1
棉、钛、竹、甲	混一并	50.82	80	40.66	102.4	42.71	1.05	5	1.11	1	2	2
	混二并	48.24	80	38.59	102.4	42.71	1.11	5	1.17	1	2	2
	混三并	49.77	80	39.82	102.4	42.71	1.07	5	1.13	1	2	2
	粗纱	0.86	75	0.65	101.9	42.50	65.38	4	68.10	1	120	120
	细纱	0.01	96	0.0096	100	41.71	4344.79	3	4479.16	11	420	4620
	络筒	0.57	70	0.40	99.9	41.67	104.18	5	109.66	2	80	160

参考文献

［1］《棉纺手册》(第三版)编委会．棉纺手册．3 版．［M］．北京:中国纺织出版社,2004

［2］常涛．纺纱工艺设计［M］．北京:中国劳动社会保障出版社,2010.

［3］常涛．纺织品质量控制与检验［M］．北京:中国劳动社会保障出版社,2011.

［4］郁崇文．纺纱工艺设计与质量控制［M］．北京:中国纺织出版社,2005.

［5］徐少范．棉纺质量控制［M］．北京:中国纺织出版社,2002.

［6］史志陶．棉纺工程．4 版．［M］．北京:中国纺织出版社,2007.